国家骨干高职院校工学结合创新成果系列教材

土木工程概论

主　编　凌卫宁　曲恒绪

副主编　张胜峰　朱宝胜　彭　聪　卞修奎

主　审　满广生

内 容 提 要

本书是高职高专土建类系列规划教材，是根据高职高专“土木工程概论”教学大纲，并结合高等职业教育的教学特点和专业需要而设计和编写的。全书共1个绪论和8个项目，主要介绍了建筑工程、道路与桥梁工程、给排水工程、水利工程、隧道与地下工程、土木工程施工、土木工程中的景观设计及计算机技术在土木工程中的应用，介绍了土木工程的新成果及发展趋势。

本书资料丰富，概念清楚，语言流畅、图文并茂，除作为教材外，尚可作为土木工程专业的工程技术及科研人员的参考书。

图书在版编目（CIP）数据

土木工程概论 / 凌卫宁，曲恒绪主编. -- 北京 : 中国水利水电出版社，2015.8（2018.11重印）
国家骨干高职院校工学结合创新成果系列教材
ISBN 978-7-5170-3559-6

Ⅰ. ①土… Ⅱ. ①凌… ②曲… Ⅲ. ①土木工程－高等职业教育－教材 Ⅳ. ①TU

中国版本图书馆CIP数据核字(2015)第201975号

书　　名	国家骨干高职院校工学结合创新成果系列教材 **土木工程概论**
作　　者	主　编　凌卫宁　曲恒绪 副主编　张胜峰　朱宝胜　彭聪　卞修奎 主　审　满广生
出版发行	中国水利水电出版社 （北京市海淀区玉渊潭南路1号D座　100038） 网址：www.waterpub.com.cn E-mail：sales@waterpub.com.cn 电话：(010) 68367658（营销中心）
经　　售	北京科水图书销售中心（零售） 电话：(010) 88383994、63202643、68545874 全国各地新华书店和相关出版物销售网点
排　　版	中国水利水电出版社微机排版中心
印　　刷	北京市密东印刷有限公司
规　　格	184mm×260mm　16开本　16.5印张　391千字
版　　次	2015年8月第1版　2018年11月第3次印刷
印　　数	4001—7000册
定　　价	**47.00**元

国家骨干高职院校工学结合创新成果系列教材

编 委 会

前言

通过几年的教学实践及教学需求反馈信息的收集，为满足土木类相关学科人才培养的需要，特编写了这本《土木工程概论》。

本书是根据高职学生培养的总体目标，按照高职学校专业教学标准进行编写的。本书共1个绪论和8个项目，全面地介绍了目前土木工程领域相关学科的概况，主要内容包括建筑工程、道路与桥梁工程、给排水工程、水利工程、隧道与地下工程、土木工程施工、土木工程中的景观设计、计算机技术在土木工程中的应用等。

本书由凌卫宁和曲恒绪任主编，张胜峰、朱宝胜、彭聪、卞修奎任副主编。其中绪论及项目1由广西水利水电职业技术学院凌卫宁编写，项目2和项目4由安徽水利水电职业技术学院曲恒绪编写，项目3由安徽水利水电职业技术学院张胜峰编写，项目5和项目6由广西水利水电职业技术学院彭聪编写，项目7由安徽水利水电职业技术学院卞修奎编写，项目8由安徽水利水电职业技术学院朱宝胜编写。全书由安徽水利水电职业技术学院满广生教授主审。

由于编者水平有限，不足之处在所难免，敬请读者批评指正，在此表示衷心的感谢。

编　者

2015年6月

目　　录

绪　论

0.1 土木工程的概念

土木工程（Civil Engineering），是建造各类工程设施的科学技术的统称。它既指所应用的材料、设备和所进行的勘测、设计、施工、保养维修等技术活动；也指工程建设的对象，即建造在地上或地下、陆上或水中，直接或间接为人类生活、生产、军事、科研服务的各种工程设施，例如房屋、道路、铁路、运输管道、隧道、桥梁、运河、堤坝、港口、电站、飞机场、海洋平台、给排水工程以及防护工程等。

土木工程涉及的对象十分广泛，常见的包括房屋建筑、工业厂房、公路、桥梁、隧道、铁路、港口、码头、水库以及地下结构等建筑物和构筑物。它们与人们的日常生产和生活息息相关。例如，居住需要修建住宅，办公需要修建办公室，生产活动需要修建工厂，出行和运输需要修建道路、隧道、桥梁、铁路和码头，发电需要修建大坝和电厂，供应自来水需要修建水库、水渠和水厂等。除此之外，人类改造自然和探索太空的种种活动也离不开土木工程。例如，我国的南水北调工程需要开挖大量的沟渠和修建众多的泵站，人类的航空航天事业需要修建发射塔架以及各种附属设施等。随着时代的发展，土木工程的内容和形式也在不断地演化和扩充。由此，一些国家也将土木工程建设称为国家的“基本建设”。

0.2 土木工程的发展

人类出现以来，为了满足住和行以及生产活动的需要，从构木为巢、掘土为穴的原始操作开始，到今天能建造摩天大厦、万米长桥，以至移山填海的宏伟工程，经历了漫长的发展过程。土木工程的发展与社会、经济的发展有密切联系，但对土木工程的发展起关键作用的，首先是作为工程物质基础的土木建筑材料，其次是随之发展起来的设计理论和施工技术。每当出现新的优良的建筑材料时，土木工程就会有飞跃式的发展。

为便于叙述，将土木工程发展史划为古代土木工程、近代土木工程和现代土木工程三个时代。以17世纪工程结构开始有定量分析，作为近代土木工程时代的开端；把第二次世界大战后科学技术的突飞猛进，作为现代土木工程时代的起点。

人类最初居无定所，利用天然掩蔽物作为居处，农业出现以后需要定居，出现了原始村落，土木工程开始了它的萌芽时期。随着古代文明的发展和社会进步，古代土木工程经历了它的形成时期和发达时期，不过因受到社会经济条件的制约，发展颇不平衡。古代土木工程最初完全采用天然材料，后来出现人工烧制的材料，这是土木工程发展史上的一件大事。古代的土木工程实践应用简单的工具，依靠手工劳动，并没有系统的理论，但通过经验的积累，逐步形成了指导工程实践的规则。古代的无数伟大工程建设，是灿烂古代文明的重要组成部分。

17 世纪以后，近代自然科学的诞生和发展，是近代土木工程出现的先声，是它开始在理论上的奠基时期。17 世纪中叶，伽利略开始对结构进行定量分析，被认为是土木工程进入近代的标志。从此土木工程成为有理论基础的独立的学科。18 世纪下半叶开始的产业革命，使以蒸汽和电力为动力的机械先后进入了土木工程领域，施工工艺和工具都发生了变革。近代工业生产出新的工程材料——钢铁和水泥，使得土木工程发生了深刻的变化。第一次世界大战后，近代土木工程在理论和实践上都臻于成熟，可称为成熟时期。近代土木工程几百年的发展，在规模和速度上都大大超过了古代。

第二次世界大战后，现代科学技术飞速发展，土木工程也进入了一个新时代。现代土木工程所经历的时间尽管只有几十年，但以计算机技术广泛应用为代表的现代科学技术的发展，使土木工程领域出现了崭新的面貌。现代土木工程的新特征是工程功能化、城市立体化和交通高速化等。土木工程在材料、施工、理论三个方面也出现了新趋势，即材料轻质高强化、施工过程工业化和理论研究精密化。

土木工程具有综合性、实践性、社会性等属性，牵涉面十分广阔，下面就土木工程发展史的某些侧面作概略的描述。

0.2.1　古代土木工程

古代土木工程的历史跨度很长，大约从新石器时代（约公元前 6000—前 5000 年）到 17 世纪中。早期的古代工程所使用的材料主要取自天然，如泥土、石块和树干等，所使用的施工工具也很简单，如石斧、石刀和石夯等。从公元前 1000 年开始，砖、瓦、木材、青铜和铁等材料逐渐被运用于土木工程中，施工工具除了青铜和铁制的斧、凿、钻、锯和铲等工具外，还出现了一些简易器械，如打桩器械和起重器械等。

古代土木工程在设计上主要依靠经验，还没有形成完整的理论体系，仅有的少数土木工程著作多为经验总结和外形设计描述，如我国公元前 5 世纪的《考工记》、北宋时期李诫编写的《营造法式》、明代的《鲁班经》以及意大利的阿尔伯蒂在文艺复兴时期编写的《论建筑》等。古代土木工程虽然在理论和技术还十分简朴，但是仍有许多工程令人叹为观止，有些工程即使从现代的眼光去审视也是非常伟大的，如古埃及的胡夫金字塔（图 0.1），古罗马斗兽场（图 0.2），古希腊的帕台农神庙（图 0.3），中国的万里长城（图 0.4）、赵州桥（图 0.5）和都江堰（图 0.6）等。

图 0.1　古埃及的胡夫金字塔

图 0.2　古罗马斗兽场

图 0.3 古希腊的帕台农神庙

图 0.4 中国的万里长城

图 0.5 中国的赵州桥

图 0.6 中国的都江堰

【知识链接】 都江堰是著名的古代水利工程，位于四川省成都平原西部的岷江上，今都江堰市城西。岷江是长江上游的一条较大的支流，发源于四川北部高山地区。每当春夏山洪暴发的时候，江水奔腾而下，从灌县进入成都平原，由于河道狭窄，古时常常引起洪灾，洪水一退，又是沙石千里。而灌县岷江东岸的玉垒山又阻碍江水东流，造成东旱西涝。秦昭襄王五十一年（公元前256年），李冰任蜀郡太守，他为民造福，排除洪灾之患，主持修建了著名的都江堰水利工程。都江堰的主体工程是将岷江水流分成两条，其中一条水流引入成都平原，另外一条则汇入长江，这样既可以分洪减灾，又达到了引水灌田、变害为利。都江堰水利工程最主要部分为都江堰渠首工程，这是都江堰灌溉系统中最关键、最重要的设施。都江堰渠首工程主要由鱼嘴分流堤、飞沙堰溢洪道和宝瓶口引流工程三大部分组成。它科学地解决了江水的自动分流、自动排沙、控制进水流量等问题，三者首尾相接、互相照应、浑然天成、巧夺天工。

都江堰是当今世界年代久远、唯一留存、以无坝引水为特征的宏大水利工程。它不仅是中国水利工程技术的伟大奇迹，也是世界水利工程的璀璨明珠。它充分利用当地西北高、东南低的地理条件，根据江河出山口处特殊的地形、水脉、水势，乘势利导，无坝引水，自流灌溉，使堤防、分水、泄洪、排沙、控流相互依存，共为体系，保证了防洪、灌溉、水运和社会用水综合效益的充分发挥。它最伟大之处是建堰2260年来经久不衰，而且发挥着越来越大的效益。都江堰的创建，以不破坏自然资源，充分利用自然资源为人类服务为前提，变害为利，使人、地、水三者高度协和统一，是全世界迄今为止仅存的一项伟大的“生态工程”。开创了中国古代水利史上的新纪元，标志着中国水利史进入了一个新阶段，在世界水利史上写下了光辉的一章。都江堰水利工程，是中国古代人民智慧的结晶，是中华文化划时代的杰作。

古代土木工程的发展大体上可分为萌芽时期、形成时期和发达时期。

1. 萌芽时期

这时期的土木工程还只是使用石斧、石刀、石锛、石凿等简单的工具，所用的材料都是取自当地的天然材料，如茅草、竹、芦苇、树枝、树皮和树叶、砾石、泥土等。掌握了伐木技术以后，就使用较大的树干做骨架；有了煅烧加工技术，就使用红烧土、白灰粉、土坯等，并逐渐懂得使用草筋泥、混合土等复合材料。人们开始使用简单的工具和天然材料建房、筑路、挖渠、造桥，土木工程完成了从无到有的萌芽阶段。

2. 形成时期

随着生产力的发展，农业、手工业开始分工。大约自公元前 3000 年，在材料方面，开始出现经过烧制加工的瓦和砖；在构造方面，形成木构架、石梁柱、券拱等结构体系；在工程内容方面，有宫室、陵墓、庙堂，还有许多较大型的道路、桥梁、水利等工程；在工具方面，美索不达米亚（两河流域）和埃及在公元前 3000 年，中国在商代（公元前16—前 11 世纪），开始使用青铜制的斧、凿、钻、锯、刀、铲等工具。后来铁制工具逐步推广，并有简单的施工机械，也有了经验总结及形象描述的土木工程著作。公元前 5 世纪成书的《考工记》记述了木工、金工等工艺，以及城市、宫殿、房屋建筑规范，对后世的宫殿、城池及祭祀建筑的布局有很大影响。

公元前 3 世纪中叶，在今四川灌县，李冰父子主持修建都江堰，解决围堰、防洪、灌溉以及水陆交通问题，是世界上最早的综合性大型水利工程。

春秋战国时期，战争频繁，广泛用夯土筑城防敌。秦代在魏、燕、赵三国夯土长城基础上筑成万里长城，后经历代多次修筑，留存至今，成为举世闻名的建筑。

埃及人在公元前 3000 年进行了大规模的水利工程以及神庙和金字塔的修建，这些工程建筑上计算准确，施工精细，规模宏大，积累和运用了几何学、测量学方面的知识，使用了起重运输工具，组织了大规模协作劳动。

3. 发达时期

由于铁制工具的普遍使用，提高了工效；工程材料中逐渐增添复合材料；工程内容则根据社会的发展，道路、桥梁、水利、排水等工程日益增加；专业分工日益细致，技术日益精湛，从设计到施工已有一套成熟的经验，具体表现为：①运用标准化的配件方法加速了设计进度，多数构件都可以按“材”或“斗口”“柱径”的模数进行加工；②用预制构件，现场安装，以缩短工期；③统一筹划，提高效益，如中国北宋的汴京宫殿，施工时先挖河引水，为施工运料和供水提供方便，竣工时用渣土填河；④改进当时的吊装方法，用木材制成绞磨等起重工具，可以吊起 300 多 t 重的巨材，如三台的雕龙御路石以及罗马圣彼得大教堂前的方尖碑等。

0.2.2 近代土木工程

从17世纪中叶到20世纪中叶的300年间，是土木工程发展史中迅猛发展的阶段。这个时期土木工程的主要特征是：在材料方面，由木材、石料、砖瓦为主，到开始并日益广泛地使用铸铁、钢材、混凝土、钢筋混凝土，直至早期的预应力混凝土；在理论方面，工程力学、结构力学等学科逐步形成，设计理论的发展保证了工程结构的安全和人力物力的节约；在施工方面，由于不断出现新的工艺和新的机械，施工技术进步，建造规模扩大，建造速度加快了。在这种情况下，土木工程逐渐发展到包括房屋、道路、桥梁、铁路、隧道、港口、市政、卫生等工程建筑和工程设施，不仅能够在地面，而且有些工程还能在地下或水域内修建。

土木工程在这一时期的发展可分为奠基时期、进步时期和成熟时期三个阶段。

1. 奠基时期

17世纪到18世纪下半叶是近代科学的奠基时期，也是近代土木工程的奠基时期。伽利略、牛顿等所阐述的力学原理是近代土木工程发展的起点。意大利学者伽利略在1638年出版的著作《关于两门新科学的谈话和数学证明》中，论述了建筑材料的力学性质和梁的强度，首次用公式表达了梁的设计理论。这本书是材料力学领域中的第一本著作，也是弹性体力学史的开端。1687年牛顿总结的运动三大定律是自然科学发展史的一个里程碑，直到现在还是土木工程设计理论的基础。瑞士数学家欧拉在1744年出版的《曲线的变分法》建立了柱的压屈公式，算出了柱的临界压屈荷载，这个公式在分析工程构筑物的弹性稳定方面得到了广泛的应用。法国工程师库仑1773年写的著名论文《建筑静力学各种问题极大极小法则的应用》，说明了材料的强度理论、梁的弯曲理论、挡土墙上的土压力理论及拱的计算理论。这些近代科学奠基人突破了以现象描述、经验总结为主的古代科学的框框，创造出比较严密的逻辑理论体系，加之对工程实践有指导意义的复形理论、振动理论、弹性稳定理论等在18世纪相继产生，这就促使土木工程向深度和广度发展。

尽管与土木工程有关的基础理论已经出现，但就建筑物的材料和工艺看，仍属于古代的范畴，如中国的雍和宫、法国的罗浮宫、印度的泰姬陵、俄国的冬宫等。土木工程实践的近代化，还有待于产业革命的推动。

由于理论的发展，土木工程作为一门学科逐步建立起来，法国在这方面是先驱。1716年法国成立道桥部队，1720年法国政府成立交通工程队，1747年创立巴黎桥路学校，培养建造道路、河渠和桥梁的工程师。所有这些，表明土木工程学科已经形成。

2. 进步时期

18世纪下半叶，瓦特对蒸汽机作了根本性的改进。蒸汽机的使用推进了产业革命。规模宏大的产业革命，为土木工程提供了多种性能优良的建筑材料及施工机具，也对土木工程提出新的需求，从而促使土木工程以空前的速度向前迈进。

工程实践经验的积累促进了理论的发展。19世纪，土木工程逐渐有定量设计的需要，房屋和桥梁设计要求实现规范化。此外由于材料力学、静力学、运动学、动力学逐步形成，各种静定和超静定桁架内力分析方法和图解法得到很快的发展。1825年，纳维建立了结构设计的容许应力分析法；19世纪末，里特尔等人提出钢筋混凝土理论，应用了极限平衡的概念。1900 年前后钢筋混凝土弹性方法被普遍采用，一些国家还制定了各种类型的设计规范。1818 年英国不列颠土木工程师会的成立，其他各国和国际性的学术团体也相继成立。理论上的突破，反过来极大地促进了工程实践的发展，这样就使近代土木工程这个工程学科日臻成熟。

3. 成熟时期

第一次世界大战以后，近代土木工程发展到成熟阶段。这个时期的一个标志是道路、桥梁、房屋大规模建设的出现。在交通运输方面，由于汽车在陆路交通中具有快速和机动灵活的特点，其地位日益重要。沥青和混凝土开始用于铺筑高级路面。1931—1942 年德国首先修筑了长达 3860km 的高速公路网，美国和欧洲其他一些国家相继效法。20 世纪初出现了飞机，机场配套工程迅速发展起来。钢铁质量的提高和产量的上升，使建造大跨桥梁成为现实。1918 年加拿大建成魁北克悬臂桥，跨度 548.6m；1937 年美国旧金山建成金门悬索桥，跨度 1280m，全长 2825m，是公路桥的代表性工程；1932 年，澳大利亚建成双铰钢拱结构，跨度 503m 的澳大利亚悉尼港桥。

0.2.3 现代土木工程

现代土木工程以社会生产力的现代发展为动力，以现代科学技术为背景，以现代工程材料为基础，以现代工艺与设备为手段高速度地向前发展。

第二次世界大战结束后，社会生产力出现了新的飞跃。现代科学技术突飞猛进，土木工程进入一个新时代。在近 40 年中，前 20 年土木工程的特点是进一步大规模工业化，而后 20 年的特点则是现代科学技术对土木工程的进一步渗透。

1949 年以后，我国经历了国民经济恢复时期和规模空前的经济建设时期。例如，到 1965 年全国公路通车里程 80 余万 km，是解放初期的 10 倍；铁路通车里程 5 万余 km，是 50 年代初的两倍多；火力发电容量超过 2000 万 kW，居世界前五位。1979 年后中国致力于现代化建设，发展加快。列入第六个五年计划（1981—1985 年）的大中型建设项目达 890 个。1979—1982 年间全国完成了 3.1 亿 m^2 住宅建筑；城市给水普及率已达 80% 以上；北京等地高速度地进行城市现代化建设；京津塘（北京—天津—塘沽）高速公路和广深珠（广州—深圳、广州—珠海）高速公路开始兴建；全国各地建成大量 10 余层到 50 余层的高层建筑。这些都说明中国土木工程已开始了现代化的进程。

0.2.3.1 现代土木工程的特征

1. 工程功能化

现代土木工程的特征之一，是工程设施同它的使用功能或生产工艺更紧密地结合。复杂的现代生产过程和日益上升的生活水平，对土木工程提出了各种专门的要求。

现代土木工程为了适应不同工业的发展，有的工程规模极为宏大，如大型水坝混凝土用量达数千万立方米，大型高炉的基础也达数千立方米；有的则要求十分精密，如电子工业和精密仪器工业要求能防微振。现代公用建筑和住宅建筑不再仅仅是传统意义上家徒四壁的房屋，而要求同采暖、通风、给水、排水、供电、供燃气等种种现代技术设备结成一体。

对土木工程有特殊功能要求的各类工业也发展起来。例如，核工业的发展带来了新的

工程类型。20世纪80年代初世界上已有23个国家拥有核电站277座，在建的还有613座，分布在40个国家。核电站的安全壳工程要求很高。又如为研究微观世界，许多国家都建造了加速器。中国从20世纪50年代以来建成了60余座加速器工程，目前正在兴建3座大规模的加速器工程，这些工程的要求也非常严格。海洋工程发展很快，20世纪80年代初海底石油的产量已占世界石油总产量的23%，海上钻井已达3000多口，固定式钻井平台已有300多座。中国在渤海、南海等处已开采海底石油。海洋工程已成为土木工程的新分支。

现代土木工程的功能化问题日益突出，为了满足极专门和更多样的功能需要，土木工程更多地需要与各种现代科学技术相互渗透。

2. 城市立体化

随着经济的发展、人口的增长，城市用地更加紧张，交通更加拥挤，这就迫使房屋建筑和道路交通向高空和地下发展。

高层建筑成了现代化城市的象征。1931年建造的帝国大厦是位于美国纽约市的一栋著名的摩天大楼，共有102层，高381m，在此后40年时间里，帝国大厦一直雄踞世界第一高楼地位，成为摩天大楼乃至纽约的象征。1972年和1973年纽约世贸双塔北楼和南楼先后建成，地面以上110层，高度约415m，取代帝国大厦成为纽约的新地标建筑，也是当时世界上最高的建筑（2001年9月11日，恐怖分子劫持两架波音767-200ER飞机分别撞向双塔，在袭击后2h内，世贸双塔倒塌）。但是，世界最高建筑这一纪录很快就被芝加哥的西尔斯大厦取而代之，1974年芝加哥建成了高达433m的西尔斯大厦。进入21世纪后，高层建筑的发展更是日新月异。目前，世界第一高度的高层建筑为哈利法塔（或迪拜塔）。哈利法塔始建于2004年，建成于2010年1月，塔高828m，楼层总数162层，造价15亿美元。在2015年世界高层建筑前十位排名中我国占据了6席，目前我国第一高楼为2014年年底完工的上海中心大厦，其建筑主体为118层，总高为632m。

现代高层建筑由于设计理论的进步和材料的改进，出现了新的结构体系，如筒中筒结构等。美国在1968—1974年间建造的三幢超过百层的高层建筑，自重比帝国大厦减轻20%，用钢量减少30%。高层建筑的设计和施工是对现代土木工程成就的一个总检阅。

城市道路的发展也使得城市更具立体化特征。为了缓解城市交通的压力，近年来除了大力发展传统的地面交通以外，地上（高架）和地下（地铁）交通的发展也异常迅速。人们的生活空间也开始由地面以上逐渐地向地面以下扩展，建筑物地下室连接，形成地下商业街。地下停车库、地下油库日益增多。城市道路下面密布着电缆、给水、排水、供热、供燃气的管道，构成城市的脉络。现代城市建设已经成为一个立体的、有机的系统，对土木工程各个分支以及他们之间的协作提出了更高的要求。

3. 交通高速化

现代世界是开放的世界，人、物和信息的交流都要求更高的速度。虽然1934年就在德国开始了高速公路的修建，但在世界各地较大规模的修建，则开始于第二次世界大战后。1983年，世界高速公路已达11万km，很大程度上取代了铁路的职能。高速公路的里程数，已成为衡量一个国家现代化程度的标志之一，我国高速铁路网将初具规模。截至2014年年底，中国大陆高速公路的通车总里程达11.195万km。

铁路也出现了电气化和高速化的趋势。1964 年 10 月 1 日，世界上第一条高速铁路日本东海道新干线（东京至大阪）开通营业，全程 515.4km，直达旅行时间 3h，列车最高运营速度 210km/h。随后，日本大力发展新干线，并不断进行技术升级，山阳新干线和东海道新干线的运行速度分别提高到现在的 300km/h 和 270km/h，东北新干线的运行速度提高到 320km/h。如今，新干线的主干线和支线已经覆盖日本本土，截至 2013 年 3 月，日本已经开通的新干线共有 6 条，线路总长度为 2388km。20 世纪 90 年代以来，中国开始对高速铁路的设计建造技术、高速列车、运营管理的基础理论和关键技术组织开展了大量的科学研究和技术攻关，并进行了广深铁路提速改造，修建了秦沈客运专线，实施了既有线铁路六次大提速等。2002 年 12 月建成的秦皇岛至沈阳的客运专线，是中国自己研究、设计、施工，目标速度 200km/h，基础设施预留 250km/h 高速列车条件的第一条铁路客运专线。自主研制的“中华之星”电动车组在秦沈客运专线创造了当时“中国铁路第一速”——321.5km/h。经过十多年坚持不懈的努力，我国铁路通过技术创新，在高速铁路的工务工程、高速列车、通信信号、牵引供电、运营管理、安全监控、系统集成等技术领域，取得了一系列重大成果，形成了具有中国特色的高铁技术体系，总体技术水平进入世界先进行列。

航空事业在现代得到飞速发展，航空港遍布世界各地。航海业也有很大发展，世界上的国际贸易港口超过 2000 个，并出现了大型集装箱码头。中国的塘沽、上海、北仑、广州、宁波等港口也已逐步实现现代化，其中一些还建成了集装箱码头泊位。

0.2.3.2　材料、施工和理论的发展趋势

1. 材料轻质高强化

现代土木工程的材料进一步轻质化和高强化。工程用钢的发展趋势是采用低合金钢。中国从 20 世纪 60 年代起普遍推广了锰硅系列和其他系列的低合金钢，大大节约了钢材用量并改善了结构性能。高强钢丝、钢绞线和粗钢筋的大量生产，使预应力混凝土结构在桥梁、房屋等工程中得以推广。

材料的轻质高强对于建造大跨、高层、结构复杂的工程尤为重要。例如美国休斯敦的贝壳广场大楼，用普通混凝土只能建 35 层，改用了陶粒混凝土，自重大大减轻，用同样的造价建造了 52 层。高强钢材与高强混凝土的结合使预应力结构得到较大的发展。我国 1980 年建成的重庆长江大桥，主跨度达 174m，为预应力 T 形刚构桥，如图 0.7 所示。

2. 施工过程工业化

大规模现代化建设使建筑标准化达到了很高的程度。人们力求推行工业化生产方式，在工厂中成批地生产房屋、桥梁的种种构配件、组合体等。预制装配化的潮流在 20 世纪 50 年代后席卷了以建筑工程为代表的许多土木工程领域。这种标准化在中国社会主义建设中，起了积极作用。

在标准化向纵深发展的同时，种种现场机械化施工方法在 70 年代以后发展得特别快。采用了广泛用于工程中的同步液压千斤顶。1975 年建成的加拿大高达 553m 加拿大多伦多电视塔，施工时就用了滑模，在安装天线时还使用了直升机。现场机械化的另一个典型实例是用一群小提升机同步提升大面积平板的升板结构施工方法。近 10 年来中国用这种方法建造了约 300 万 m^2 房屋。此外，钢制大型、大型吊装设备与混凝土自动化搅拌机、输

图 0.7 重庆长江大桥

送泵等相结合，形成了一套现场机械化施工工艺，使传统的现场灌筑混凝土方法获得了新生命，在高层、多层房屋和桥梁中部分地取代了装配化，成为一种发展很快的方法。

现代技术使许多复杂的工程成为可能。例如中国有 80%的交通线路穿越山岭地带，桥隧相连，桥隧总长占 40%；日本山阳线新大阪至博多段的隧道占 50%；前苏联在靠近北极圈的寒冷地带建造第二条西伯利亚大铁路；中国的青藏公路直通世界屋脊，等等。

3. 理论研究精密化

现代科学信息传递速度大大加快，一些新理论与方法，如计算力学、结构动力学、动态规划法、网络理论、随机过程论、滤波理论等的成果，随着计算机的普及而渗进了土木工程领域。结构动力学已发展完备。荷载不再是静止的和确定的，而将其作为随时间变化的随机过程来处理。美国和日本使用由计算机控制的强震仪台网系统，提供了大量原始地震记录。日趋完备的反应谱方法和直接动力法在工程抗震中发挥很大作用。中国在抗震理论、测震、震动台模拟试验以及结构抗震技术等方面有了很大发展。

静态的、确定的、线性的、单个的分析，逐步被动态的、随机的、非线性的、系统与空间的分析所代替。电子计算机使高次超静定的分析成为可能，例如高层建筑中框架-剪刀墙体系和筒中筒体系的空间工作，只有用电算技术才能计算。电算技术也促进了大跨桥梁的实现，1980 年英国建成亨伯悬索桥，单跨达 1410m，1983 年西班牙建成卢纳预应力混凝土斜拉桥，跨度达 440m。

大跨度建筑的形式层出不穷，薄壳、悬索、网架和充气结构覆盖大片面积，满足种种大型社会公共活动的需要。1959 年巴黎建成多波双曲薄壳的跨度达 210m；1976 年美国新奥尔良建成的网壳穹顶直径为 207.3m；1975 年美国密歇根庞蒂亚克体育馆充气塑料薄膜覆盖面积达 35000 多 m^2，可容纳观众 8 万人。中国也建成了许多大空间结构，如圆形网架直径 110m 的上海体育馆，悬索屋面净跨为 94m 的北京工人体育馆。大跨建筑的设计也是理论水平的一个标志。

从材料特性、结构分析、结构抗力计算到极限状态理论，在土木工程各个分支中都得到充分发展。20 世纪 50 年代美国、苏联开始将可靠性理论引入土木工程领域。土木工程的可靠性理论建立在作用效应和结构抗力的概率分析基础上。工程地质发展为研究和开拓地下、水下工程创造了条件。计算机不仅用以辅助设计，更作为优化手段；不但运用于结构分析，而且扩展到建筑、规划领域。

此外，现代土木工程与环境关系更加密切，在从使用功能上考虑使它造福人类的同时，还要注意它与环境的协调问题。现代生产和生活时刻排放大量废水、废气、废渣和噪声，污染着环境。环境工程，如废水处理工程等又为土木工程增添了新内容。核电站和海洋工程的快速发展，又产生新的引起人们极为关心的环境问题。现代土木工程规模日益扩大，例如：世界水利工程中，库容300亿m^3以上的水库为28座，高于200m的大坝有25座。乌干达欧文瀑布水库库容达2040亿m^3，苏联罗贡土石坝高325m；中国葛洲坝截断了世界最大河流之一的长江，并建成了总装机容量达2250万kW的三峡水利枢纽工程；巴基斯坦引印度河水的西水东调工程规模很大；中国在1983年完成了规模浩大的引印度河水的西水东调工程。这些大水坝的建设和水系调整还会引起对自然环境的另一影响，即干扰自然和生态平衡，而且现代土木工程规模越大，它对自然环境的影响也越大。因此，伴随着大规模现代土木工程的建设，带来一个保持自然界生态平衡的课题，有待综合研究解决。

0.3　本课程的内容及学习目的

本课程的主要内容包括建筑工程、道路与桥梁工程、给排水工程、水利工程、隧道与地下工程、土木工程施工、土木工程中的景观设计、计算机技术在土木工程中的应用8个方面主要内容。

通过学习，使学生更加全面准确地了解和掌握有关土木工程方面的基础知识、认识土木工程的地位和作用，了解土木工程的广阔领域，获得大量的信息及研究动向，从而开拓土木工程视野，激发持久学习动力，产生强烈的求知欲，养成自学、查找资料及思考问题的习惯，为以后学习专业知识打下坚实而必要的基础。

项目1　建　筑　工　程

【学习目标】　通过本项目的学习，了解民用建筑的基本构造组成和结构体系；了解绿色建筑、智能建筑及建筑工业化的概念，把握建筑工程发展的趋势和方向。

建筑工程是新建、改建或扩建建筑物或构筑物所进行的规划、勘察、设计和施工、竣工等各项技术工作和完成的工程实体。

其中“建筑物”指有顶盖、梁柱、墙壁、基础以及能够形成内部空间，满足人们生活、学习、工作、居住以及从事生产和各种文化活动的工程实体，如住宅、学校、办公楼、剧院、旅馆、商店、医院和工厂的车间等。而“构筑物”是指人们一般不直接在内进行生产或生活的建筑，如水坝、水塔、蓄水池、烟囱等。

图 1.1　上海浦东建筑群一隅

图 1.1 为上海浦东建筑群一隅，中间的四幢建筑物分别是上海中心大厦、东方明珠、金茂大厦和上海环球金融中心。

1.1　房屋建筑的基本要求

人们对房屋建筑的基本要求是“实用、美观和经济”。

1. 实用

实用指房屋有舒适的环境，要有宽敞的空间和合理的布局，要有坚实可靠的结构，要有先进、优质和方便地使用设施。这些是房屋在规划、建筑布局和建筑技术、结构、设备方面的要求。它是功能性的。

2. 美观

美观指房屋的艺术处理，包括广义的美观和协调，以及观察者视觉和心灵的感受。它是房屋在建筑艺术方面的要求。它是精神性的。

3. 经济

经济指用尽可能少的材料和人力，在尽可能短的时间里，优质地完成房屋的建设。它是经济性的。

房屋的规划由规划师负责；房屋的布局和艺术处理由建筑师负责；房屋的结构安全由结构工程师负责；房屋的给排水、供热通风和电气等设施由设备师负责。房屋的建造过程，是建设单位、勘察单位、设计单位的各种设计工程师和施工单位全面协调合作的过程。

房屋建筑按照它们的使用性质，通常可以分为非生产性建筑和生产性建筑两大类。前者主要是指民用建筑，后者主要是指工业建筑和农用建筑。

1.2 民 用 建 筑

1.2.1 民用建筑的分类

1. 按使用功能分

民用建筑按使用功能可分为居住建筑和公共建筑。居住建筑是指供人们生活起居的建筑物，如住宅、公寓、宿舍等；公共建筑是指供人们进行各项社会活动的建筑物，如办公楼、图书馆、博物馆、影剧院、体育馆等。

2. 按建筑规模和数量分类

民用建筑按建筑的层数或总高度可分为低层建筑、多层建筑、中高层建筑和高层建筑和超高层建筑。

(1) 低层建筑。1～3层的建筑，多为住宅、别墅、幼儿园、中小学校、小型的办公楼以及轻工业厂房等。

(2) 多层建筑。4～6层的建筑，多为一般住宅、写字楼等。

(3) 中高层建筑。7～9层的建筑，多为居民住宅楼、普通办公楼等。

(4) 高层建筑。10层及10层以上的居住建筑和超过24m高的其他民用建筑为高层建筑。

(5) 超高层建筑。建筑高度超过100m时均为超高层建筑。

3. 按主要承重结构的材料分类

民用建筑按主要承重结构的材料可分为木结构建筑、混合结构建筑、钢筋混凝土结构建筑、钢结构建筑和其他结构建筑。

(1) 木结构建筑，建筑物的主要承重构件均采用木材制作，如一些古建筑和旅游性建筑。

(2) 混合结构建筑，建筑物的主要承重构件由两种或两种以上不同材料组成，如砖墙和木楼板的砖木结构，砖墙和钢筋混凝土楼板的砖混结构等。该结构主要适用于6层以下建筑物。

(3) 钢筋混凝土结构建筑，建筑物的主要承重构件均采用钢筋混凝土材料。建筑物超过6层时一般采用该结构。

(4) 钢结构建筑，建筑物的主要承重构件均是钢材制作的结构，一般用于大跨度、大空间的公共建筑和高层建筑中。

(5) 其他结构建筑，如生土建筑、充气建筑等。

4. 按施工方法分类

民用建筑按施工方法可分为全现浇现砌式建筑，全预制装配式建筑和部分现浇、部分装配式建筑。

(1) 全现浇现砌式建筑。是指主要建筑构件，如钢筋混凝土梁、板、柱和砖墙砌体等

均在施工现场浇筑或砌筑。

(2) 全预制装配式建筑。是指主要构件，如钢筋混凝土梁、板、柱和墙板等均在工厂或施工现场预制，然后全部在施工现场进行装配。

(3) 部分现浇、部分装配式建筑。是指一部分构件，如钢筋混凝土梁、板、柱和砖墙砌体在施工现场浇筑或砌筑，而另一部分构件如楼梯、楼板等预制装配的建筑。

1.2.2 民用建筑的等级

建筑物的等级一般按耐久性、耐火性、设计等级进行划分。

1.2.2.1 按建筑的耐久性能分类

建筑物的耐久等级主要根据建筑物的重要性和规模大小划分，作为基建投资和建筑设计的重要依据。《民用建筑设计通则》(GB 50352—2005) 中规定：以主体结构确定的建筑耐久年限分为四级，详见表 1.1。

表 1.1 建筑物耐久等级表

等级	耐久年限	适用范围
一级	100 年以上	适用于重要的建筑和高层建筑，如纪念馆、博物馆、国家会堂等
二级	50～100 年	适用于一般性建筑，如城市火车站、宾馆、大型体育馆、大剧院等
三级	25～50 年	适用于次要的建筑，如文教、交通、居住建筑及厂房等
四级	15 年以下	适用于简易建筑和临时性建筑

1.2.2.2 按建筑的耐火性能分类

1. 建筑构件的燃烧性能

建筑物是由建筑构件组成的，而建筑构件是由建筑材料构成，其燃烧性能取决于所使用建筑材料的燃烧性能，我国将建筑构件的燃烧性能分为三类：

(1) 非燃烧体。指用非燃烧材料做成的建筑构件，如天然石材、人工石材、金属材料等。

(2) 燃烧体。指用容易燃烧的材料做成的建筑构件，如木材、纸板、胶合板等。

(3) 难燃烧体。指用不易燃烧的材料做成的建筑构件，或者用燃烧材料做成，但用非燃烧材料作为保护层的构件，如沥青混凝土构件、木板条抹灰等。

2. 建筑构件的耐火极限

所谓耐火极限，是指任一建筑构件在规定的耐火试验条件下，从受到火的作用时起，到失去支持能力或完整性被破坏或失去隔火作用时为止的这段时间，用小时表示。只要出现以下三种情况之一，就可以确定达到其耐火极限。

(1) 失去支持能力。指构件在受到火焰或高温作用下，由于构件材质性能的变化，使承载能力和刚度降低，承受不了原设计的荷载而破坏。例如受火作用后的钢梁或柱强度降低，导致结构坍塌。

(2) 完整性被破坏。指薄壁分隔构件在火中高温作用下，发生爆裂或局部塌落，形成穿透裂缝或孔洞，火焰穿过构件，使其背面可燃物燃烧起火。例如受火作用后的板条抹灰墙，内部可燃板条先行自燃，一定时间后，背火面的抹灰层龟裂脱落，引起燃烧起火；预应力钢筋混凝土楼板使钢筋失去预应力，发生炸裂，出现孔洞，使火苗蹿到上层房间。在实际中这类火灾相当多。

(3) 失去隔火作用。指具有分隔作用的构件，背火面任一点的温度达到220℃时，构件失去隔火作用。例如一些燃点较低的可燃物（纤维系列的棉花、纸张、化纤品等）烤焦后以致起火。

3. 建筑物的耐火等级

所谓耐火等级，是衡量建筑物耐火程度的标准，它是由组成建筑物的构件的燃烧性能和耐火极限的最低值所决定的。划分建筑物耐火等级的目的在于根据建筑物的用途不同提出不同的耐火等级要求，做到既有利于安全，又有利于节约基本建设投资。现行《建筑设计防火规范》(GB 50016—2006) 将建筑物的耐火等级划分为四级（表1.2）。

表 1.2　　建筑物耐火等级表

构件名称 \ 燃烧性能和耐火极限/h \ 耐火等级		一级	二级	三级	四级
墙	防火墙	非燃烧体 4.00	非燃烧体 4.00	非燃烧体 4.00	非燃烧体 4.00
	承重墙、楼梯间、电梯井的墙	非燃烧体 3.00	非燃烧体 2.50	非燃烧体 2.50	难燃烧体 0.50
	非承重外墙、疏散走道两侧的隔墙	非燃烧体 1.00	非燃烧体 1.00	非燃烧体 0.50	难燃烧体 0.25
	房间隔墙	非燃烧体 0.75	非燃烧体 0.50	难燃烧体 0.50	难燃烧体 0.25
柱	支承多层的柱	非燃烧体 3.00	非燃烧体 2.50	非燃烧体 2.50	难燃烧体 0.50
	支承单层的柱	非燃烧体 2.50	非燃烧体 2.00	非燃烧体 2.00	燃烧体 —
梁		非燃烧体 2.00	非燃烧体 1.50	非燃烧体 1.00	难燃烧体 0.50
楼板		非燃烧体 1.50	非燃烧体 1.00	非燃烧体 0.50	难燃烧体 0.25
屋顶承重构件		非燃烧体 1.50	非燃烧体 0.50	燃烧体 —	燃烧体 —
疏散楼梯		非燃烧体 1.50	非燃烧体 1.00	非燃烧体 1.00	燃烧体 —
吊顶（包括吊顶格栅）		非燃烧体 0.25	难燃烧体 0.25	难燃烧体 0.15	燃烧体 —

注 1. 以木柱承重且以非燃烧材料作为墙体的建筑物，其耐火等级应按四级确定。
2. 二级耐火等级的建筑物吊顶，如采用非燃烧体时，其耐火极限不限。
3. 在二级耐火等级的建筑中，面积不超过 $100m^2$ 的房间隔墙，如执行本表的规定有困难时，可采用耐火极限不低于0.3h的非燃烧体。
4. 一、二级耐火等级民用建筑疏散走道两侧的隔墙，按本表规定执行有困难时，可采用0.75h非燃烧体。

1.2.2.3 按建筑的设计等级分类

按照建设部《民用建筑工程设计收费标准》的规定，我国目前将各类民用建筑工程按复杂程度划分为特、一、二、三、四、五，共六个等级，设计收费标准随等级高低而不同。《注册建筑师条例》参照这个标准进一步规定，一级注册建筑师可以设计各个等级的民用建筑，二级注册建筑师只能设计三级以下的民用建筑。

以下是民用建筑复杂程度等级的具体标准。

1. 特级工程

（1）列为国家重点项目或以国际活动为主的大型公建以及有全国性历史意义或技术要求特别复杂的中小型公建。如国宾馆、国家大会堂，国际会议中心、国际大型航空港、国际综合俱乐部，重要历史纪念建筑，国家级图书馆、博物馆、美术馆，三级以上的人防工程等。

（2）高大空间、有声、光等特殊要求的建筑，如剧院、音乐厅等。

（3）30 层以上建筑。

2. 一级工程

（1）高级大型公建以及有地区性历史意义或技术要求复杂的中小型公建。如高级宾馆、旅游宾馆、高级招待所、别墅，省级展览馆、博物馆、图书馆，高级会堂、俱乐部，科研试验楼（含高校），300 床以上的医院、疗养院、医技楼、大型门诊楼，大中型体育馆、室内游泳馆、室内滑冰馆，大城市火车站、航运站、候机楼，摄影棚、邮电通信楼，综合商业大楼、高级餐厅，四级人防、五级平战结合人防等。

（2）16～29 层或高度超过 50m 的公建。

3. 二级工程

（1）中高级的大型公建以及技术要求较高的中小型公建。如大专院校教学楼，档案楼，礼堂、电影院，省部级机关办公楼，300 床以下医院、疗养院，地市级图书馆、文化馆、少年宫，俱乐部、排演厅、报告厅、风雨操场，大中城市汽车客运站，中等城市火车站、邮电局、多层综合商场、风味餐厅，高级小住宅等。

（2）16～29 层住宅。

4. 三级工程

（1）中级、中型公建。如重点中学及中专的教学楼、实验楼、电教楼，社会旅馆、饭馆、招待所、浴室、邮电所、门诊所、百货楼，托儿所、幼儿园，综合服务楼、2 层以下商场、多层食堂，小型车站等。

（2）7～15 层有电梯的住宅或框架结构建筑。

5. 四级工程

（1）一般中小型公建。如一般办公楼、中小学教学楼、单层食堂、单层汽车库、消防车库、消防站、蔬菜门市部、粮站、杂货店、阅览室、理发室、水冲式公厕等。

（2）7 层以下无电梯住宅、宿舍及砖混建筑。

6. 五级工程

一二层、单功能、一般小跨度结构建筑。

注：以上分级标准中，大型工程一般系指 10000m^2 以上的建筑；中型工程指 3000～

$10000m^2$ 的建筑；小型工程指 $3000m^2$ 以下的建筑。

1.2.3 民用建筑的构造组成

民用建筑通常是由基础、墙体或柱、楼板层、楼梯、屋顶、地坪、门窗等几大主要部分组成，如图1.2所示。

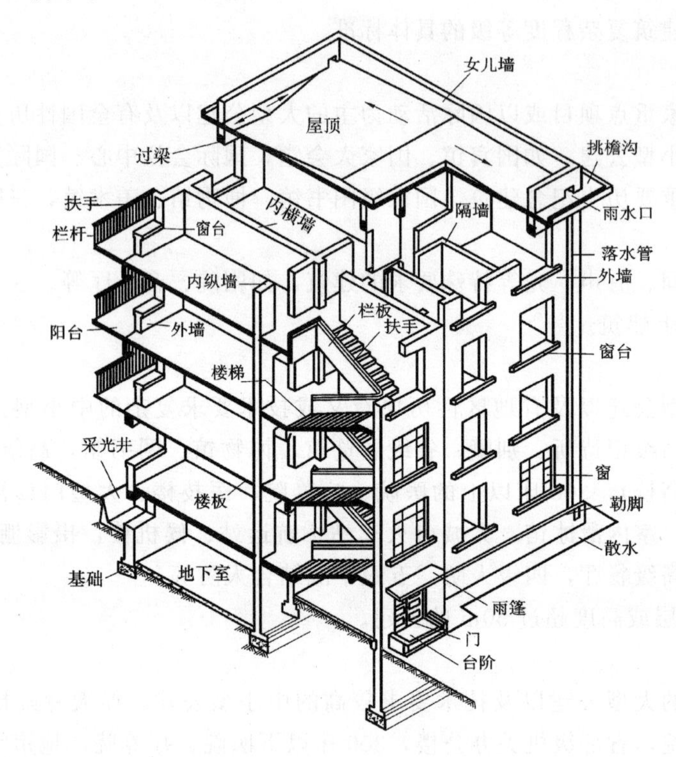

图1.2 民用建筑的构造组成

这几部分在建筑的不同部位发挥着不同的作用。房屋除了上述几个主要组成部分之外，对不同使用功能的建筑还有一些附属的构件和配件，如阳台、雨篷、台阶、散水、通风道等。这些构配件也可以称为建筑的次要组成部分。

1. 基础

基础是建筑物最下部的承重构件，承担建筑的全部荷载，并把这些荷载有效地传给地基。基础作为建筑的重要组成部分，是建筑物得以立足的根基，应具有足够的强度、刚度及耐久性，并能抵抗地下各种不良因素的侵袭。

2. 墙体和柱

墙体是建筑物的承重和围护构件。墙体具有承重要求时，它承担屋顶和楼板层传来的荷载，并把它们传递给基础。外墙还具有围护功能，应具备抵御自然界各种因素对室内侵袭的能力。内墙具有在水平方向划分建筑内部空间、创造适用的室内环境的作用。墙体通常是建筑中自重最大、材料和资金消耗最多、施工量最大的组成部分，作用非常重要。因此，墙体应具有足够的强度、稳定性，良好的热工性能及防火、隔声、防水、耐久性能。方便施工和良好的经济性也是衡量墙体性能的重要指标。

柱也是建筑物的承重构件，除了不具备围护和分隔的作用之外，其他要求与墙体类似。

3. 楼板层和地坪

楼板是水平方向的承重构件，按房间层高将整幢建筑物沿水平方向分为若干层；楼板层承受家具、设备和人体荷载以及本身的自重，并将这些荷载通过板或梁传给墙或柱；同时对墙体起着水平支撑的作用。因此要求楼板层应具有足够的抗弯强度、刚度，并应具备相当的防火、防水、隔声的能力。

地坪是底层房间与地基土层相接的构件，起承受底层房间荷载的作用，并将其传递给地基。要求地坪具有耐磨防潮、防水、防尘和保温的性能。

楼板层和地层的面层部分称为楼地面。

4. 屋顶

屋顶是建筑物顶部的围护构件和承重构件。抵抗风、雨、雪霜、冰雹等的侵袭和太阳辐射热的影响；又承受风雪荷载及施工、检修等屋顶荷载，并将这些荷载传给墙或柱，故屋顶应具有足够的强度、刚度及防水、保温、隔热等性能。屋顶又是建筑体型和立面的重要组成部分，其外观形象也应得到足够的重视。

5. 楼梯

楼梯是建筑物的垂直交通设施，供人们平时上下和紧急疏散时使用，故要求楼梯具有足够的通行能力，并且防滑、防火，能保证安全使用。

6. 门窗

门与窗均属非承重构件，也称为配件。门主要起供人们出入内外交通和分隔房间作用，窗主要起通风、采光、分隔、眺望等围护作用。处于外墙上的门窗又是围护构件的一部分，要满足热工及防水的要求；某些有特殊要求的房间，门、窗应具有保温、隔声、防火的能力。

1.2.4 民用建筑的结构体系与基本构件

1.2.4.1 民用建筑的结构体系

建筑物中承受荷载而起骨架作用的部分称为结构，民用建筑常用的结构体系有混合结构、框架结构、剪力墙结构、框剪结构、筒体结构等。

1. 混合结构

混合结构指用不同的材料建造的房屋，通常墙体、柱与基础等竖向承重结构的构件采用砖砌体，屋盖、楼盖等水平承重结构的构件采用钢筋混凝土结构，故亦称砖混结构。如房屋内部有柱子承重，并与楼面大梁组成框架，外墙仍为砌体承重者，称为内框架结构。

这种结构形式的优点是构造简单、造价较低，其缺点是房间尺寸受钢筋混凝土梁板经济跨度的限制，室内空间小，开窗也受到限制，仅适用于房间开间和进深尺寸较小、层数不多的中小型民用建筑，如住宅、中小学校、医院及办公楼等。

2. 框架结构

框架结构指由水平向布置的屋架梁和竖向布置的柱组成的一种平面或空间、单层或多层的承重结构。几种典型的框架梁柱平面布置如图 1.3 所示。

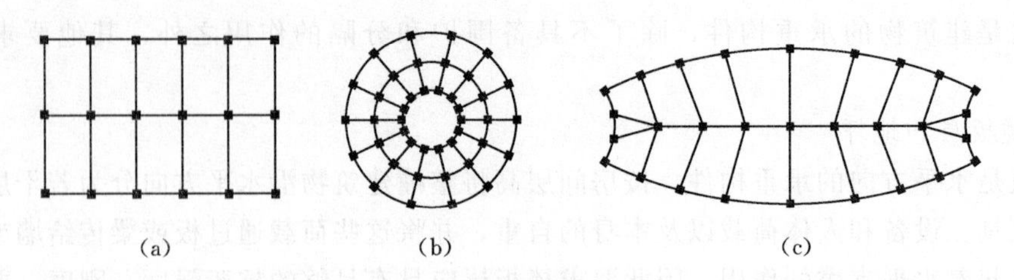

图 1.3 框架梁柱布置

框架梁柱间的节点一般为刚性连接。有时为了便于施工或其他构造要求，也可将部分节点做成铰节点或半铰节点。框架柱与基础之间的节点一般为刚性固定支座，必要时也可做成铰支座。

工程中将梁（或桁架）和柱铰接而成的单层框架结构称为排架，如图 1.4（a）所示。一般称由等截面或变截面梁柱杆件组成的单层刚接（梁柱之间为刚接）框架为刚架或门式刚架，如图 1.4（b）所示。多层刚接称为框架，如图 1.5 所示。

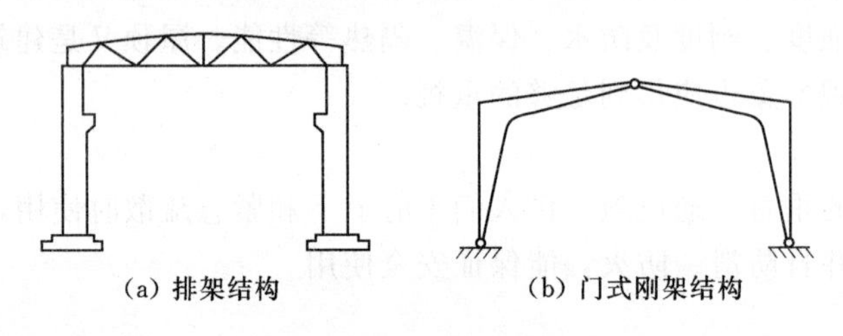

图 1.4 排架及门式刚架

框架结构的主要特点是结构形式强度高，整体性好，刚度大，抗震性好，因其采用梁柱承重，因此建筑布置灵活，可获得较大的使用空间。但钢材、水泥用量大，造价较高。适用于开间、进深较大的商店、教学楼、图书馆之类的公共建筑以及多、高层住宅、旅馆等。

3. 剪力墙结构

剪力墙结构是用钢筋混凝土墙板来代替框架结构中的梁柱，剪力墙结构能承担各类荷载引起的内力，并能有效控制结构的水平力。一般来说，剪力墙的宽度和高度与整个房屋的宽度和高度相同，宽度达十几米或更大，高达几十米以上。而它的厚度则很薄，一般为160～300mm，较厚的可达500mm。

剪力墙的主要作用是承受平行于墙体平面的水平力，并提供较大的抗侧力刚度，它使剪力墙受剪且受弯，剪力墙也因此得名，以便与一般仅承受竖向荷载的墙体相区别。在地震区，该水平力主要是由地震作用产生，因此，剪力墙有时也称为抗震墙。

剪力墙结构的主要特点是结构承载力高，整体性好，刚度大，抗震性好，其缺点是房间尺寸受钢筋混凝土梁板经济跨度的限制，室内空间小，开窗也受到限制，建筑平面布置不灵活，一般适用于房间开间和进深尺寸较小、层数较多的中小型民用建筑。

4. 框剪结构

在框架-剪力墙结构中，框架与剪力墙协同受力，剪力墙承担绝大部分水平荷载，框架则以承担竖向荷载为主，这样，可以大大减少柱子的截面。框剪结构弥补了剪力墙结构

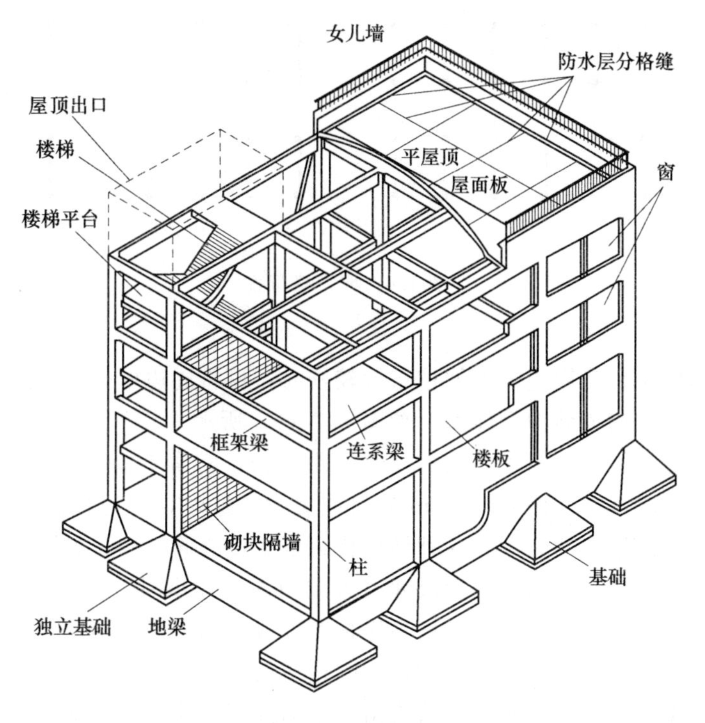

图 1.5 框架结构

开间过小的缺点，既可使建筑平面灵活布置。又能对常见的 30 层以下的高层建筑提供足够的抗侧刚度。因而在实际工程中被广泛应用，如一般用于办公楼、旅馆、住宅以及某些工业用房。

框架剪力墙结构布置的关键是剪力墙的数量及位置。从建筑布置角度看，减少剪力墙数量则可使建筑布置灵活。但从结构角度看，剪力墙往往承担了大部分的侧向力，对结构抗侧刚度有明显的影响，因而剪力墙的数量不能过少。

剪力墙应沿房屋的纵横两个方向均有布置，以承受各个方向的地震作用和风荷载，横向剪力墙宜尽量布置在房屋的平面形状变化处、刚度变化处、楼梯间及电梯间，以及荷载较大的地方。同时还应尽量布置在建筑物的端部附近。图 1.6 表示两种不同的剪力墙布置方案，图 1.6（a）的两道剪力墙集中布置在建筑平面的中部，图 1.6（b）的两道剪力墙布置在建筑平面的两端，这两个结构方案具有相同的抗侧刚度，但很显然图 1.6（b）布置方式使结构具有较大的抗扭能力。

5. 筒体结构

筒体结构是由一个或多个筒体作承重结构的高层建筑体系，适用于层数较多的高层建筑。筒体在侧向风荷载的作用下，其受力类似刚性的箱型截面的悬臂梁，迎风面将受拉，而背风面将受压。

筒式结构可分为框筒体系、筒中筒体系、框架核心筒结构、多重筒结构、成束筒体系等。

（1）框筒体系。指内芯由剪力墙构成，周边为框架结构。如图 1.7（a）所示。有时为减少楼盖结构的内力和挠度，中间往往要布置一些柱子，以承受楼面竖向荷载，如图

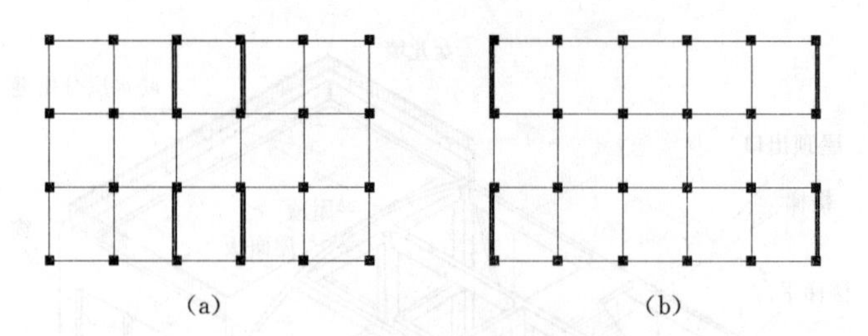

图 1.6 剪力墙布置

1.7（b）所示。

（2）筒中筒体系。当周边的框架柱布置较密时，可将周边框架视为外筒，而将内芯的剪力墙视为内筒，则构成筒中筒体系，如图 1.7（c）所示。

（3）框架核心筒结构。筒中筒结构外部柱距较密，常常不能满足建筑设计中的要求。有时建筑布置上要求外部柱距在 4～5m 左右或更大，这时，周边柱已不能形成筒的工作状态，而相当于空间框架的作用，这种结构称为框架核心筒结构，如图 1.7（d）所示。

（4）多重筒结构。当建筑物平面尺寸很大或当内筒较小时，内外筒之间的间距较大，即楼盖结构的跨度变大，这样势必会增加楼板厚度或楼面大梁的高度，为降低楼盖结构的高度，可在筒中筒结构的内外筒之间增设一圈柱或剪力墙，如果将这些柱或剪力墙连接起来使之亦形成一个筒的作用，则可以认为由三个筒共同工作来抵抗侧向荷载，亦即成为一个三重筒结构，如图 1.7（e）所示。

（5）成束筒体系。成束筒体系是由多个筒体组成的筒体结构。最典型的成束筒体系的建筑应为美国芝加哥的西尔斯塔楼。成束筒体系的结构布置如图 1.7（f）所示。

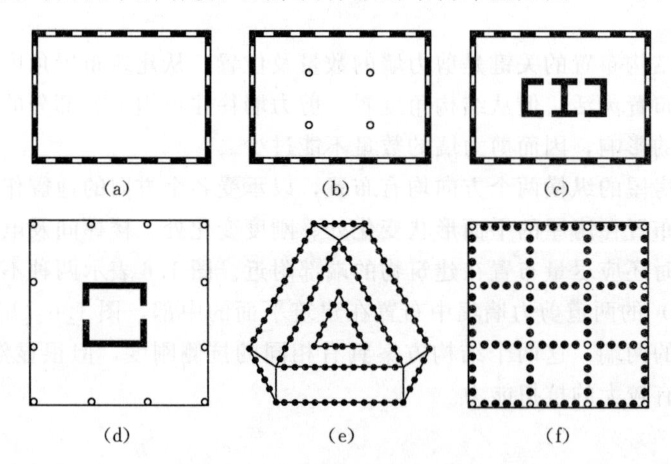

图 1.7 筒体结构的平面布置

6. 其他结构

除了上述结构形式以外，诸如薄壳、悬索、网架等结构形式也在大跨度的公共建筑中采用。

1.2.4.2 房屋建筑结构的基本构件

一幢房屋有其承重结构体系，承重结构体系破坏，房屋就要倒塌。承重结构体系是由

若干个结构构件连接而成的，这些结构构件的形式虽然多种多样，但可以从中概括出以下几种典型的基本构件。

1. 板

板指平面尺寸较大而厚度较小的受弯构件，通常水平放置，但有时也斜向设置（如楼梯板）或竖向设置（如墙板）。板承受施加在楼板的板面上并与板面垂直的荷载（含楼板、地面层、顶棚层的恒载和楼面上人群、家具、设备等活载）。板在建筑工程中一般应用于楼板、屋面板、基础板、墙板等。

板按截面形式主要分为实心板、空心板、槽形板。主要采用的材料为钢筋混凝土、预应力混凝土、木材及钢材等。

板按施工方法不同分为现浇板和预制板。

（1）现浇板。现浇板具有整体性好、适应性强、防水性好等优点。它的缺点是模板耗用量多，施工现场作业量大，施工进度受到限制。适用于楼面荷载较大，平面形状复杂或布置上有特殊要求的建筑物；防渗、防漏或抗震要求较高的建筑物及高层建筑。

（2）预制板。在工程中常采用预制板，以加快施工速度。预制板一般采用当地的通用定型构件，由当地预制构件厂供应。它可以是预应力的，也可以是非预应力的。由于其整体性较差，目前在民用建筑中已较少采用，主要用于工业建筑。

预制板按截面形式不同分为实心板、空心板、槽形板及单 T 形板和双 T 形板等，如图 1.8 所示。

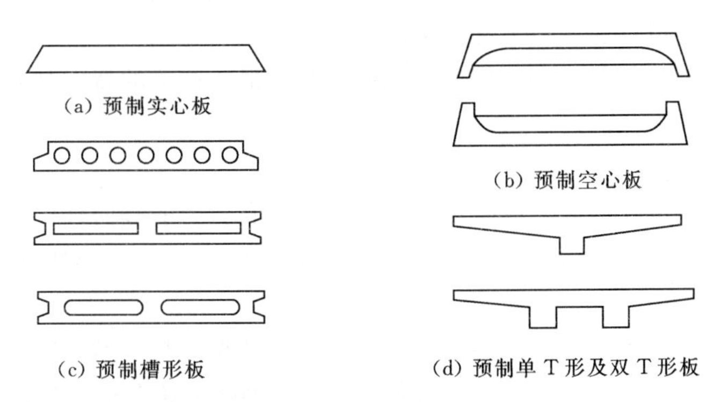

图 1.8　预制板的截面形式

2. 梁

梁是工程结构中的受弯构件，承受板传来的压力以及梁的自重。通常水平放置，但有时也斜向设置以满足使用要求，如楼梯梁。梁的截面高度与跨度之比一般为 1/8～1/16；梁的截面高度通常大于截面的宽度，但因工程需要，梁宽大于梁高时，称为扁梁；梁的高度沿轴线变化时，称为变截面梁。梁可以现浇也可以预制。梁常见的分类如下：

（1）按截面形式分类。梁按截面形式可分为矩形梁、T 形梁、倒 T 形梁、L 形梁、Z 形梁、槽形梁、箱形梁、空腹梁、叠合梁等，如图 1.9 和图 1.10 所示。

（2）按所用材料分类。梁按所用材料可分为钢梁、钢筋混凝土梁、预应力混凝土梁、木梁以及钢与混凝土组成的组合梁等。

（3）按在结构中的位置分类。按在结构中的位置，可分主梁、次梁、连梁、圈梁、过

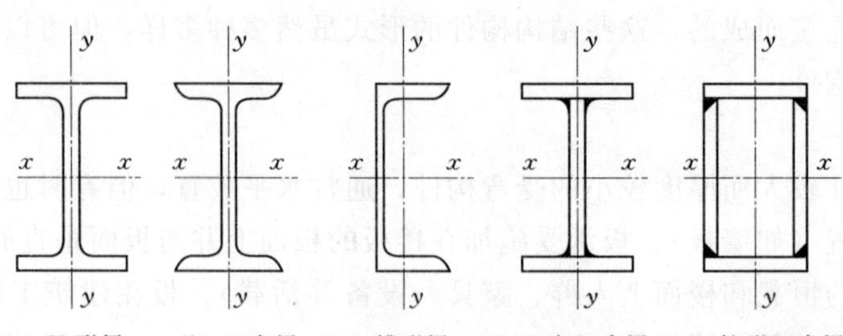

图 1.9　钢梁常用的截面形式

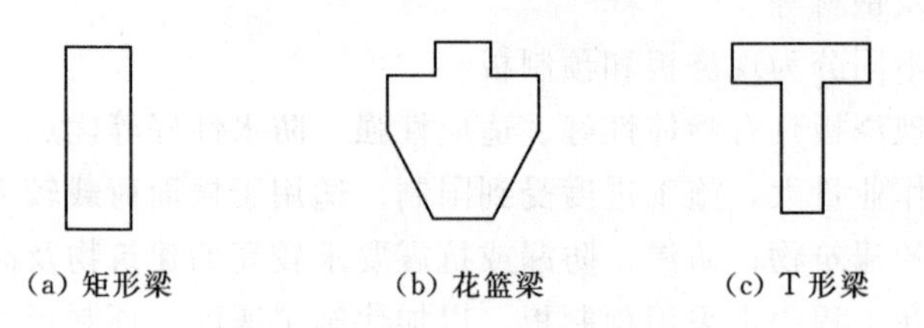

图 1.10　钢筋混凝土梁常用的截面形式

梁等。次梁一般直接承受板传来的荷载，再将板传来的荷载传递给主梁；主梁除承受板直接传来的荷载外，还承受次梁传来的荷载；连梁主要用于连接两榀框架，使其成为一个整体；圈梁一般用于砖混结构，将整个建筑围成一体，增强结构的抗震性能；过梁一般用于门窗洞口的上部，用以承受洞口上部结构的荷载。

梁通常为直线形，如需要也可作成折线形或曲线形。曲梁的特点是内力除弯矩、剪力外，还有扭矩。

3. 柱

工程结构中主要承受压力，有时也同时承受弯矩和剪力的竖向杆件，用以支承梁、屋架、楼板等。柱是结构中极为重要的部分，柱的破坏将导致整个结构的损坏与倒塌。柱常见的分类如下：

(1) 按截面形式分类。柱的截面形式很多，较为常见的有方形、矩形和圆形等。在混凝土柱中，还有工字形、T形、L形等截面形式；在钢柱中还有钢管柱、工字形柱、H形柱、十字形柱及格构柱等。

图 1.11 为钢柱的常用截面形式，其中图 1.11 (a) 为圆钢、圆管、角钢、工字钢、槽钢、T型钢、H型钢等型钢截面；图 1.11 (b) 为型钢或钢板组成的组合截面；图 1.11 (c) 为柱肢和缀材组成的格构式柱。

(2) 按受力形式分类。可分为轴心受压柱 [即荷载沿构件轴线作用且力的箭头指向构件截面，如图 1.12 (a) 所示] 和偏心受压柱 [荷载作用点偏离构件轴线，如图 1.12 (b) 所示]。

(3) 按所用材料分类。可分为石柱、砖柱、砌块柱、木柱、钢柱、钢筋混凝土柱、劲性钢筋混凝土柱（即由型钢外面包混凝土构成的柱）、钢管混凝土柱和各种组合柱。

4. 墙

墙是建筑物竖直方向起维护、分隔和承重等作用，并具有保温隔热、隔声及防火等功

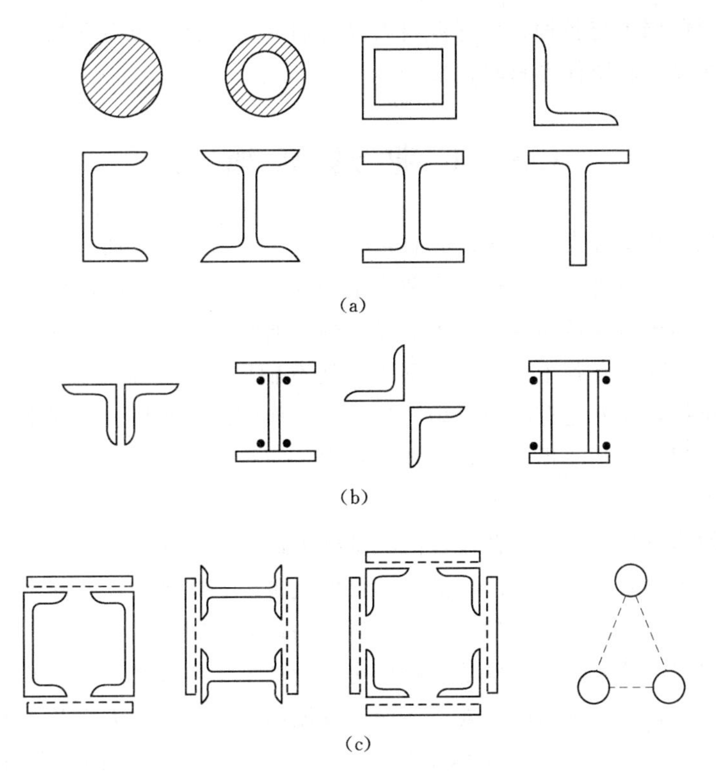

图 1.11 钢柱的截面形式

能的主要构件。

墙体按不同的方法可以分成不同的类型。

（1）按其在建筑物中的位置分类：

1）外墙。外墙是位于建筑物外围的墙。位于房屋两端的外墙称为山墙；纵向檐口下的外墙称檐墙。高出平屋面的外墙称女儿墙。

2）内墙。是指位于建筑物内部的墙体。

另外，沿房屋纵向（或者说，位于纵向定位轴线上）的墙，通称纵墙；沿房屋横向（或者说，位于横向定位轴线上）的墙，通称横墙。在一片墙上，窗与窗或门与窗之间的墙称窗间墙，窗洞下边的墙称窗下墙。

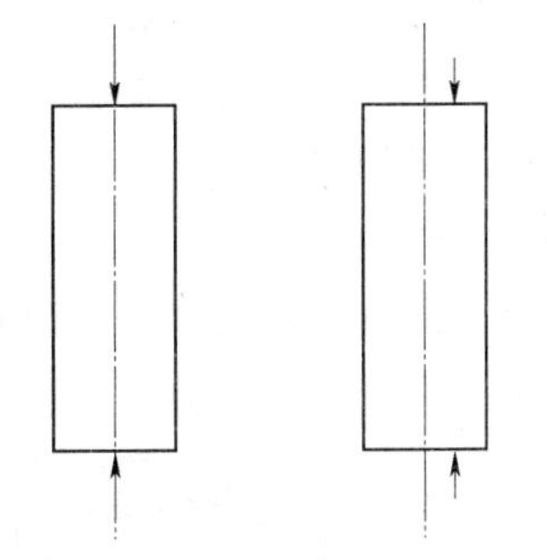

(a) 轴心受压构件　(b) 偏心受压构件

图 1.12 受压构件

（2）按其受力状态分类。按墙在建筑物中受力情况可分为承重墙和非承重墙。

承重墙是受屋顶、楼板等上部结构传递下来的荷载及其自重的墙体，例如砖混结构中的大部分纵横墙体。

非承重墙是除承受本层墙体自重以外不承受其他荷载的墙体，例如框架结构中的墙体。

（3）按墙体材料分类。根据墙体用料的不同，有土墙、石墙、砖墙、砌块墙、混凝土墙及复合材料墙等。其中普通黏土砖墙目前已禁止采用。复合材料墙有工厂化生产的复合板材墙，如由彩色钢板与各种轻质保温材料复合而成的板材，也有在黏土砖或钢筋混凝土墙体的表面现场复合轻质保温材料而成的复合墙。

1.3 工业建筑概述

工业建筑是指从事各类工业生产和直接为工业生产需要服务而建造的各类工业房屋和构筑物的总称，包括主要工业生产用房和为生产提供动力和其他附属用房。工业建筑是根据生产工艺流程和机械设备布置的要求而设计的，通常把按生产工艺进行生产的单位称生产车间。一个工厂除了有若干个生产车间外，还有辅助用房，如办公室、锅炉房、仓库、生活用房等建筑物，此外还有附属设施的构筑物，如烟囱、水塔、冷却塔、水池等。工业建筑与民用建筑相比，基建投资多，占地面积大，应符合坚固适用、经济合理和技术先进的设计方针。此外工业建筑尚有如下特点：

（1）厂房的建筑设计是在工艺设计图的基础上进行的。

（2）生产设备的要求决定着厂房的空间尺度设备多，体重大，各部生产联系密切，有多种起重运输设备通行，致使厂房内部具有较大的敞通空间。

（3）当厂房宽度较大时，特别是多跨厂房，为满足室内采光、通风的需要，屋顶上设有天窗；为了屋面防水、排水的需要，还应设置屋面排水系统（天沟及水落管）。

（4）厂房荷载决定着采用大型承重骨架，在单层厂房中多用钢筋混凝土排架结构承重；在多层厂房中常用钢筋混凝土骨架承重；对于特别高大的厂房，或有重型吊车的厂房，或高温厂房，或地震烈度较高地区的厂房，宜采用钢骨架承重。

（5）生产产品的需要影响着厂房的构造。

按厂房的层数可分为单层工业厂房、多层工业厂房及混合层次厂房。单层厂房（图1.13）主要用于冶金、机械等重工业。其优点是厂房内的生产工艺路线和运输路线比较容易组织，缺点是占地多、土地利用率低。单层厂房又有单跨、高低跨和多跨三种形式。多层厂房适用于轻工业类，如食品、服装、电子、精密仪器等工业，常用的层数为2～6层。

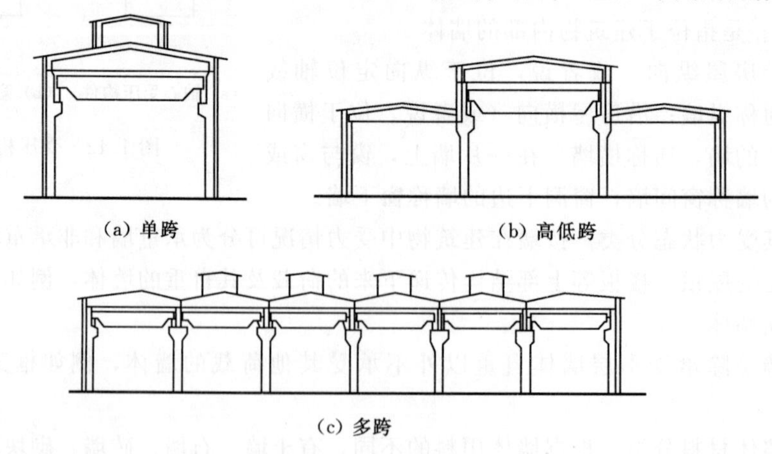

(a) 单跨　　(b) 高低跨

(c) 多跨

图1.13　单层工业厂房

多层厂房占地面积少、建筑面积大、造型美观，厂房的设备质量轻、体积小。混合层次厂房内既有单层又有多层，常用于化工，热电站。

按结构所使用的材料可分为钢筋混凝土厂房及钢结构厂房。近年来钢结构已被广泛地应用在各种跨度的工业厂房中（图 1.14）。

图 1.14　钢结构厂房

下面以单层厂房为例，介绍其结构组成（图 1.15）。

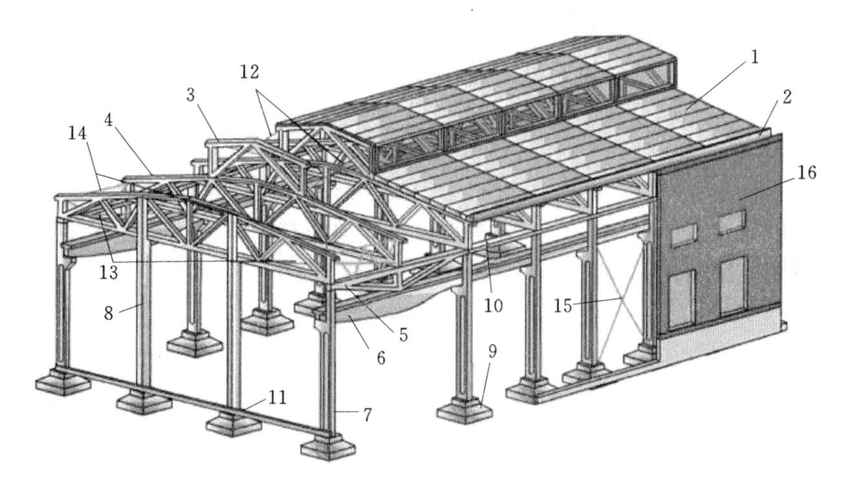

图 1.15　厂房结构组成

1—屋面板；2—天沟板；3—天窗架；4—屋架；5—托架；6—吊车梁；7—排架柱；8—抗风柱；9—基础；10—连系梁；11—基础梁；12—天窗架垂直支撑；13—屋架下弦横向水平支撑；14—屋架端部垂直支撑；15—柱间支撑；16—墙体

1. 屋盖结构

屋盖结构由屋面板（包括天沟板）、屋架或屋面梁（包括屋盖支撑）组成，有时还设有檩条、天窗架和托架等。根据是否设置檩条可分为有檩体系和无檩体系两种。

当大型屋面板直接支撑（焊牢）在屋架或屋面梁上的称为无檩屋盖体系；小型屋面板（或瓦材）直接支撑在檩条上，檩条支撑在屋架上（板与檩条、檩条与屋架均需有牢固的连接），通常称有檩体系。屋面板起覆盖、维护作用；屋架或屋面梁承受屋架结构自重和屋面活荷载（包括雪荷载和其他荷载如积灰荷载、悬吊荷载等），并将这些荷载传至排架柱，故称为屋面承重结构。天窗架是为了设置供通风、采光用的天窗，也是一种屋面承重结构。

2. 横向平面排架

横向平面排架由横梁（屋面梁或屋架）和横向柱列（包括基础）所组成，是厂房的主要承重结构。厂房结构承受的竖向荷载（结构自重、屋面活荷载和吊车竖向荷载等）及横向水平荷载（风荷载、吊车横向水平荷载和横向水平地震作用等）主要是通过横向平面排架传至基础和地基。

3. 纵向平面排架

由纵向柱列（包括基础）、连系梁、吊车梁和柱间支撑等组成，它与横向排架构成骨架，保证厂房的整体性和稳定性，并承受作用在山墙和天窗端壁并通过屋盖结构传来的纵向风荷载、吊车纵向水平荷载和纵向水平地震作用及温度应力等，如图 1.16 所示。

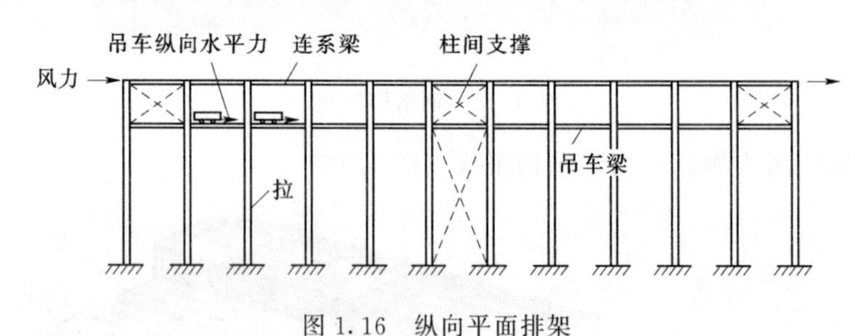

图 1.16　纵向平面排架

4. 吊车梁

吊车梁一般简支在柱牛腿上，主要承受吊车竖向荷载、横向或纵向水平荷载，并将它们分别传至横向或纵向平面排架。

5. 支撑

支撑体系的设置是厂房受力和改善构件工作条件的需要，其作用是加强厂房结构的空间刚度，并保证结构构件在安装和使用阶段的稳定和安全；同时起着把风荷载、吊车水平荷载或水平地震力等传递到主要承重构件上去的作用。

厂房的支撑体系包括屋盖支撑和柱间支撑，其中屋盖支撑又包括屋架上弦横向水平支撑；屋架间的垂直支撑及水平系杆；屋架下弦横向和纵向水平支撑；天窗架支撑等。

6. 基础

基础承受柱和基础梁传来的荷载并将它们传至地基。

7. 围护结构

单层厂房的外围护结构包括外墙、屋顶、地面、门窗、天窗等。

8. 其他

其他如散水、地沟（明沟或暗沟）、坡道、吊车梯、室外消防梯、内部隔墙、作业梯、检修梯等。

单层厂房结构的荷载传递路线如图 1.17 所示。

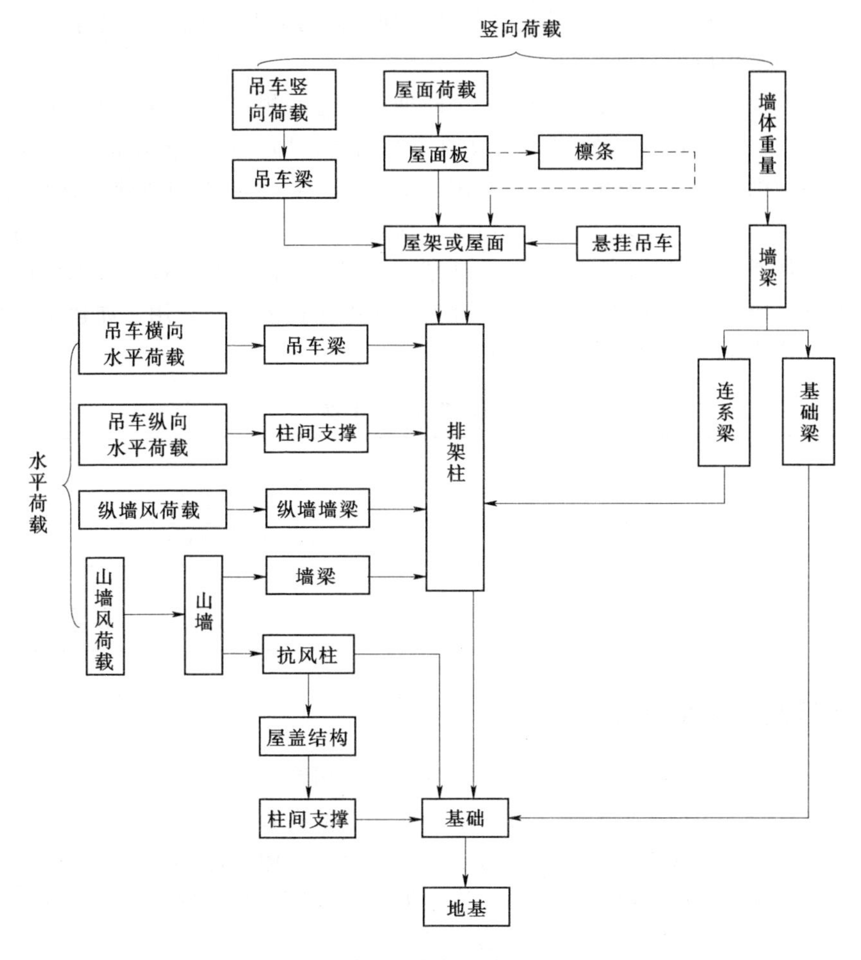

图 1.17 单层厂房荷载传递路线示意

由图 1.17 可知，单层厂房结构所承受的各种荷载，基本上都是传递给排架柱，再由柱传至基础及地基的，因此柱和基础是主要承重构件；在有吊车的厂房中，由于吊车梁对安全生产的重要性以及材料用量较多，所以吊车梁也是主要承重构件。设计时更应予以重视。

1.4 结构设计的基本概念

一幢建筑物或构筑物要建造起来，必须进行结构设计。根据《建筑结构可靠度设计统一标准》(GB 50068—2001)(以下简称《统标》)所确定的原则，结构设计采用以概率理论为基础的极限状态设计方法。下面将结构设计方法中涉及的基本概念作一简单介绍。

1.4.1 设计基准期与设计使用年限

设计基准期是为确定可变作用及与时间有关的材料性能等取值而选用的时间参数，它不等同于建筑结构的设计使用年限。《统标》所考虑的荷载统计参数，都是按设计基准期为50年确定的，如设计时需采用其他设计基准期，则必须另行确定在设计基准期内最大荷载的概率分布及相应的统计参数。

结构的设计使用年限是设计规定的一个时期，在这一规定时期内，结构或结构构件不需进行大修，即可按预期目的使用，完成预定的功能，即房屋建筑在正常设计、正常施工、正常使用和维护下所应达到的使用年限，如达不到这个年限则意味着在设计、施工、使用与维护的某一环节上出现了非正常情况。这里指的“正常维护”包括必要的检测、防护及维修。设计使用年限是房屋建筑的地基基础工程和主体结构工程“合理使用年限”的具体化。根据《统标》的规定，结构的设计使用年限应按表1.3采用，如建设单位提出更高要求，也可按建设单位的要求确定。

表1.3　　设计使用年限分类

类　　别	设计使用年限/年	示　　例
1	5	临时性建筑
2	25	易于替换的结构构件
3	50	普通房屋与构筑物
4	100	纪念性建筑和特别重要的建筑结构

1.4.2　建筑结构安全等级

建筑物的用途是多种多样的，其重要程度也各不相同。显然设计时应当考虑到这种差别。例如，设计一个大型影剧院和设计一个普通仓库就应有所区别。因为前者一旦发生破坏所引起的生命财产的损失要比后者大得多。因此建筑结构设计时，应根据结构破坏可能产生的后果（如危及人的生命、造成的经济损失、产生的社会影响等）的严重性，采用不同的安全等级。它以结构重要性系数的形式反映在设计表达式中，我国规定的安全等级见表1.4。

表1.4　　建筑结构的安全等级

安全等级	破坏后果	建筑物类别
一级	很严重	重要的房屋
二级	严重	一般的房屋
三级	不严重	次要的房屋

表1.4中对安全等级作了原则的规定，设计人员在设计工作中应根据建筑的破坏后果以及工程的具体情况确定所设计的建筑物属于哪个等级。一般说来，大量的一般建筑物列入中间等级，重要的建筑物提高一级，次要的建筑物降低一级。如影剧院、体育馆或高层建筑等人员比较集中且使用频繁的建筑，一旦发生破坏，会引起生命财产的重大损失，产生重大社会影响，宜按一级进行设计。

同一建筑物内的各种结构构件宜与整个结构采用相同的安全等级，但允许对部分结构构件根据其重要程度和综合经济效果进行适当调整。如提高某一结构构件的安全等级所需额外费用很少，又能减轻整个结构的破坏，从而大大减少人员伤亡和财物损失，则可将该

结构构件的安全等级比整个结构的安全等级提高一级；相反，如某一结构构件的破坏并不影响整个结构或其他结构构件，则可将其安全等级降低一级。

1.4.3　结构功能要求

任何建筑结构都是为了完成所要求的某些功能设计的。从结构的观点来考虑，建筑结构应满足的功能要求可以归纳如下。

1.4.3.1　安全性的要求

即结构应能承受在施工和使用均属正常的情况下可能出现的各种荷载和变形，在偶然事件发生时及发生后，结构仍能保持必需的整体稳定，不致发生倒塌。

1.4.3.2　适用性要求

即结构在正常使用期间具有良好的工作性能。例如，不发生过大的变形或振幅，以免影响使用；也不发生足以使用户不安的过宽的裂缝。

1.4.3.3　耐久性的要求

即结构在正常维护下具有足够的耐久性能。例如，混凝土不发生严重的风化、脱落；钢筋不发生严重锈蚀，以免影响结构的使用寿命。

任何结构，随着使用时间的增加，总会渐渐损坏，或逐渐变得不适用。因此，这里所谓的满足预定的结构功能的要求，是指在一定的时期内而言的。如前所述，我国目前规定的设计基准期是50年。这一时期的长短与经济发展的程度有关，经济越发达，建筑物更新越快，设计基准期就应越短。应当说明，设计基准期并不等同于建筑结构的寿命。超过了设计基准期，建筑物并非一定损坏而不能使用，只是其完成预定功能的能力越来越差了。

良好的设计结构，应能满足用户提出的各项要求，结构应安全可靠，有完成预定功能的能力，成本和维修费用低，施工迅速，投资回收快，经济效益高。一般来说结构的安全和经济二者之间是有矛盾的，如何设计出既安全又经济的结构是设计工作者的职责。

为了使设计工作者有章可循，使不同设计部门所设计的相同类型的结构水准不至相差太大，国家建设部门统一制定了各种规范、规程或标准。其中2001年颁布的《建筑结构可靠度设计统一标准》（GB 50068—2001）作为制定建筑结构各项规范的准则，以使建筑结构的设计得以符合技术先进、经济合理、安全适用、保证质量的要求，属于第一层次的规范；第二层次的规范或标准主要有《建筑结构荷载规范》（GB 50009—2012）、《建筑结构制图标准》（GB/T 50105—2010）等；第三层次的规范则主要有《混凝土结构设计规范》（GB 50010—2010）、《砌体结构设计规范》（GB 50003—2011），《钢结构设计规范》（GB 50017—2011）等。进行建筑结构设计时必须遵守这些标准和规范所作的各项规定。

1.4.4　结构的极限状态

1.4.4.1　极限状态的概念

要进行结构设计，应先明确结构丧失其完成预定功能的能力标志是什么，并以此标志作为结构设计的一个准则。为此，先阐明极限状态的概念。

结构从开始承受荷载直至破坏要经历不同的阶段，处于不同的状态。结构所处的阶段或状态，从不同的角度出发，可以有不同的划分方法。若从安全可靠的角度出发，可以区分为有效状态和失效状态两类。所谓有效，是指结构能有效地、安全可靠的工作，得以完成预定的各项功能；反之，结构失去预定功能的能力，不能有效的工作，处于失效状态。这里所谓的失效，不仅包括因强度不足而丧失承受荷载的能力，或是结构发生倾覆、滑移、丧失稳定等情况，而且包括了结构的变形过大、裂缝过宽而不适于继续使用。这些情况均属于失效状态。

有效状态和失效状态的分界，称为极限状态。极限状态实质上是一种界线，是从有效状态转为失效状态的分界。超过这一状态，结构就不能再有效地工作。极限状态是结构开始失效的标志，结构的设计工作就是以这一状态为准则进行的，使结构在工作时不致超过这一状态。《建筑结构设计统一标准》对于极限状态作了明确的定义，其定义为“整个结构或结构的一部分超过某一特定状态就不能满足设计规定的某一功能要求，此特定状态就称为该功能的极限状态”。

1.4.4.2　极限状态的分类

根据结构的功能要求的不同，极限状态可分为两类。

1. 承载能力极限状态

承载能力极限状态是结构或构件达到了最大的承载能力（或极限强度）时的极限状态，超过了这一极限状态后，结构或构件就不能满足预定的安全性的要求。如混凝土柱被压坏、梁发生断裂等。每一结构或构件均需按承载能力极限状态进行设计和计算，必要时还应作倾覆和滑移验算。

2. 正常使用极限状态

正常使用极限状态是结构或构件达到了不能正常使用的极限状态，超过了这一极限状态后，结构或构件就不能完成对其所提出的适用性或耐久性的要求。如梁发生了过大的变形，或裂缝太大，或在不能出现裂缝的构筑物中（如水池）产生裂缝等。构件在按承载能力极限状态进行设计后，还需按正常使用极限状态进行验算，以确定构件在满足承载力要求的同时，是否也能满足正常使用时的一些限值规定。

1.4.5　荷载与作用

结构设计中的一项重要工作就是确定在结构上的荷载的类型和大小。荷载的类型和大小直接影响到设计的结果。

在结构上各种集中力或分布力的集合，或者引起结构外加变形（由于基础不均匀沉陷、地震等原因，使结构被强制地产生的变形）或约束变形（由于混凝土收缩、钢材焊接、大气温度变化等原因使结构材料发生膨胀或收缩等变化，受到结构的支座或节点的约束而使结构间接地产生的变形）的原因，均称结构上的作用。前者为直接作用，后者为间接作用。作用使结构产生压力、拉力、剪力、弯矩、扭矩等和线位移、角位移、裂缝等的结构效应。

长期以来工程界习惯上将施加在工程结构上使工程结构或构件产生效应的各种直接作用称为荷载，例如恒载、楼面活荷载、车辆荷载、雪荷载、风荷载、吊车荷载、屋面积灰荷载、波浪荷载等。

下面简单介绍荷载的分类和荷载的标准值。

1.4.5.1 荷载的分类

结构上的荷载，按其随时间的变异性和出现的可能性，分为永久荷载、可变荷载及偶然荷载。

1. 永久荷载

也称恒载，是施加在工程结构上不变的（或其变化与平均值相比可以忽略不计的）荷载。如结构自重、外加永久性的承重、非承重结构构件和建筑装饰构件的重量、土压力等。因为恒载在整个使用期内总是持续地施加在结构上，所以设计结构时，必须考虑它的长期效应。结构自重，一般根据结构的几何尺寸和材料容重的标准值（也称名义值）确定。

2. 可变荷载

也称活荷载，是施加在结构上的由人群、物料和交通工具引起的使用或占用荷载和自然产生的自然荷载。在结构使用期间，其值随时间而变化，且其变化值与平均值相比不可忽略的荷载。如工业建筑楼面活荷载、民用建筑楼面活荷载、屋面活荷载、屋面积灰荷载、车辆荷载、吊车荷载、风荷载、雪荷载、裹冰荷载、波浪荷载等。

3. 偶然荷载

此类荷载在结构使用期间不一定出现，但一旦出现，其值很大且持续时间较短，如爆炸力、地震力等。

1.4.5.2 荷载标准值

荷载标准值是结构设计时采用的荷载基本代表值，也就是在荷载规范中所列的各项标准荷载。标准荷载在概念上一般是指结构或构件在正常使用条件下可能出现的最大荷载值，因此它应高于经常出现的荷载值。用统计的观点，荷载的标准值是在所规定的设计基准期内，其超越概率小于某一规定值的荷载值，也称特征值，是工程设计可以接受的最大值。在某些情况下，一个荷载可以有上限和下限两个标准值。当荷载减小对结构产生更危险的效应时，应取用较不利的下限值作为标准值；反之，当荷载增加使结构产生更危险的效应时，则取上限值作为标准值。又如各种活荷载，当有足够的观测资料时，则应按上述标准值的定义统计确定；当无足够的观测资料时，荷载的标准值可结合设计经验，根据上述的概念协议确定。

1.4.6 结构构件的承载力

结构设计中另一个要解决的问题是确定构件的承载力，亦即其能承受外加荷载的能力。影响承载力大小的主要因素是构件尺寸和材料强度。结构的尺寸的偏差以及计算模式的精确性亦对承载力有影响。

现在谈谈材料的强度问题。钢筋混凝土结构所采用的建筑材料主要是钢筋和混凝土。钢筋和混凝土强度的大小，亦具有不定性，或称变异性。即使是同一种钢材或同一配合比的混凝土，当取不同试样进行试验时，所得试验结果也不会完全相同，总会有一定的分散性。因此，钢筋和混凝土的强度均应看做是随机变量，需要数理统计的方法来确定具有一定保证率的材料强度值。

1.4.7 结构的可靠度与可靠性

当荷载的大小和构件的承载力都确定之后，剩下的问题是如何使所设计的结构构件能满足预定的功能要求。结构设计的目的是用最经济的方法设计出足够安全可靠的结构。提到安全，人们往往以为只要把结构构件的承载力降低某一倍数，即除以大于1的某个安全系数，使结构具有一定得安全储备，足以承担所承受的荷载，结构便安全了。实际上，这种概念并不正确。因为这样的安全系数并不能真正反映结构是否安全，而超过了上述限值，结构也不一定就不安全。此外，安全系数的确定带有主观的成分在内，定得过低，难免不安全；定得过高，又将偏于保守，造成不必要的浪费。

实际上，所谓安全可靠，其概念是属于概率的范畴的。例如，当人们跨越车辆较少的街道时，并不感到紧张，具有安全感。但当跨越交通拥挤，事故多发的街道时，就会感到不安全，原因是发生交通事故的可能性（亦即概率）增加了。可见交通安全与否取决于发生事故的概率的大小。

建筑结构的安全可靠性，情况与此相同。结构的安全可靠与否，应当用结构完成其预定功能的可能性（概率）的大小来衡量，而不是用一个绝对的、不变的标准来衡量。没有绝对安全可靠的结构。当结构完成其预定功能的概率达到一定的程度，或不能完成其预定功能的概率（亦称失效概率）小到某一公认的、大家可以接受的程度，就认为该结构是安全可靠的，其可靠性满足要求。

这样一来结构可靠性可定义为：结构在规定的时间内、在规定的条件下、完成预定功能的能力。而为了定量描述结构的可靠性，需引入可靠度的概念。《建筑结构可靠度设计统一标准》（GB 50068—2001）给出结构可靠度的定义为：结构在规定的时间内、在规定的条件下，完成预定功能的概率。因此，结构的可靠性是用结构完成预定功能的概率的大小来定量描述的。可靠度是可靠性的概率的度量。上述定义中所谓的规定时间，即指上文提到过的设计基准期（50年），所有的统计分析均应该以该时间区间为准；所谓的规定条件，是指设计、施工、使用、维护均属正常的情况，不包括非正常的情况，例如人为的错误等。

1.4.8 规范对结构设计的规定

《建筑结构可靠度设计标准》（GB 50068—2001）规定：“结构在规定的设计使用年限内应具有足够的可靠度。结构的可靠度可采用以概率论为基础的极限状态设计方法分析确定。”结构在规定的设计使用年限内必须满足以下功能要求：

（1）在正常施工和正常使用时，能承受可能出现的各种作用。

（2）在正常使用时具有良好的工作性能。

（3）在正常维护下具有足够的耐久性能。

（4）在设计规定的偶然事件发生时及发生后，仍然能保持必需的整体稳定性。

在这四项预定功能中，（1）和（4）是安全性；（2）是适用性；（3）是耐久性。“安全、使用、耐久”三者缺一不可，但安全第一。

结构的失效，意味着结构或属于它的构件不能满足上述某一预定功能要求。结构的失

效有下列几种现象：

(1) 破坏指结构或构件截面抵抗作用力的能力不足以承受作用效应的现象。如拉断、压碎、弯折等。

(2) 失稳指结构或构件因长细比（如构件长度和截面边长之比）过大而在不大的作用力下突然发生作用力平面外的极大变形的现象，如柱子的压屈、梁在平面外的扭曲等。

(3) 发生影响正常作用的变形指楼板、梁的过大挠度或过宽裂缝；柱、墙的过大侧移；结构有过大的倾斜或过大的沉陷；人在室内有摇晃的感觉等。

(4) 倾覆或滑移指整个结构或结构的一部分作为刚体失去平衡而倾倒或滑移的现象。

(5) 结构所用材料丧失耐久性指钢材生锈、混凝土受腐蚀、砖遭冻融、木材被虫蛀蚀等化学、物理、生物现象。

1.4.9 建筑抗震设防

1. 建筑物重要性分类

根据建筑物在地震发生后在政治、经济和社会上的影响大小分为甲类、乙类、丙类、丁类四个抗震设防类别。

(1) 甲类建筑。甲类建筑属于重大建筑工程和地震时可能发生严重次生灾害的建筑。地震作用应高于本地区抗震设防烈度的要求，其值应按国家规定的批准权限批准的地震安全性评价结果确定；抗震措施，当抗震设防烈度为6～8度时，应符合本地区抗震设防烈度提高一度的要求，当为9度时，应符合比9度抗震设防更高的要求。

(2) 乙类建筑。国家重点抗震城市的生命线工程的建筑或其他重要建筑。这类建筑主要是使用功能不能中断或需要尽快恢复、及地震破坏会造成社会重大影响和国民经济重大损失的建筑。包括医疗、广播、通信、交通、供水、供电、供气、消防、粮食等。这类建筑地震作用按本地区抗震设防烈度计算；抗震措施，当设防烈度为6～8度时，应提高一度设计；当为9度时应采取比9度设防时更高的抗震措施。

对较小的乙类建筑，当其结构改用抗震性能较好的结构类型时，应允许仍按本地区抗震设防烈度的要求采取抗震措施。

(3) 丙类建筑。甲、乙、丁类以外的建筑，为大量的一般工业与民用建筑，抗震设计和抗震措施均按当地的设防烈度考虑。

(4) 丁类建筑。次要建筑，一般指地震破坏或倒塌不易造成人员伤亡和较大经济损失的建筑。如储存价值低的物品或人员活动少的单层仓库建筑。抗震计算按当地的设防烈度，抗震措施则降低一度考虑，但6度时不应降低。

2. 抗震设防目标

抗震设防简单地说，就是在工程建设时设立防御地震灾害的措施。抗震设防通常通过三个环节来达到：确定抗震设防要求，即确定建筑物必须达到的抗御地震灾害的能力；抗震设计，采取基础、结构等抗震措施，达到抗震设防要求；抗震施工，严格按照抗震设计施工，保证建筑质量。上述三个环节是相辅相成密不可分的，都必须认真进行。

抗震设计要达到的目标是在不同频数和强度的地震时，要求建筑具有不同的抵抗能力，对一般较小的地震，发生的可能性大，故又称多遇地震，这时要求结构不受损坏，在技术上和经济上都可以做到；而对于罕遇的强烈地震，由于发生的可能性小，但地震作用大，在此强震作用下要保证结构完全不损坏，技术难度大，经济投入也大，是不合算的，这时若允许有所损坏，但不倒塌，则将是经济合理的。我国抗震规范根据这些原则提出了“三个水准”的抗震设防目标。

第一水准：当遭受低于本地区设防烈度的多遇地震影响时，一般不受损坏或不需修理仍可继续使用。

第二水准：当遭受本地区设防烈度的地震影响时，可能损坏，经一般修理或不需修理仍可继续使用。

第三水准：当遭受到高于本地区设防烈度的罕遇地震（大震）时，建筑不致倒塌或危及生命财产的严重破坏。

通常将其概括为：“小震不坏，中震可修、大震不倒。”

在抗震设计时，为满足上述三水准的目标采用两个阶段设计法。

1.5 绿 色 建 筑

1.5.1 绿色建筑的概念

“绿色建筑”的“绿色”，并不是指一般意义的立体绿化、屋顶花园，而是代表一种概念或象征，是指在全寿命期内，最大限度地节约资源（节能、节地、节水、节材）、保护环境、减少污染，为人们提供健康、适用和高效的使用空间，与自然和谐共生的建筑。

绿色建筑在内涵上至少包括以下理念。

1. 节约能源

充分利用太阳能，采用节能的建筑围护结构以及采暖和空调，减少采暖和空调的使用。可以考虑根据自然通风的原理设置风冷系统，使建筑能够有效地利用夏季的主导风向。建筑采用适应当地气候条件的平面形式及总体布局。

2. 节约资源

在建筑设计、建造和建筑材料的选择中，均考虑资源的合理使用和处置。要减少资源的使用，力求使资源可再生利用。节约水资源，包括绿化的节约用水。

3. 回归自然

绿色建筑外部要强调与周边环境和谐一致、动静互补，要最大限度地保护自然生态环境。建筑内部不使用对人体有害的建筑材料和装修材料，室内空气清新，温、湿度适当，营造舒适和健康的生活环境。

1.5.2 绿色建筑的发展

绿色建筑的发展可追溯到上个世纪，正是世界性的能源危机推动了美国及后来欧洲甚至世界绿色建筑的发展。由于能源危机，绿色建筑特别是节能建筑在美国受到欢迎。尽管后来能源危机逐渐消退，但是建筑节能开始风行，从美国传到西欧甚至北欧。在能源危机和“可持续发展”概念诞生之后，美国和其他国家发生了制度变迁，高度重视节约能源与

环境保护。此外，采用新法规和政策来加快建筑理念的演进。1998 年 9 月、1999 年 6 月及 2000 年 4 月美国政府先后发布了三条“绿色”执行法令。法令要求联邦政府改进可循环使用和环境有关产品（包括建筑产品）的使用，鼓励政府机构通过改善设计、建造和运行来改进联邦建筑的能源管理和排放削减，要求联邦机构将环境责任纳入日常决策和长期规划之中。

1993 年，美国成立了“美国绿色建筑理事会”，简称 USGBC。很快，他们认识到需要一套标准来定义“绿色建筑”。1998 年，这样的一套认证体系出台，就是 LEED1.0 版。经过广泛修改，LEED2.0 版在 2000 年出台，到 2005 年修订的 LEED2.2 版算是一个比较成熟的版本。在这个版本中，“绿色建筑”的标准被分为 6 大方面，分别是可持续发展的建筑位置、水的使用效率、能源与环境、材料与资源、室内空气质量以及设计上的创新。

“绿色建筑”的认证是一种自愿行为。如果一座建筑的修建者希望获得 LEED 认证，就可向“绿色建筑认证机构”登记申请。该机构跟建筑设计和修建方协作，对以上 6 个方面的 7 项基本要求和 69 个小项分别进行评估。其中 7 项基本要求是必须满足的，在此基础上才可以进行 LEED 认证。69 个小项再分别进行打分，最终可按得分来分级，比如获 33 分到 38 分则为“LEED 银级”，获 39 分到 51 分为“LEED 黄金级”，而 52 分以上则为“LEED 白金级”。

20 世纪 90 年代，我国建筑行业首次引入绿色建筑的概念。随着社会能源和资源的日益紧缺、环境压力的日益增加，人类对健康生活理念的追求，作为耗能大户的建筑业首当其冲迎来一场节能、节地、节水、节材、减少污染的革命，绿色建筑的设计理念逐渐成为我国建筑业的主流。1996 年，“绿色建筑体系研究”被国家自然科学基金会列为“九五”计划重点资助课题。21 世纪以来，国家相关部门相继制定和推出了一系列绿色建筑方面的规范、文件，2006 年 3 月颁布了《绿色建筑评价标准》（GB/T 50378—2006），这是中国批准发布的第一部有关绿色建筑的国家标准。在该标准中，绿色建筑评价指标体系由节地与室外环境、节能与能源利用、节水与水资源利用、节材与材料资源利用、室内环境质量、运营管理 6 类指标组成。绿色建筑分为一星级、二星级、三星级 3 个等级。为了规范绿色建筑的评价工作，2013 年 1 月 16 日发布《关于加强绿色建筑评价标识管理和备案工作的通知》。同年又出台了《国务院关于加快发展节能环保产业的意见》（国发 30 文），意见中提出，到 2015 年，新增绿色建筑面积 10 亿 m^2 以上，城镇新建建筑中二星级及以上绿色建筑比例超过 20%，建设绿色生态城（区）。提高新建建筑节能标准，推动政府投资建筑、保障性住房及大型公共建筑率先执行绿色建筑标准，新建建筑全面实行供热按户计量；推进既有居住建筑供热计量和节能改造；实施供热管网改造 2 万 km；在各级机关和教科文卫系统创建节约型公共机构 2000 家，完成公共机构办公建筑节能改造 6000 万 m^2，带动绿色建筑建设改造投资和相关产业发展。大力发展绿色建材，推广应用散装水泥、预拌混凝土、预拌砂浆，推动建筑工业化。积极推进太阳能发电等新能源和可再生能源建筑规模化应用，扩大新能源产业国内市场需求。

延伸阅读：

德国在节能环保领域处于世界领先地位，其节能环保理念深入人心，政策面面俱到，从提高能效到开发利用可再生能源，从环保汽车到节能建筑，从工艺流程到生活细节，样样都离不开节能环保。时至今日，节能环保产业业已成为德国又一大支柱产业。

预计到2015年，德国所有建筑将按照“被动式建筑”标准建造。从低能耗建筑到3升房（指房屋每平方米面积每年消耗3升燃料用于供暖），再到被动式建筑和零能耗建筑，德国在建筑节能上积累了丰富的经验。

生态楼：柏林建筑了第一座生态办公楼。大楼的正面安装了一个面积为$64m^2$的太阳能电池代替玻璃幕墙，其造价不比玻璃幕墙贵。屋顶的太阳能电池负责供应热水。大楼的屋顶设储水设备，用于收集和储存雨水，储存的雨水用来浇灌屋顶上的草地，从草地渗透下去的水又回到储存器，然后流到厕所冲洗马桶。楼顶的草地和储水器能局部改善大楼周围的气候，减少楼内温度的波动。

太阳能房屋：这是一座能在基座上转动的跟踪阳光的太阳房屋，房屋安装在一个圆盘的座上。由一个小型太阳能电动机带动一组齿轮。该房屋底座在环形轨道上以每分钟转动3cm的速度随太阳旋转，当太阳落山以后该房屋便反向转动，回到起点位置。它跟踪太阳所消耗的电力仅为该房屋太阳能发电功率的1%，而所获得的太阳能相当于一般不能转动的太阳能房屋的2倍。

植物建筑与生态装修：汉诺威市“莱尔草场”住宅区是按照“植物生态建筑”建造的，即种植能维持生态平衡的大量植物，并使其与居住空间融为一体、互为依存，这是古老建筑和年轻的生态学有机结合的产物。住宅区内每栋楼房外表各有特色，内部设计也不尽相同，楼房结构均为砖木骨架，四壁用木材，居室里铺设的麻织地毯用玉米皮或麦秆纺织，沙发大都采用纯棉布料制成，以简单的条纺、格子或碎花等图案为主，甚至是净色的。家具不采用坚硬的金属家具，而多采用不喷任何涂料的原色木器家具。

零能量住房：这种住宅100%靠太阳能，不需要电、煤气、木材或煤，也没有有害的废气排入空气中，保持周围环境空气的清新。这种房屋的设计，向南开放的平面是扇形平面，这样可以获得很高的太阳辐射能。其墙面采用储热能力较好的灰砂砖、隔热材料及装饰材料。阳光透过保温材料，热量在灰砂墙中存储起来。白天房屋通过窗户由太阳来加热，夜间通过隔热材料和灰砂砖墙来加热。

1.6 智 能 建 筑

1.6.1 智能建筑的概念

《智能建筑设计标准》（GB/T 50314—2006）对智能建筑定义为“以建筑物为平台，兼备信息设施系统、信息化应用系统、建筑设备管理系统、公共安全系统等，集结构、系统、服务、管理及其优化组合为一体，向人们提供安全、高效、便捷、节能、环保、健康的建筑环境”。智能建筑是集现代科学技术之大成的产物。其技术基础主要由现代建筑技术、现代电脑技术、现代通信技术和现代控制技术所组成。

1.6.2 智能建筑的市场前景

智能建筑是随着人类对建筑内外信息交换、安全性、舒适性、便利性和节能性的要求

产生的。智能建筑及节能行业强调用户体验，具有内生发展动力。建筑智能化提高客户工作效率，提升建筑适用性，降低使用成本，已经成为发展趋势。《2013—2017年中国智能建筑行业发展前景与投资战略规划分析报告》显示，智能建筑行业市场在2005年首次突破200亿元之后，也以每年20%以上的增长态势发展，2012年市场规模达到861亿元。同时资料也显示，2012年我国新建建筑中智能建筑的比例仅为26%左右，远低于美国的70%、日本的60%。因此，我国智能建筑行业市场拓展空间巨大，仍处于快速发展期。据中商情报网发布《2013—2018年中国智能家居市场规模预测及行业分析报告》预测，2015年中国智能建筑行业市场规模将超过1500亿元。

1.6.3 智能建筑的系统组成

建筑智能化系统又称为弱电系统，主要用于通信自动化（CA）、楼宇自动化（BA）、办公自动化（OA）、消防自动化（FA）和保安自动化（SA），简称5A。其中包括的系统有：计算机管理系统，楼宇设备自控系统，通信系统，保安监控及防盗报警系统，卫星及共用电视系统，车库管理系统，综合布线系统，计算机网络系统，广播系统，会议系统，视频点播系统，智能化小区物业管理系统，可视会议系统，大屏幕显示系统，智能灯光、音响控制系统，火灾报警系统，计算机机房，一卡通系统等。

1.6.4 技术方法

智能控制是以控制理论、计算机科学、人工智能、运筹学等学科为基础，扩展了相关的理论和技术，其中应用较多的有模糊逻辑、神经网络、专家系统、遗传算法等理论和自适应控制、自组织控制、自学习控制等技术。

1. 模糊逻辑

模糊逻辑用模糊语言描述系统，既可以描述应用系统的定量模型也可以描述其定性模型。模糊逻辑可适用于任意复杂的对象控制。但在实际应用中模糊逻辑实现简单的应用控制比较容易。简单控制是指单输入单输出系统（SISO）或多输入单输出系统（MISO）的控制。因为随着输入输出变量的增加，模糊逻辑的推理将变得非常复杂。

2. 神经网络

神经网络是利用大量的神经元按一定的拓扑结构和学习调整方法。它能表示出丰富的特性：并行计算、分布存储、可变结构、高度容错、非线性运算、自我组织、学习或自学习等。这些特性是人们长期追求和期望的系统特性。它在智能控制的参数、结构或环境的自适应、自组织、自学习等控制方面具有独特的能力。

神经网络可以和模糊逻辑一样适用于任意复杂对象的控制，但它与模糊逻辑不同的是擅长单输入多输出系统和多输入多输出系统的多变量控制。模糊逻辑和神经网络都是模仿人类大脑的运行机制，可以认为神经网络技术模仿人类大脑的硬件，模糊逻辑技术模仿人类大脑的软件。

3. 专家系统

专家系统是利用专家知识对专门的或困难的问题进行描述。专家系统存在着工程费用较高，自动地获取知识困难、无自学能力、知识面太窄等问题。尽管专家系统在解决复杂问题的高级推理中获得较为成功的应用，但是专家系统的实际应用相对还是比较少。

4. 遗传算法

遗传算法作为一种非确定的拟自然随机优化工具，具有并行计算、快速寻找全局最优解等特点，它可以和其他技术混合使用，用于智能控制的参数、结构或环境的最优控制。

1.6.5 我国智能建筑的发展

目前我国各大中城市的新建办公楼宇和商业楼宇等基本都已是智能建筑，这也就意味着公共建筑的智能化已经成为现代建筑的标准配置。然而，智能建筑在国内的发展状况也并不让人满意，系统稳定性差、功能实现率低、智能化水平参差不齐一直是智能建筑屡遭诟病的问题。近些年，有关科研单位和设计院所已开始尝试进行智能建筑一体化设计，通过一体化设计，将庞杂的智能控制系统集成在了一起，从而做到标准统一、施工方统一，大大地增加了系统的稳定性和可靠性。

随着新一代信息技术的迅猛发展和城镇化建设步伐的不断加快，智慧城市建设时不可待。而智能建筑作为智慧城市的重要组成元素，智能建筑融入智慧城市建设是智能建筑今后发展的大方向。

其次，智能建筑节能是世界性的大潮流和大趋势，要通过建筑的智能化管理提高能源使用效率，在高度现代化、高度舒适的同时能实现能源消耗大幅度降低。

最后，国家应加大智能建筑标准化的建设力度，建立和健全相关规范体系，为智能建筑的发展提供制度保障和技术支撑。

1.7 建 筑 工 业 化

1.7.1 建筑工业化的概念

建筑业作为我国第一大支柱产业，目前建筑总面积为400多亿m^2，每年新增约20亿m^2，接近全球年建筑总量的一半。在我国房屋建造的整个过程来看，高能耗、高污染、高污染、粗放式的传统建造模式仍具有普遍性，建筑业仍是一个劳动密集型的产业，与新型城镇化、工业化、信息化的发展要求相距甚远。从生产方式来看，主要表现在以下几个方面：

（1）施工建造工艺、工法落后，技术集成能力低。

（2）现场施工主要以手工操作为主，工业化程度低。

（3）项目以包代管，层层分包，工程管理水平低。

（4）依赖农民工劳务市场分包，工人技能素质低。

（5）设计、生产、施工脱节，房屋建造质量不高，总体综合效益较低。

近年来建筑工业化的理念已渐入人心。实际上我国从20世纪70年代开始兴起的预制装配式大板建筑就是建筑工业化的一种，曾经被广泛应用，建筑工业化这一概念就被广泛提及。然而，时至今日，随着建筑科学技术水平的不断提高和日益紧迫的建筑业可持续发展的需求，建筑工业化的概念已被不断赋予新的内涵。

建筑工业化，指通过现代化的制造、运输、安装和科学管理的大工业的生产方式，来

代替传统建筑业中分散的、低水平的、低效率的手工业生产方式。其主要特征是建筑设计标准化、构配件生产工厂化，现场施工机械化和组织管理科学化。

建筑工业化主要的任务是：采用先进、适用的技术、工艺和装备科学合理地组织施工，发展施工专业化，提高机械化水平，减少繁重，复杂的手工劳动和湿作业；发展建筑构配件、制品、设备生产并形成适度的规模经营，为建筑市场提供各类建筑使用的系列化的通用建筑构配件和制品；制定统一的建筑模数和重要的基础标准，合理解决标准化和多样化的关系，建立和完善产品标准、工艺标准、企业管理标准、工法等，不断提高建筑标准化水平；采用现代管理方法和手段，优化资源配置，实行科学的组织和管理，培育和发展技术市场和信息管理系统，适应发展社会主义市场经济的需要。

建筑工业化与传统建筑方式比较，有以下几个方面的特点。

1. 标准化的设计

建立标准化的单元是标准化设计的核心。这与传统的标准化设计中仅是某一方面采用标准图集或模数化设计不同。建筑信息模型（Building Information Modeling，BIM）技术的应用，即受益于信息化的运用，原有的局限性被其强大的信息共享、协同工作能力突破，更利于建立标准化的单元，实现建造过程中的重复使用。

2. 工厂化的生产

工厂化的生产是建筑工业化的主要环节，尤其是主体结构的工厂化生产。传统建筑方式中，过度依赖一线农民工的人海战术，其主体结构精度难以保证，现场质量难以控制，施工现场产生大量建筑垃圾，材料浪费现象严重等。而这些问题均可通过主体结构的工厂化生产得以解决，实现毫米级误差控制及装配部件的标准化。

3. 装配化的施工

装配化施工的核心体现在施工技术和施工管理两个层面，特别是管理层面。相比于目前分包的模式来说，建筑工业化更提倡“EPC”模式，即工程总承包模式。通过EPC模式，将设计、生产、施工一体化，使项目设计更优化，有利于实现建造过程的资源整合、技术集成及效益最大化。

4. 一体化的装修

在设计阶段，将装修同构件的生产、制作及装配化施工一体化来完成，也就是实现与主体结构的一体化，而不是毛坯房交工后再着手装修。

5. 信息化管理

即建筑全过程的信息优化，初始设计就建立信息模型，之后各专业采用信息平台协同作业，图纸在进入工厂后再次进行优化处理，装配阶段也需要进行施工过程的模拟。可以说，信息技术的广泛应用会集成各种优势并互补，朝着建设逐步向标准化和集约化方向发展，加上信息的开放性，调动人们的积极性并促使工程建设各阶段、各专业主体之间信息共享资源，解决很多不必要的问题，有效地避免各行业、各专业间不协调问题，加速工期进程，从而有效解决设计与施工脱节、部品与建造技术脱节等中间环节的问题，提高效率并充分发挥建筑工业化的优势。

1.7.2 我国建筑工业化的现状

为了推进建筑工业化的发展，我们国家近年相继出台了多个文件推行建筑工业化。

2013年《绿色建筑行动方案》(国办发〔2013〕1号)中的第8项工作就明确提出了要推进建筑工业化；2014年4月国务院出台的《新型城镇化发展规划》中与也明确提出，要大力发展绿色建材，强力推进建筑工业化；2014年5月国务院印发的《2014—2015年节能减排低碳发展行动方案》中，明确提出要以住宅为重点，以建筑工业化为核心，加大对建筑部品生产的扶持力度，推进建筑产业的现代化。2014年7月住房和城乡建设部出台的《关于推进建筑业发展和改革的若干意见》明确提出转变建筑业发展方式，推动建筑产业现代化的要求，并提出了三层目标要求：第一层目标要求是，到2015年底除西部少数省区外，全国各省区市要具备相应规模部品建设能力；第二层目标要求是，新建政府投资工程和保障性安居工程应率先采用建筑产业现代化方式建造；第三层目标要求是，全国建筑产业现代化建造的住宅新开工的面积占住宅新开工总面积比例逐年增加，每年比上年提高2个百分点。

国家政策层面的倡导和推行，加快了我国推行建筑工业化的步伐。近年来，我国20个省市也相继出台了一系列关于推行建筑工业化的政策和举措，国家设立的8个城市的试点带动效果愈发彰显，全国性的技术标准也日趋完善，产业的聚集效应也愈发凸显，建设了一大批预制构件厂，建设了一批装配整体式的建筑，“像造汽车一样造房子”已成为我国很多大型房企产业化、标准化的核心理念。

我国建筑工业化仍处于发展的初期阶段，还有很多问题需要解决。新型建筑工业化发展需要较高水平的技术、装备、标准规范来支撑。要形成与工业建造方式相匹配的建设管理、设计、施工、安装的建造体系，要全面提升施工现场装配和机械化生产能力，要形成系列化、多样化预制构件和建筑部品供应体系，还要构建建筑工业化产品的认证体系，建立工业化建筑全过程管理信息系统，等等。

图1.18 施工中的“小天楼”

延伸阅读：

2015年3月17日，湖南长沙一栋57层的高楼封顶。这栋高楼名为“小天楼”，由湖南远大科技集团旗下的远大可建公司所建造，楼高超过200m，建筑面积18万m^2，包括3.6km的步行街、19个10m高的大厅，可容纳4000人的工作场所及800户住宅。大楼采用可持续建筑模块化材料，95%的工程量在工厂内完成。大楼外墙采用多种特有技术，比常规建筑节能80%。施工现场只用19d有效时间完成封顶，平均一天盖3层楼，创造了世界建筑史上的神话。图1.18为施工中的“小天楼”。

项目2 道路与桥梁工程

【学习目标】 通过本项目的学习，了解道路的分类、组成及特点；了解桥梁的分类、组成；了解我国道路与桥梁工程发展的现状。

2.1 道 路 工 程

2.1.1 道路的分类及特点

交通运输系统是由各种运输方式组成的一个综合体系，是由道路运输、铁路运输、水上运输、航空运输和管道运输五大部分所组成，它们共同承担客、货的集散与交流，在技术与经济上又各具特点。其中，铁路运输运量大、连续性较强、成本较低、速度较高，但建设周期相对较长、投资大，需中转，不直达门户；水路运输通过能力高，运量大、耗能少，成本低投资省、不占农田，但受自然条件限制大，连续性较差、速度慢；航空运输速度快，两点间运距短，但运量小、成本高；管道运输连续性强，安全性好、成本低、损耗少，但仅适于油、气、水等货物运输。

道路运输（Road Transportation）是交通运输的重要组成部分。从广义来说，道路运输是指客、货借助一定的运输工具，沿着道路做有目的的移动过程；从狭义来说，道路运输是指汽车在道路上有目的的移动过程。由于道路运输的广泛性、机动性和灵活性，充分深入到社会生活、生产领域的各个方面，因此从政治、经济、文化、教育、军事到人民群众的衣、食、住、行都和道路运输有密切的关系。道路运输与其他运输比较，具有以下特点：①机动灵活；②迅速直达；③适应性强；④投资省、社会效益显著；⑤运输成本高。

道路根据所处的位置、交通性质、使用特点可分为公路、城市道路、厂矿道路、林区道路、乡村道路等。

1. 公路

公路是指连接城市与城市、城市与乡村、主要供汽车行驶的且具备一定技术条件和设施的道路。按技术分级可分为高速公路、一级公路、二级公路、三级公路、四级公路五个等级，按行政分级可分为国家干线公路（简称国道）、省级干线公路（简称省道）、县级公路（简称县道）和乡级公路（简称乡道）。

（1）高速公路。高速公路是一种具有四条以上车道，路中央设有隔离带，分隔双向车辆行驶，互不干扰，全封闭，全立交，控制出入口，严禁产生横向干扰，为汽车专用，设有自动化监控系统，以及沿线设有必要服务设施的道路。高速公路属于高等级公路。其建设情况反映着一个国家和地区的交通发达程度、乃至经济发展的整体水平。

（2）一级公路。连接重要的政治、经济中心，通往重点工矿区、港口、机场，专供汽车分道行驶并部分控制出入的公路。一般能适应按各种汽车折合成小客车的远景设计年平均昼夜交通量为15000～30000辆。

（3）二级公路。连接重要政治、经济中心或大工矿区、港口、机场等地的公路。一般能适应按各种汽车折合成中型载重汽车的年平均昼夜交通量为3000～7500辆。

（4）三级公路。沟通县以上城市的公路。一般能适应按各种车辆折合成中型载重汽车的远景设计年限年平均昼夜交通量为1000～4000辆。

（5）四级公路。沟通县、乡、镇、村的公路。双车道四级公路一般能适应按各种汽车折合成中型载重汽车的远景设计年限年平均昼夜交通量为1500辆以下，单车道为200辆以下。

公路等级的选用应根据公路网的规划，从全局出发，按照公路的使用任务、功能和远景交通量综合确定。一条公路，可根据交通量等情况分段采用不同的车疲乏数或不同的公路等级。

高速公路和一级公路使用年限为20年，二级公路为15年，三级公路为10年，四级公路一般为10年，也可根据实际情况适当调整。

国家干线公路是指国家公路网中，具有全国性政治、经济、国防意义，并经确定为国家干线的公路；省级干线公路是指省公路网中，具有全省性政治、经济、国防意义，并经确定为省级干线的公路；县级公路是指具有全县性政治、经济意义，并经确定为县级的公路；乡级公路是指修建在乡村、农场，主要为乡村行人、各种运输工具通行的道路。

2. 城市道路

城市道路是指城市内部的道路，是城市组织生产、安排生活、搞活经济、物质流通所必需的车辆、行人交通往来的道路，是联结城市各个功能分区和对外交通的纽带。我国城市道路根据其所在道路系统中的地位、交通功能以及对沿线建筑物的服务功能及车辆、行人进出频度，建设部颁布的《城市道路工程设计规范》（CJJ 37—2012），把城市道路分为快速路、主干路、次干路及支路四类。

（1）快速路。快速路主要设置在特大城市或大城市，负担城市主要客、货运交通，有较高车速和大的通行能力，联系城市各主要功能分区及过境交通服务。快速路采用分向、分车道、全立交和控制进、出口。

（2）主干路。主干路是联系城市中功能分区（如工业区、生活区、文化区等）的干路，是城市内部的大动脉，并以交通功能为主，担负城市的主要客、货运交通。主干路沿线两侧不宜修建过多的行人和车辆入口，否则会降低车速。

（3）次干路。次干路为市区内普通的交通干路，配合主干路组成城市干道网，起联系各部分和集散作用，分担主干路的交通负荷。次干路兼有服务功能，允许两侧布置吸引人流的公共建筑，并应设停车场。

（4）支路。支路是城市中数量较多的一般交通道路。支路为次干路与街坊路的连接线，解决局部地区交通，以服务功能为主。部分主要支路可设公共交通线路或自行车专用道，支路上不宜有过境交通。

3. 厂矿道路

厂矿道路是指主要为工厂、矿山运输车辆通行的道路，通常分为场内道路、场外道路

和露天矿山道路。场外道路为厂矿企业与国家道路、城市道路、车站、港口相衔接的道路或是连接厂矿企业分散的车间、居住区之间的道路。

4. 林区道路

林区道路是指修建在林区的主要供各种林业运输工具通行的道路。由于林区地形及运输木材的特征，林区道路的技术要求应按专门置顶的离去道路工程技术标准执行。

5. 乡村道路

乡村道路是指修建在乡村、农场，主要供行人及各种农业运输工具通行的道路。

2.1.2 高速公路

自 1988 年我国大陆第一条高速公路上海至嘉定高速公路的建成通车，实现了我国大陆高速公路零的突破之后，我国的高速公路建设步入了加速发展的快车道。2008 年，总规模 3.5 万 km 的“五纵七横”国道主干线系统全面建成，标志着我国高速公路网骨架的基本形成。到 2010 年年底，全国高速公路由“十五”期末的 4.1 万 km 发展到 7.4 万 km，新增 3.3 万 km。整个“十一五”阶段，全社会高速公路建设累计投资达 2 万亿元，是我国公路交通发展速度最快、发展质量最好、服务水平提升最为显著的时期。“十二五”期间我国交通运输仍处于大建设、大发展的关键时期。2011 年 5 月 26 日，交通运输部正式发布了《交通运输“十二五”发展规划》。2013 年年底，我国高速公路总里程达 104468km，位居世界第一。到“十二五”末，按照我国高速公路建设目标，总规模约 8.5 万 km 的“7918”国家高速路网，将基本建成，届时加上地方的高速公路，我国高速公路总里程将达约 12 万 km，届时将覆盖 90%以上的 20 万以上城镇人口城市。

中国国家高速公路网采用放射线与纵横网格相结合布局方案，由 7 条首都放射线、9 条南北纵线和 18 条东西横线组成，简称为“7918”网，总规模约 8.5 万 km，其中主线 6.8 万 km，地区环线、联络线等其他路线约 1.7 万 km。

高速公路的造价高，占地多，但是从经济效益与成本比较看，高速公路的经济效益还是很显著的。高速公路具有以下特点：

（1）车速高。车速是提高公路运输效率的一个重要因素。高速公路由于速度提高，使得行驶时间缩短，从而带来巨大的社会效益和经济效益，对经济、军事、政治都有十分重要的意义。

（2）通行能力大。高速公路路面宽、车道多，可容车流量大，通行能力大，根本上解决了交通拥挤与阻塞问题。据统计，一般双车道公路的通行能力约为 5000～6000 辆/d，而一条 4 车道高速公路的通行能力可达 34000～50000 辆/d，6 车道和 8 车道可达 70000～100000 辆/d。可见高速公路的通行能力比一般公路高出几倍乃至几十倍。

（3）行车安全。行车安全是反映交通质量的根本标志。因为高速公路有严格的管理系统，全程采用先进的自动化交通监控手段和完善的交通设施，全封闭、全立交、无横向干扰，因此交通事故大幅度下降。据国外资料统计，与普通公路相比，美国下降 56%，英国下降 62%，日本下降 89%。另外高速公路的线形设计标准高、路面坚实平整、行车平稳，乘客不会感到颠簸。

（4）降低运输成本。高速公路完善的道路设施条件使主要行车消耗——燃油与轮胎消耗、车辆磨损、货损及事故赔偿损失降低，从而使运输成本大幅度降低。

(5) 带动了沿线经济发展。高速公路的高能、高效、快速通达的多功能作用，使生产与流通、生产与交换周期缩短，速度加快，促进了商品经济的繁荣发展。实践表明，凡在高速公路沿线，都会兴起一大批新兴工业、商贸城市，其经济发展速度远远超过其他地区，这被称为高速公路的"产业信息带"。

高速公路沿线设施包括安全设施、服务设施、高速公路交通控制与管理设施以及高速公路的绿化等，这些设施是保证车辆高速安全行驶，提供驾乘人员方便舒适的交通条件，高速公路交通指挥调度及环境美化与保护的必不可少的组成部分。

安全设施一般包括标志（如警告、限制、指示标志等）、标线（用文字或图形来指示行车的安全设施）、护栏（有刚性护栏、半刚性护栏、柔性护栏等）、隔离设施（如金属网、常青绿篱等）、照明及防眩设施（为保证夜间行车的安全所设置的照明灯、车灯灯光防眩板等）、视线诱导设施（为保证司机视觉及心理上的安全感，所设置的全线设置轮廓标等）、公路界碑、里程标和百米标。

服务性设施一般有综合性服务站（包括停车场、加油站、修理所、餐厅、旅馆、邮局、通信、休息室、厕所、小卖部等）、小型休息点（以加油站为主，附设厕所、电话、小块绿地、小型停车场等）、停车场等。

交通管理设施一般为高速管理入口控制、交通监控设施（如检测器监控、工业电视监控、通信联系的电话、巡逻电视等）、高速公路收费系统（如收费广场、收费岛、站房、天棚等）。

环境美化设施是保证高速行车舒适和驾驶员在视觉上与心理上协调的重要环节。因此，高速公路在设计、施工、养护、管理的全过程中，除满足工程和交通的技术要求外，还要符合美学规律，经过多次调整、修改，使高速公路与当地的自然风景相协调而成为优美的带状风景造型。

高速公路依据交通量可设计为双向4车道、6车道、8车道或更多的车道。4车道高速公路一般能适应按各种汽车折合成小客车的远景设计年限年平均昼夜交通量为2500～55000辆，6车道高速公路为45000～80000辆，8车道高速公路为60000～100000辆。

延伸阅读：我国高速公路的命名和编号

1. 命名

(1) 国家高速公路网路线的命名应遵循公路命名的一般规则。

(2) 国家高速公路网路线名称按照路线起讫点的顺序，在起讫点地名中间加连接符"—"组成，全称为"××—××高速公路"。路线简称采用起讫点地名的首位汉字表示，也可以采用起讫点所在省（市）的简称表示，格式为"××高速"。

(3) 国家高速公路网路线名称及简称不可重复。如出现重复时，采用以行政区划名称的第二或第三位汉字替换等方式加以区别。

(4) 国家高速公路网的地区环线名称，全称为"××地区环线高速公路"，简称为"××环线高速"。如"杭州湾地区环线高速公路"，简称为"杭州湾环线高速"。

(5) 国家高速公路网的城市绕城环线名称以城市名称命名，全称为"××市绕城高速公路"，简称为"××绕城高速"。如"沈阳市绕城高速公路"，简称"沈阳绕城高速"。

(6) 当两条以上路段起讫点相同时，则按照由东向西或由北向南的顺序，依次命名为“××—××高速公路东（中、西）线”或“××—××高速公路北（中、南）线”，简称为“××高速东（中、西）线”或“××高速北（中、南）线”。

(7) 路线地名应采用规定的汉字或罗马字母拼写表示。路线起讫点地名的表示，应取其所在地的主要行政区划的单一名称，一般为县级（含）以上行政区划名称。

(8) 北南纵向路线以路线北端为起点，以路线南端为终点；东西横向路线以路线东端为起点，以路线西端为终点。放射线的起点为北京。

2. 编号

中国国家高速公路网编号由字母标识符和阿拉伯数字编号组成。路线字母标识符采用汉语拼音“G”表示；中国国家高速公路网主线的编号，由中国国家高速公路标识符“G”加1位或2位数字顺序号组成，编号结构为“G#”或“G##”。

(1) 首都放射线的编号为1位数，以北京市为起点，放射线的止点为终点，以1号高速公路为起始，按路线的顺时针方向排列编号，编号区间为G1～G9。

(2) 纵向路线以北端为起点，南端为终点，按路线的纵向由东向西顺序编排，路线编号取奇数，编号区间为G11～G89。

(3) 横向路线以东端为起点，西段为终点，按路线的横向由北向南顺序编排，路线编号取偶数，编号区间为G10～G90。

(4) 并行路线的编号采用主线编号后加英文字母“E”、“W”、“S”、“N”组合表示，分别指示该并行路线在主线的东、西、南、北方位。

(5) 纳入中国国家高速公路网的地区环线（如珠江三角洲环线），按照由北往南的顺序依次采用G91～G99编号；其中台湾环线编号为G99，取意九九归一。

(6) 中国国家高速公路网一般联络线的编号，由国家高速公路标识符“G”+“主线编号”+数字“1”+“一般联络线顺序号”组成，编号为4位数。

(7) 城市绕城环线的编号为4位数，由“G”+“主线编号”+数字“0”+城市绕城环线顺序号组成。主线编号为该环线所连接的纵线和横线编号最小者，如该主线所带城市绕城环线编号空间已经全部使用，则选用主线编号次小者，依此类推。如该环线仅有放射连接，则在1位数主线编号前以数字“0”补位。

3. 示例

北京放射线：国家高速 G1 京哈高速；南北纵线：国家高速 G15 沈海高速；东西横线：国家高速 G50 沪渝高速；城市环线：南宁G7601，合肥G4001。

2.1.3 道路的组成

道路是按照路线位置和一定技术要求修筑的带状构筑物。其组成包括线形组成和结构组成两部分。

2.1.3.1 线形组成

道路的中线是一条三维空间曲线，称之为路线。线形就是指道路中线在空间的几何形状和尺寸，也就是通常所指的平、纵、横三维定位设计。道路的几何线形构成道路的骨架。

在道路线形设计中，为了便于确定道路中线的位置、形状和尺寸，我们需要从路线平面、路线纵断面和路线横断面三个方面来研究。道路中线在水平面上的投影称为路线平面，反映路线在平面上的形状、位置和尺寸的图形称为路线平面图。用一条曲线沿着道路中线竖直剖切展成的平面称为路线纵断面，道路中线上任一点法线方向剖面图称为路线横断面，如图2.1所示。

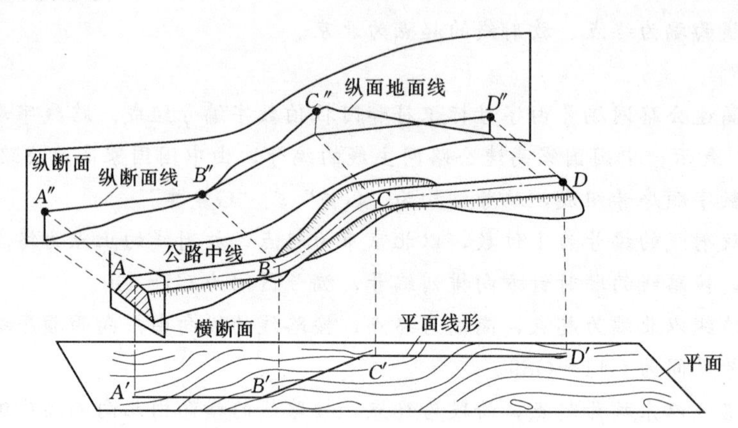

图2.1 道路的平面、纵断面及横断面

2.1.3.2 结构组成

1. 路基

路基是支承路面的基础，是由土、石材料按照一定尺寸、结构要求建筑成的带状土工结构物。一条道路的使用品质不仅同道路的线形和路面的质量有关，同时也与路基的品质有密切的关系。当路基松软不稳定时，在行车荷载的反复作用下，造成路面产生不均匀沉陷，从而影响路面的平整度，导致车速降低、油耗增大，严重的还可造成路基塌方或滑坡，产生重大的交通事故。因此，路基必须具有足够的强度和稳定性。路基横断面形式分为填方路基、挖方路基和半填半挖路基等三种类型。填方路基是指路基设计标高高于天然地面标高时，需要借土（或石）进行填筑而成的路基；挖方路基是指路基设计标高低于天然地面标高时，需要对天然地面实施开挖而形成的路基；如果路基一侧开挖而另一侧填筑时，称为半填半挖路基，如图2.2所示。

路基的结构、尺寸用横断面表示。

2. 路面

路面是用各种坚硬材料分层铺筑于路基顶面的层状结构物，以供汽车安全、迅速和舒适地行驶。铺筑路面常用的材料有沥青、水泥、碎石、黏土、砂、石灰及其他工业废渣等。路面结构可分为面层、基层和垫层三部分。

路面的面层直接承受行车荷载产生的轮压力和大气温、湿度变化等自然因素的破坏作用，并将行车的轮压力扩散至基层。由于面层直接承受行车轮压力和温、湿度变化等自然因素的作用，因此通常采用强度高（抗剪切、抗弯拉能力强）、耐磨、抗冻性良好的粒料掺入热稳定性和水稳定性好的结合料来铺筑。有时，为了使面层具有足够的抗磨损能力，

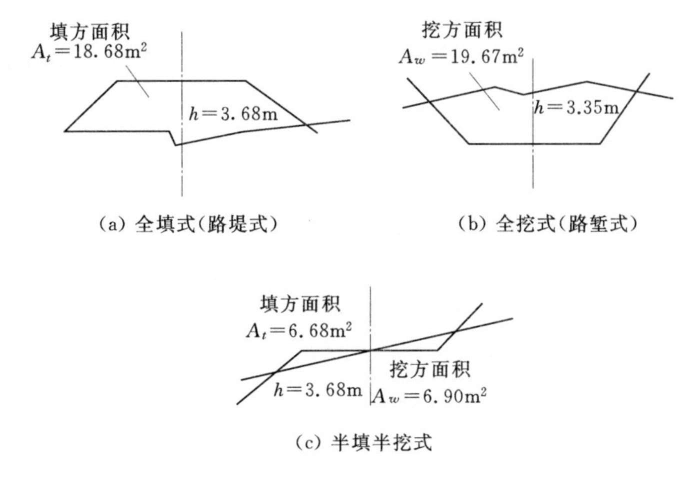

图 2.2 路基形式示意图

也可在面层上另行加铺专门的粒料磨耗层，从而形成双层面层。

路面的基层是路面的主要承重层，视需要也可由几层组成。由于路基不直接承受车辆荷载和自然因素的作用，因而对材料的要求可以略低于面层，但仍需要具有一定的强度、刚度和稳定性。特别是当面层采用较薄的黑色路面时，其基层更需具有足够的强度和水稳性，否则基层会在面层传来的轮压力作用下产生过大的变形，从而造成薄面层的拉裂。

在车流量较大的道路上多采用水泥稳定碎石或石灰粉煤灰稳定碎石等半刚性材料作为基层（俗称水稳层），然后进行沥青混凝土路面的铺筑。

在气候、水文条件不良的路段，为了提高路基的水稳性，改善路面的工作状态，常在基层下面，土路基的上面，再加设垫层。例如设置在碎石或三渣基层下，潮湿土路基上的炉渣、砂砾排水层，就可称之为垫层。

为了有利于路面横向排水，把路面做成中间高两面低的形式，俗称路拱。

3. 桥涵

桥涵包括桥梁与涵洞。桥梁是为道路跨越河流、山谷、人工障碍物而建造的构筑物；涵洞是为宣泄水流而设置的横穿路堤的小型排水构筑物，是道路的横向排水系统之一。

4. 隧道

隧道是道路穿越山岭、地下或水底而修筑的构筑物。隧道在道路中能缩短里程，保证道路行车的平顺性。隧道的有关知识将在项目 5 中另行介绍。

5. 排水系统

排水系统是指为确保路基稳定，免受自然水侵蚀而设置的排水构造物。排水系统按其排水方向的不同，可分为纵向排水和横向排水。纵向排水系统有边沟、截水沟和排水沟等；横向排水系统有涵洞、路拱、渡槽等。

边沟一般设置在路基的路肩外侧，多与路中线平行，用以汇集和排除路基范围内和流向路基的少量地面水；截水沟又称天沟，一般设置在挖方路基边坡坡顶以外，或山坡路堤上方的适当地点，用以拦截并排除路基上方流向路基的地面径流，减轻边沟的流水负担，保证挖方边坡和填方坡脚不受流水冲刷；排水沟的主要用途在于引水，将路基范围内各种水源（如边沟、截水沟、取土坑、边坡和路基附近积水），引至桥涵或路基范围以外的指定地点。

6. 防护工程

道路的防护工程主要是指为加固路基边坡，确保路基稳定而修建的人工的构筑物。常见的防护工程有护坡、填石路堤、导流堤、挡土墙等。

7. 交通服务设施

道路交通的服务设施是指为了确保道路沿线交通安全、畅顺、舒适而设置的安全设施、交通管理设施、服务和环境保护设施。具体包括：交通标志、标线；护栏、护墙、护柱；中央分隔带、隔音墙、隔离墙；照明设施；加油站、停车场；养护管理房屋、绿化美化设施等。

2.2 桥 梁 工 程

道路路线遇到江河湖泊、山谷深沟以及其他线路（铁路或公路）等障碍时，为了保持道路的平直和连续性，就需要建造专门的人工构筑物——桥梁来跨越障碍。

2.2.1 桥梁的结构组成

1. 桥跨结构

桥跨结构又称桥孔结构、上部结构，是在线路中跨越障碍物的结构物，它的作用是承受车辆荷载，并通过支座传递给桥梁墩台，是主要的承重结构。

2. 支座系统

支座系统连接上部的桥跨结构和下部的桥墩、桥台，它的主要作用是支承上部结构并将荷载传递给桥梁墩台。

3. 桥墩、桥台

桥墩、桥台又称下部结构，是支承上部结构并将荷载传递给地基的建筑物。桥台是设置在两侧，而桥墩设置在桥台的中间。

4. 墩、台基础

墩、台基础是保证桥墩、桥台的安全，埋置在土层之中，使桥上全部荷载传递给地基的结构物。

桥梁的基本组成如图 2.3 所示。

2.2.2 桥梁的桥面构造组成

1. 桥面铺装

桥面铺装（或称行车道铺装）的平整、耐磨、不翘曲、不渗水是保证行车舒适的关键，特别在钢箱梁上铺设沥青路面的技术要求甚严。

2. 排水系统

应能迅速排除桥面积水，并使渗水的可能性降至最小限度。此外，城市桥梁排水系统

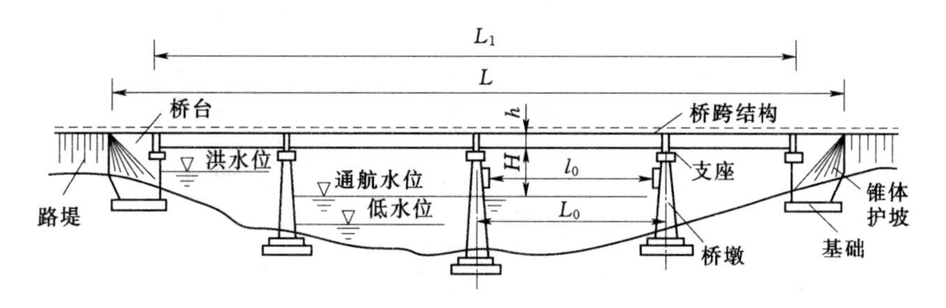

图 2.3 桥梁的基本组成

应保证桥下无滴水和结构上无漏水现象。

3. 栏杆

栏杆（或防撞栏杆）既是保证安全的构造措施，又是利于观赏的最佳装饰件。

4. 伸缩缝

伸缩缝位于桥跨上部结构之间或桥跨上部结构与桥台端墙之间，以保证结构在各种因素作用下的变位。为使桥面上行车顺适、不颠簸，桥面上要设置伸缩缝构造。尤其是大桥或城市桥的伸缩缝，不仅要结构牢固，外观光洁，而且要经常扫除掉入伸缩缝中的垃圾泥土，以保证它的功能作用。

5. 灯光照明

在现代城市中，大跨径桥梁通常是一个城市的标志性建筑，大都装置了灯光照明系统，构成了城市夜景的重要组成部分。

2.2.3 桥梁的分类

2.2.3.1 按基本结构体系分类

1. 梁式桥

梁式桥是一种在竖向荷载作用下无水平反力的桥梁结构。一般采用与之装配式钢筋混凝土和预应力混凝土简支梁，其跨度常在 20m 以下，后者一般也不超过 50m，如图 2.4 所示。

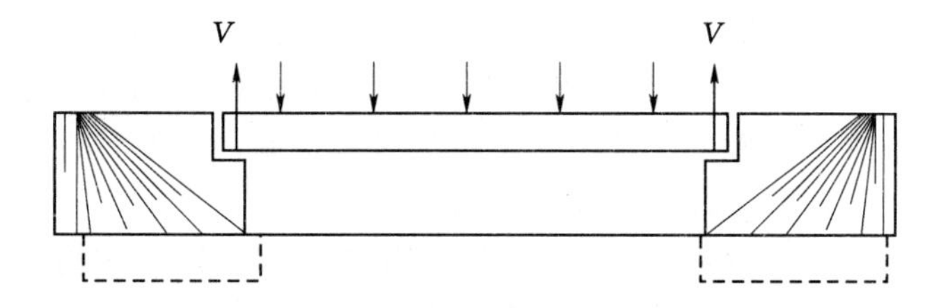

图 2.4 梁式桥

2. 拱式桥

拱式桥的主要承重结构是拱圈或拱肋，其主要受力特点是在竖向荷载作用下能在拱的两端支承处产生竖向反力和水平方向的推力，并且正是这个推力的存在显著地降低了荷载所引起的拱圈内的弯矩。因此，与同跨径的梁式桥相比，拱截面的弯矩和变形要小得多。由于拱桥主要承受压力，故可用砖、石、混凝土等抗压性能良好的材料建造。大跨度拱桥则可用钢筋混凝土或钢材建造，可承受发生的力矩。拱桥按结构可分为实腹拱、空腹拱、桁架拱、无铰拱、双铰拱、三铰拱等，如图2.5所示。

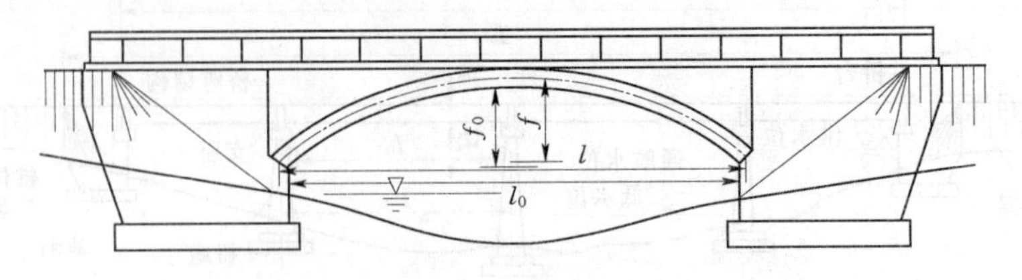

图2.5　拱桥

3. 刚架桥

刚架桥又称刚构桥，是指桥跨结构（主梁）和墩台（立柱）整体相连的桥梁。由于主梁与立柱之间是刚性连接，在竖向荷载的作用下，在主梁端部产生负弯矩，这样就可以减少跨中的正弯矩，跨中截面尺寸也就随之减少。而立柱除要承受压力外，还要承受弯矩，在柱脚处还要承受水平推力。按结构形式可分为门式刚构桥、斜腿刚构桥、T形刚构桥和连续刚构桥。

图2.6　安康汉江桥（斜腿刚构桥）

（1）门式刚构桥。其腿和梁垂直相交呈门形构造，可分为单跨门构、双悬臂单跨门构、多跨门构和三跨两腿门桥。前三种跨越能力不大，适用于跨线桥，要求地质条件良好，可用钢和钢筋混凝土结构建造。三跨两腿门构桥，在两端设有桥台，采用预应力混凝土结构建造时，跨越能力可超过200m。

（2）斜腿刚构桥。桥墩为斜向支撑的刚构桥，腿和梁所受的弯矩比同跨径的门式刚构桥显著减小，而轴向压力有所增加；同上承式拱桥相比不需设拱上建筑，使构造简化。桥型美观、宏伟，跨越能力较大，适用于峡谷桥和高等级公路的跨线桥，多采用钢和预应力混凝土结构建造。如安康汉江桥（铁路桥），腿趾间距176m，1982年建成，如图2.6所示。

（3）T形刚构桥。是在简支预应力桥和大跨钢筋土箱梁桥的基础上，在悬臂施工的影响下产生的。其上部结构可为箱梁、桁架或桁拱，与墩固结而成T形，桥型美观 、宏伟、轻型，适用于大跨悬臂平衡施工，可无支架跨越深水急流，避免下部施工困难或中断航运，也不需要体系转换，施工简便，如图2.7所示。

（4）连续刚构桥。分主跨为连续梁的多跨刚构桥和多跨连续-刚构桥，均采用预应力混凝土结构，有两个以上主墩采用墩梁固结，具有T形刚构桥的优点。但与同类桥（ 如连续梁桥、T形刚构桥）相比：多跨刚构桥保持了上部构造连续梁的属性，跨越能力大，施工难度小，行车舒顺，养护简便，造价较低，如广东洛溪桥。多跨连续-刚构桥则在主跨跨中设铰，两侧跨径为连续体系，可利用边跨连续梁的重量使T形刚构桥做成不等长悬臂，以加大主跨的跨径。

4. 悬索桥

悬索桥，又名吊桥（suspension bridge），指的是以通过索塔悬挂并锚固于两岸（或桥两端）的缆索（或钢链）作为上部结构主要承重构件的桥梁。其缆索几何形状由力的平

衡条件决定，一般接近抛物线。从缆索垂下许多吊杆，把桥面吊住，在桥面和吊杆之间常设置加劲梁，同缆索形成组合体系，以减小活载所引起的挠度变形。

图 2.7 乌龙江桥（T 形刚构桥）

悬索桥的构造方式是 19 世纪初被发明的，现在许多桥梁使用这种结构方式。现代悬索桥，是由索桥演变而来。适用范围以大跨度及特大跨度公路桥为主，当今大跨度桥梁大都采用此结构。

悬索桥通常由悬索、索塔、锚碇、吊杆、桥面系等部分组成。悬索桥的主要承重构件是悬索，它主要承受拉力，一般用抗拉强度高的钢材（钢丝、钢绞线、钢缆等）制作。由于悬索桥可以充分利用材料的强度，并具有用料省、自重轻的特点，因此悬索桥在各种体系桥梁中的跨越能力最大，跨径可以达 1000m 以上。

按照桥面系的刚度大小，悬索桥可分为柔性悬索桥和刚性悬索桥。柔性悬索桥的桥面系一般不设加劲梁，因而刚度较小，在车辆荷载作用下，桥面将随悬索形状的改变而产生 S 形的变形，对行车不利，但它的构造简单，一般用作临时性桥梁。刚性悬索桥的桥面用加劲梁加强，刚度较大。加劲梁能同桥梁整体结构承受竖向荷载。除以上形式外，为增强悬索桥刚度，还可采用双链式悬索桥和斜吊杆式悬索桥等形式，但构造较复杂。

悬索桥是特大跨径桥梁的主要形式之一，除苏通大桥、香港昂船洲大桥这两座斜拉桥以外，其他的跨径超过 1000m 以上的都是悬索桥。如用自重轻、强度很大的碳纤维作主缆，理论上其极限跨径可超过 8000m。

相对于其他桥梁结构悬索桥具有轻盈、灵活的特点，可以使用比较少的材料建造比较大的跨度，可以在水深或急的河流上建造。但由于悬索桥的刚度小，坚固性不强，在大风情况下必须暂时中断交通，也不宜作为重型铁路桥梁。

延伸阅读：

（1）西堠门大桥是连接舟山本岛与宁波的大陆连岛工程 5 座跨海大桥中技术要求最高的特大型跨海桥梁，主桥为两跨连续钢箱梁悬索桥，主跨 1650m，是目前世界上最大跨度的钢箱梁悬索桥，全长在悬索桥中居世界第二、国内第一，但钢箱梁悬索长度为世界第一。设计通航等级 3 万 t、通航净高 49.5m，净宽 630m。使用年限 100 年，如图 2.8 所示。

（2）润扬长江大桥即镇江—扬州长江公路大桥，该桥跨江连岛，南起镇江，北接扬州，全长 35.66km，主线采用双向 6 车道高速公路标准，设计时速 100km，工程总投资约 53 亿元，工期 5 年，2005 年 4 月 30 日建成通车。该项目主要由南汉悬索桥与北汉斜拉桥组成，南汉桥主桥为钢箱梁悬索桥，索塔高有 209.9m，两根主缆直径为 0.868m，主跨径 1490m，当时排名为中国第二、世界第四。桥下最大通航净宽 700m、最大通航净高 50m，可通行 5 万 t 级巴拿马货轮。

（3）世界十大悬索桥，见表 2.1。

图 2.8　西堠门大桥

图 2.9　润扬长江大桥

表 2.1　　世界十大悬索桥一览表（截止于 2014 年）

序号	桥　名	主跨/m	国家	竣工时间
1	日本明石海峡大桥（Akashi Kaikyo Bridge）	1991	日本	1998 年
2	舟山西堠门大桥	1650	中国	2009 年
3	丹麦大贝尔特桥（大带桥）（Great Belt Bridge）	1624	丹麦	1996 年
4	李舜臣大桥	1545	韩国	2012 年
5	润扬长江公路大桥	1490	中国	2005 年
6	南京长江四桥	1418	中国	2012 年
7	英国亨伯桥（Humber Bridge）	1410	英国	1981 年
8	江阴长江公路大桥	1385	中国	1999 年
9	香港青马大桥	1377	中国	1997 年
10	哈当厄大桥	1310	挪威	2013 年

5. 斜拉桥

斜拉桥又称斜张桥，是将主梁用许多拉索直接拉在桥塔上的一种桥梁，是由承压的塔、受拉的索和承弯的梁体组合起来的一种结构体系。斜拉桥的结构体系可看作是拉索代替支墩的多跨弹性支承连续梁，梁体内弯矩减小，从而降低建筑高度，减轻了结构重量，节省了材料。

斜拉桥作为一种拉索体系，比梁式桥的跨越能力更大，是大跨度桥梁的最主要桥型。斜拉桥是由许多直接连接到塔上的钢缆吊起桥面，斜拉桥由索塔、主梁、斜拉索组成。索塔型式有 A 形、倒 Y 形、H 形、独柱，材料有钢筋混凝土的。斜拉索布置有单索面、平行双索面、斜索面等。第一座现代斜拉桥始建于 1955 年的瑞典，跨径为 182m。目前世界上建成的最大跨径的斜拉桥为中华人民共和国的苏通大桥，主跨径为 1088m，于 2008 年 6 月 30 日正式通车使用。

斜拉桥是我国大跨径桥梁最流行的桥型之一。目前为止建成或正在施工的斜拉桥共有 30 余座，仅次于德国、日本，而居世界第三位。而大跨径混凝土斜拉桥的数量已居世界第一。

斜拉桥的钢索一般采用自锚体系。近年来，开始出现自锚和部分地锚相结合的斜拉桥，如西班牙的鲁纳（Luna）桥，主桥440m；我国湖北郧县桥，主跨414m。地锚体系把悬索桥的地锚特点融于斜拉桥中，可以使斜拉桥的跨径布置更能结合地形条件，灵活多样，节省费用。

一般说，斜拉桥跨径300～1000m是合适的，在这一跨径范围，斜拉桥与悬索桥相比，斜拉桥有较明显优势。德国著名桥梁专家F. leonhardt认为，即使跨径1400m的斜拉桥也比同等跨径悬索桥的高强钢丝节省1/2，其造价低30%左右。

斜拉桥的结构刚度要比悬索桥大，在相同的荷载作用下，结构的变形要小，抵抗风振的能力也比悬索桥好。斜拉桥是可以进行内力调整，也可以改变桥梁的刚度。如检查发现斜拉索失效，则可以更换，而悬索桥则无法办到。

延伸阅读：

（1）苏通大桥位于江苏省东部的南通市和苏州（常熟）市之间，是交通部规划的黑龙江嘉荫至福建南平国家重点干线公路跨越长江的重要通道，也是江苏省公路主骨架网“纵一”——赣榆至吴江高速公路的重要组成部分，是我国建桥史上工程规模最大、综合建设条件最复杂的特大型桥梁工程。总长8206m，其中主孔跨度1088m，列世界第一；主塔高度300.4m，列世界第一；斜拉索的长度577m，列世界第一；群桩基础平面尺寸113.75m×48.1m，列世界第一，如图2.10所示。

图2.10 苏通大桥

（2）世界十大斜拉桥，见表2.2。

表2.2 世界十大斜拉桥

序号	桥名	主跨/m	国家	竣工时间
1	俄罗斯岛大桥	1104	俄罗斯	2012年
2	苏通长江公路大桥	1088	中国	2008年
3	香港昂船洲大桥	1018	中国	2008年
4	湖北鄂东长江大桥	926	中国	2010年
5	日本多多罗桥	890	日本	1999年
6	法国诺曼底大桥	856	法国	1995年
7	九江长江二桥	818	中国	2013年
8	荆岳长江大桥	816	中国	2010年
9	仁川大桥	800	韩国	2009年
10	厦漳大桥北汊桥	780	中国	2013年

2.2.3.2　按其他方法分类

1. 按用途划分

按用途划分有公路桥、铁路桥、公路铁路两用桥、农用桥、人行桥、渡槽桥及其他专用桥梁等。

2. 按承重结构所使用的材料划分

按承重结构所使用的材料划分有木桥、钢桥、圬工桥（包括砖、石、混凝土桥）、钢筋混凝土和预应力混凝土桥。

3. 按跨越障碍的性质划分

按跨越障碍的性质划分有跨河桥、跨线桥（立体交叉）、高架桥和栈桥。高架桥一般是指跨越深沟峡谷以代替高路堤的桥梁。为将车道升高至周围地面以上并使下面的空间可以连通或作其他用途（如堆栈、店铺）而修建的桥梁，称为栈桥。

4. 按上部结构的行车道位置划分

按上部结构的行车道位置划分有上承式桥、中承式桥和下承式桥。桥面布置在主要承重结构以上者为上承式桥，桥面布置在主要承重结构以下者为下承式桥，桥面布置在桥跨结构中者为中承式桥。

5. 按全长和跨径不同划分

按全长和跨径不同可划分为特殊大桥、大桥、中桥和小桥。根据《公路桥面设计通用规范》（JTJ 012—1998）规定，划分见表2.3。

表2.3　　　　桥涵分类表

桥涵分类	多孔跨径总长 L/m	单孔跨径 l/m
特殊大桥	$L \geqslant 500$	$l \geqslant 100$
大桥	$L \geqslant 100$	$l \geqslant 40$
中桥	$30 < L < 100$	$30 < l < 100$
小桥	$8 \leqslant L \leqslant 30$	$8 \leqslant l \leqslant 30$
涵洞	$L < 8$	$l < 8$

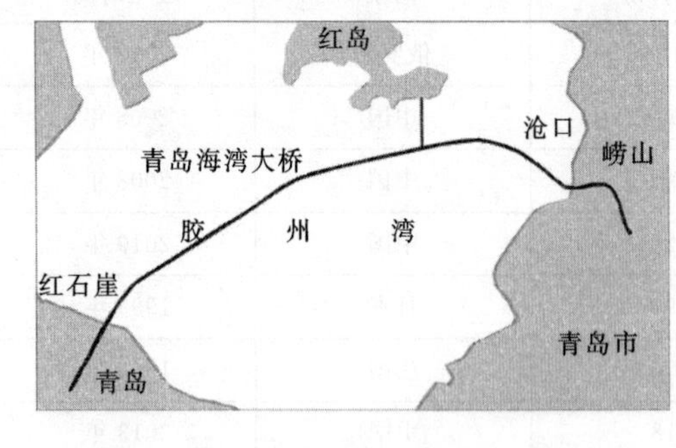

图2.11　青岛跨海大桥平面位置图

延伸阅读：

1. 青岛跨海大桥

青岛跨海大桥横跨青岛胶州湾，把青岛东、西两个主要城区连接起来。路线全长约36.48km，其中海上段长26.75km（图2.11）。该工程历时4年完工。全长超过我国杭州湾跨海大桥和美国切萨皮克跨海大桥，是世界第二长桥。大桥于2011年6月30日全线通车。2011年上榜和美国，荣膺“全球最棒桥梁”荣誉称号（图2.12）。

2. 杭州湾跨海大桥

杭州湾跨海大桥是一座横跨中国杭州湾海域的跨海大桥，北起浙江省嘉兴市海盐郑家

埭，南至宁波市慈溪水路湾，是国道主干线——同三线跨越杭州湾的便捷通道（图2.13）。该工程于2003年11月14日开工，2008年5月1日建成通车。总投资118亿元。

图2.12 青岛跨海大桥鸟瞰图

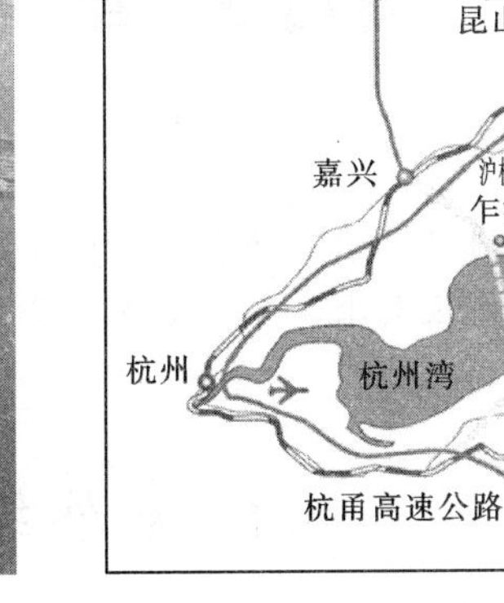

图2.13 杭州湾跨海大桥平面位置图

杭州湾跨海大桥全长36km，成为继美国的庞恰特雷恩湖桥和青岛胶州湾大桥之后世界第三长的桥梁。双向6车道高速公路，设计时速100km，设计使用寿命100年以上。

大桥建设首次引入了景观设计概念，借助“长桥卧波”的美学理念，呈现S形曲线，具有较高的观赏性、游览性。在离南岸大约14km处，有一个面积达1.2万m^2的海中平台。这一海中平台是一个海中交通服务的救援平台，同时也是一个绝佳的旅游休闲观光台（图2.14）。

图2.14 杭州湾跨海大桥

项目3　给 排 水 工 程

【学习目标】 通过本项目的学习，使学生认识到给排水工程的任务和作用，了解给水排水管网的布置及敷设要求，熟悉室内外给水、排水系统的组成，并对给排水工程中常用的附属设备有所认知。

3.1　室外给排水工程

室外给排水工程的主要任务是自水源取水，进行净化处理达到用水标准后，经过管网输送到用水点，为城镇各类建筑提供所需的生活、生产、市政（如绿化、街道洒水）和消防等足够数量的用水，同时把使用后的生活污水、生产废（污）水及雨、雪水有组织地按一定系统汇集起来，并输送到适当地点净化处理，在达到无害化的排放标准要求后，或排放水体，或灌溉农田，或重复使用（如建筑中水）。因此，室外给排水工程是给排水工程主要内容之一。如图3.1所示为室外给排水工程系统示意图。

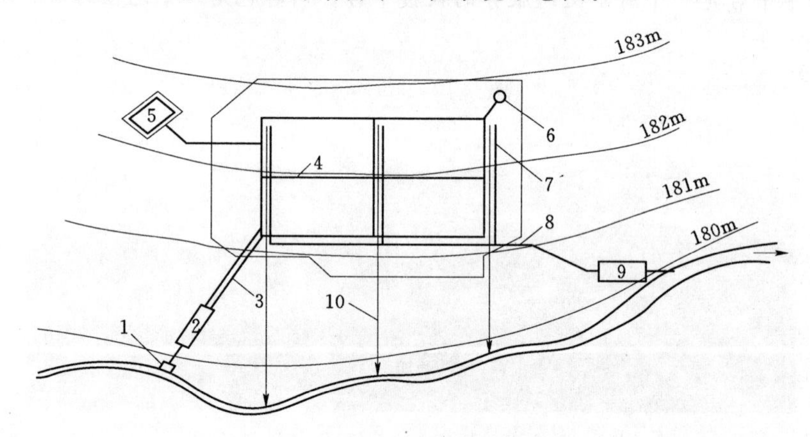

图3.1　室外给排水工程系统示意图

1—取水口；2—净水厂；3—输水管；4—配水管；5—工厂区；6—水塔；7—排水干管；8—排水主干管；9—污水处理厂；10—雨水管

3.1.1　室外给水工程

为确保室外给水系统安全、可靠、经济、合理，其选择应根据城市规划、自然条件及用水要求等主要因素进行综合考虑。给水系统有多种形式，主要包括统一给水系统、分质给水系统、分压给水系统、循环和循序给水系统等，应根据具体情况分别采用。

统一给水系统是指把城市各类建筑的生活、生产、消防等用水，都按照生活用水的水

质标准统一供给的给水系统。它的特点是构造简单、管理方便。适用于新建的中小城市、城市新区（如工业园区）或大型厂矿区域，适用于输水距离一般较短，各用户对水质、水压的要求相差不大，地形高程和建筑高度差异较小的情况。

分质给水系统是指对水质要求不同的用户，把源水经过不同的净化后再用不同的管道按水质需求向各用户供水的系统。分质给水系统缺点也显而易见，净水设施和管网各成系统，工程投资较大，管理工作也较复杂。

分压给水系统根据用户所在的高、低区供水范围及水压压差值，分为水泵集中管理向高、低区供水的并联分区供水方式和分区设加压泵站的串联分区供水方式。适用于地势高程差异较大的城市。一般管网庞大，管线延伸较长，在考虑供水节能或分区建设需要时采用。

室外给水系统一般由三大部分组成：即取水工程、净水工程和输配水工程。一般以地面水为水源的城市给水系统，示意图如图 3.2 所示。

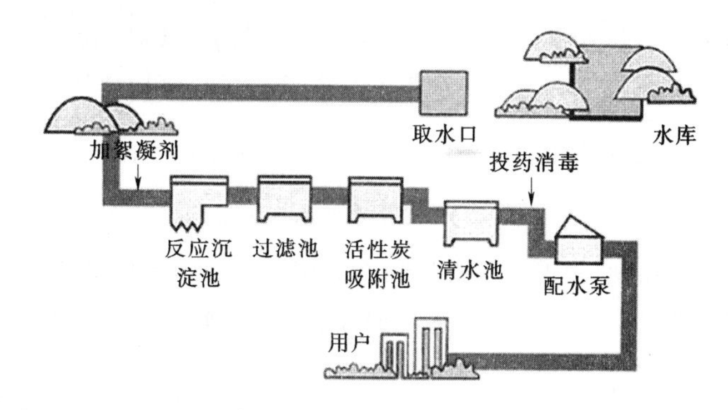

图 3.2 地面水为水源的城市给水系统示意图

3.1.1.1 水源及取水工程

1. 给水水源

给水水源可分为地表水源和地下水源两大类：

(1) 地表水源主要是指地表的淡水水源。如江水、河水、湖水、水库水等。

(2) 地下水源。如井水、泉水等。

一般来说，地表水源水体的水量较大，便于估算和控制取水量，因而供水比较可靠，我国大多数城市都是采用地表水源；缺点是其水质较差，净化处理工作量大，而且水质会因季节和环境的变化而变化，更增加了对其净化处理的难度。

地下水源的物理、化学及细菌指标等方面均较地面水的水质好，水温也低，一般只需经简单处理便可使用。采用地下水作水源具有经济、安全及便于维护管理等优点。因此，符合卫生要求的地下水，应首先考虑作为饮用水的水源。但地下水的储量非常有限，不宜大量开采，在取集时，必须遵循开采量应小于动储量的原则，否则将使地下水资源遭受破坏，甚至会引起陆沉现象。由此可见，水源选择应从资源环境保护出发，经过经济技术比较论证后慎重从事。水是人类生活的命脉，水源选择要做到既满足近期的需要，又考虑长期发展的需要。通常城市取水是以地面水源为主，以地下水源为辅。

2. 取水工程

取水工程是指为了从天然水源取水的一系列设施。它包括给水水源、取水构筑物和取水泵站。其功能是将水源的水抽送到净水厂。取水工程要解决的是从天然水源中取（集）水的方法以及取水构筑物的构造型式等问题。水源的种类决定着取水构筑物的构造型式及净水工程的组成。地下水取水构筑物的型式如图 3.3 所示。

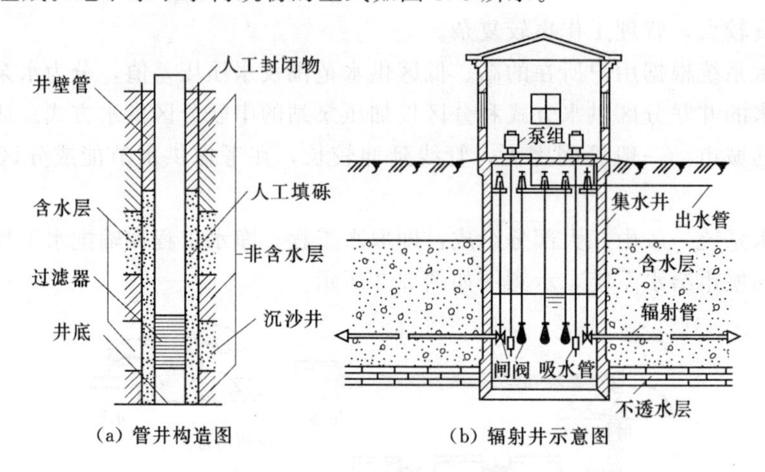

图 3.3 地下水取水构筑物

地表水取水构筑物的型式很多，常见的有河床式、岸边式以及缆车式、浮船式等。在仅有山溪小河的地方取水，常用低坝、底栏栅等取水构筑物。图 3.4 为河床式取水构筑物。

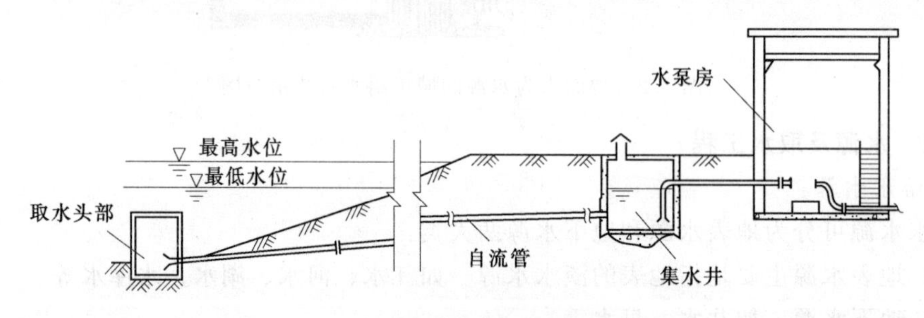

图 3.4 河床式取水构筑物

3.1.1.2 净水工程

净水工程的任务就是对取水工程取来的天然水进行净化处理，去除水源水中所含的各种杂质，如地下水的各种矿物盐类，地面水中的泥沙、水草腐殖质，溶解性气体，各种盐类、细菌及病原菌等。使其达到国家现行《生活饮用水卫生标准》（GB 5749—2006）要求后，再由二级泵站送入管网，未经处理的水不能直接送往用户。

工业用水的水质标准和生活饮用水不完全相同，如锅炉用水要求水质具有较低的硬度；纺织工业对水中的含铁量限制较严；而制药工业、电子工业则需要含盐量极低的脱盐水。因此，工业用水应按照生产工艺对水质的具体要求来确定相应的水质标准及净化工艺。

城市自来水厂只满足生活饮用水的水质标准，对水质有特殊要求的工业企业，常单独建造生产给水系统。如用水量不大，且允许从城市给水管网取水时，则可以自来水为水源

进行进一步处理。

地面水的净化工艺流程，应根据水质和用户对水质的要求确定。一般以供给饮用水为目的工艺流程，主要包括沉淀、过滤及消毒三个部分，如图 3.5 所示。

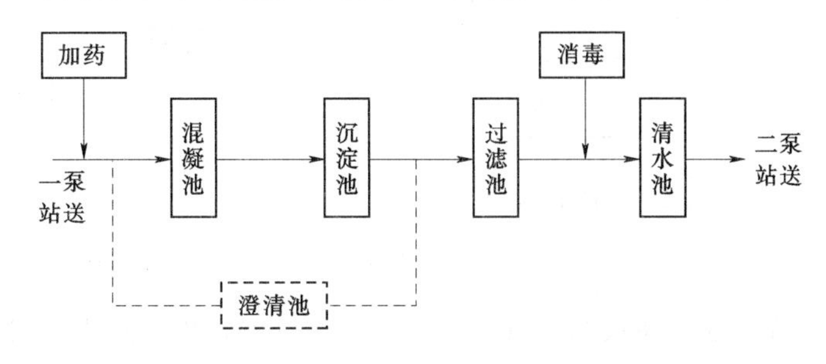

图 3.5 地面水制备生活用水净化流程

图 3.6 为以地面水为水源的某自来水厂平面布置图。它是由生产构筑物、辅助构筑物和合理的道路布置等组成。生产构筑物指澄清池、滤池、清水池及泵站等。辅助构筑物指机修间、办公室、化验室、库房等。

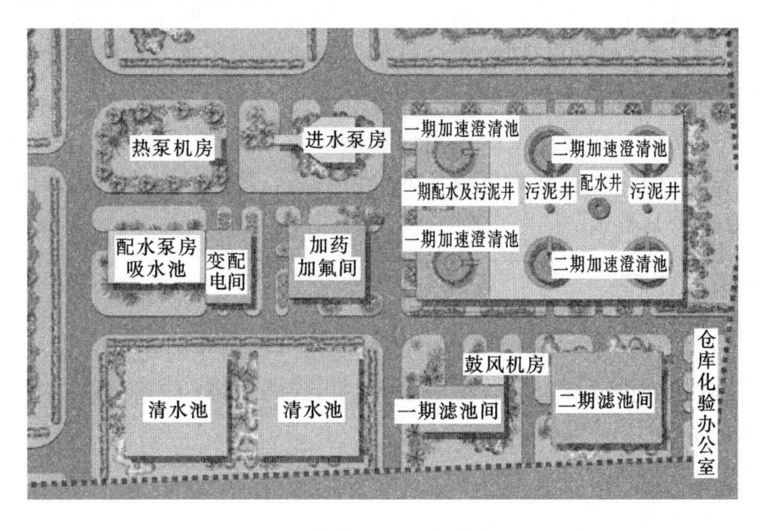

图 3.6 以地面水为水源的某自来水厂平面布置图

3.1.1.3 输配水工程

输配水工程的任务是把净化后符合标准的水输送到用水地区并分配到各用水点。输配水工程通常包括输水泵站、输水管道、配水管网以及储水箱、储水池、水塔等水调节构筑物。是给水系统中工程量最大、投资最高的部分。

通常把净水工程中的清水池和配水管网联系起来的管道称为输水管。它只是起到输送水的作用。当给水工程允许间断供水或多水源供水时，一般只设一条输水管；当给水工程不允许间断供水时，一般应设两条或两条以上的输水管。有条件时，输水管最好沿现有道路或规划道路敷设，并应尽量避免穿越河谷、山脊、沼泽、重要铁道及洪水泛滥淹没的地方。把输水管输送来的水分配到各个用户的分支管网叫做配水管网。输配水工程直接服务于用户，其工程量和投资额约占整个给水系统总额的 70%～80%。因此，合理地选择管网的布置形式是保证给水系统安全、经济、可靠地工作运行，减少基建投资成本的关键。

城市管网的布置形式可分为树状管网与环状管网两种，如图3.7所示。

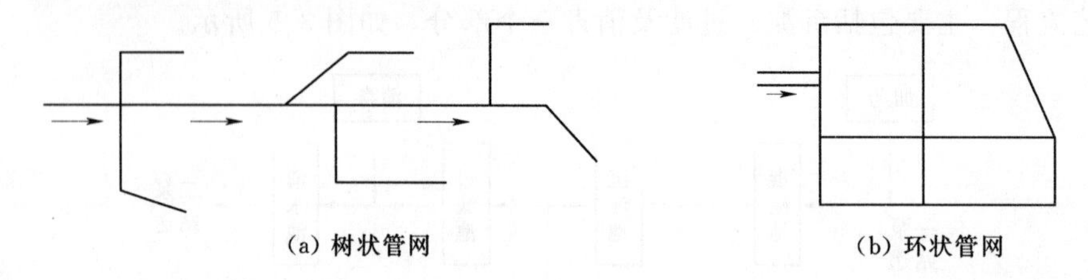

(a) 树状管网　　(b) 环状管网

图3.7 城市管网

树状管网的布置形式呈树枝状，管线向供水区域延展，管径随用户用水量的减少而逐渐减小。其特点是：管线长度短、构造简单、节约投资，但其安全性不高，若某处发生故障，会影响到下游的用水。一般适用于较小工程或用水质量要求不高的工程。

环状管网是把用水区域的配水管按照一定的形式相互连通在一起，形成多个闭合的环状管路，从而使每根配水管都可从两个方向取水，增加了供水的可靠性，其水力条件也较好，节省了电能；缺点是管线较长，用管较多，投资大。一般适用于较大城市或用水质量要求高的重要工程。为了减少初期的建设投资，新建居民区或工业区一开始可做成树状管网，待将来扩建时再发展成环状管网。

为了便于维护管理，在管网上的适当位置需设置阀门（井）、消火栓、排气阀及泄水阀等管网附属设备。因这些管网附属设备的价格较高，故在满足管网正常使用和维护的功能要求下宜尽量减少其数量。

3.1.2 室外排水工程

室外排水工程的任务是将城镇所产生的各类污（废）水有组织地按一定系统汇集起来，经过一定处理达到排放标准后，排放水体，以保障城镇的正常生产、生活活动。

3.1.2.1 污水的分类

按照污水的来源和性质将污水可分为以下三大类。

1. 生活污（废）水

生活污（废）水通常是指人们日常生活中的盥洗、洗涤的生活污水和生活废水。按我国的实际情况，生活污水大多排入化粪池，而生活废水则直接排入室外合流之下水道或雨水道中。对医院和动物所使用过的水体，其中含有大量的有机物及细菌、病原菌、氮、磷、钾等污染物质，需经过特殊处理。

2. 工业废水

工业废水通常是指工业生产使用过的水。按其污染程度不同可分为污染较轻的生产废水和污染较严重的生产污水。前者在使用过程中仅有轻微污染或温度升高，后者则含不同浓度的有毒、有害和可再利用的物质，其成分因企业的特点不同而不同，一般需要企业内部先作处理，达标后方可排放。

3. 雨（雪）水

本来雨（雪）水相对较清净，但流经屋面、道路和地表后，因挟带流经地区的特有物

质而受到污染，排泄不畅时尚可形成水害。

以上三类污水应合理地收集并及时输送到适当地点，必要时设置污水处理厂（站）进行处理后排放水体，以利于保护环境，促进工农业生产的发展和人类健康的生活。

3.1.2.2 室外排水系统的组成

1. 室外生活污水排水系统

室外生活污水排水系统由庭院或街坊排水管道系统、街道排水管道系统、污水提升泵站、污水处理厂、排入水体的出水口等组成。

（1）庭院或街坊排水管道系统。是把庭院或街坊排出的污水排泄到街道排水系统的管道系统，它是敷设在庭院或街坊内的排水管道系统。由出户管、检查井、庭院排水管道组成，其终点设置控制井，控制井应设在庭院最低、但高于街道排水管的位置，并要保证与街道排水系统的管道相衔接的高程。

（2）街道排水管道系统。是敷设在街道下的承接庭院或街坊排水的管道。由支管、干管、和相应的检查井组成。其最小埋深须满足庭院排水管的接入需要。管道系统还设有如跌水井、倒虹吸等附属构筑物。

（3）污水提升泵站。当管道由于坡降要求造成埋深过大时，须将污水抽升后输送时，应设置污水提升泵站。

（4）污水处理厂。设于排水管网的末端，对污水进行处理后排放水体。排放水体处设有出水口等。

2. 工业废水室外排水系统

由厂区内废水管网系统、污水泵站及压力管道、废水处理站、回收和处理废水与污泥的场所等组成。

3. 雨水排水系统

由房屋的雨水管道系统和设施、街坊或厂区雨水管渠系统、街道雨水管渠系统、排洪沟道和出水口等组成。

4. 污水处理系统

污水处理系统是处理和利用废水的设施，它包括城市及工业企业污水处理厂、站中的各种处理构筑物等工程设施。图 3.8 为城市污水处理厂工艺流程图。

3.1.2.3 室外排水系统的体制

排水系统中把生活污水、工业污废水、雨（雪）水径流所采取的汇集方式叫做排水体制，一般分为合流制与分流制两种类型。

1. 合流制排水系统

合流制排水系统是将生活污水、工业废水和雨（雪）水汇集到同一排水系统进行排放。按照生活污水、工业废水和雨（雪）水汇集后的处理方式不同，可分为以下两种：

（1）直泄式合流制排水系统。混合污水未经处理而直接由排出口就近排入水体。在我国许多旧的城区大都是这种系统，它使受纳水体遭受严重污染。为此在改造旧城区的合流制排水系统时，常采用截流式合流制的方法来弥补这种体制的缺陷。

（2）截流式合流制排水系统。在城市街道的管渠中设置截流干管，把晴天和雨天初期降雨时的所有污水都输送到污水处理厂，经处理后再排入水体。当管道中的雨水径流量和

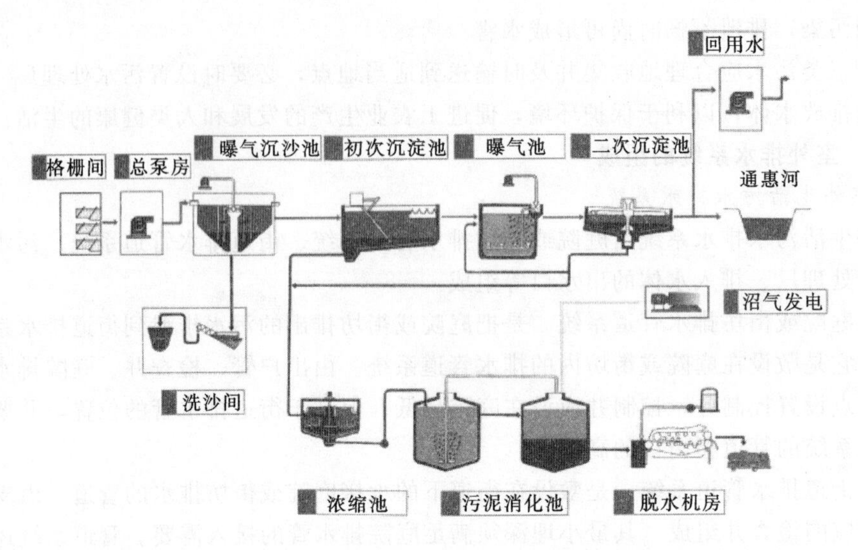

图 3.8 城市污水处理厂工艺流程图

污水量超过截流管的输水能力时，则有一部分混合污水自溢流井溢出而直接泄入水体。截流式合流制排水系统，虽较前有所改善，但仍不能彻底消除对水体的污染，如图 3.9（a）所示。

2. 分流制排水系统

将生活污水、工业废水和雨水分别在两个或两个以上各自独立的管渠内排除的系统称为分流制排水系统，如图 3.9（b）所示。由于把污水、废水排水系统和雨水排水系统分开设置，其优点是污水能得到全部处理，管道水力条件较好，可分期修建。主要缺点是降雨初期的雨水对水体仍有污染，投资相对较大。我国新建城市和工矿区大多采用分流制。对于分期建设的城市，可先设置污水排水系统，待城市发展成型后，再增设雨水排水系统。在工业企业中不仅要采取雨、污分流的排水系统，而且要根据工业废水化学和物理性质的不同，还要分设几种排水系统，以利于废水的重复利用和有用物质的回收。

排水制式的选择应根据城市及工矿企业的规划、环境保护的要求、污水利用情况、原有排水设施、水质、水量、地形、气候和水体等条件，从全局出发，在满足环境条件的前提下，通过技术经济比较来综合考虑决定。新建的排水系统一般采用分流制，同一城镇的不同地区，也可采用不同的排水制式。

排水系统的布置形式与地形、纵向规划、污水处理厂的位置、土壤条件、河流情况以及污水的种类和污染程度等因素有关。在地势向水体方向略有倾斜的地区，排水系统可布置为正交截流式，即干管与等高线垂直相交，而主干管（截流管）敷设于排水区域的最低处，且走向与等高线平行。这样既便于干管污水的自流接入，又可以减小截流管的埋设坡度。在地势向水体方向有较大倾斜的地区，可采用平行式布置，即主干管与等高线垂直，而干管与等高线平行。这种布置虽然主干管的坡度较大，但可设置为数不多的跌水井来改善干管的水力条件。

在地势高低相差很大的地区，且污水不能靠重力流汇集到同一条主干管时，可分别在高地区和低地区敷设各自独立的排水系统。

此外，还有分区式及放射式等布置形式。

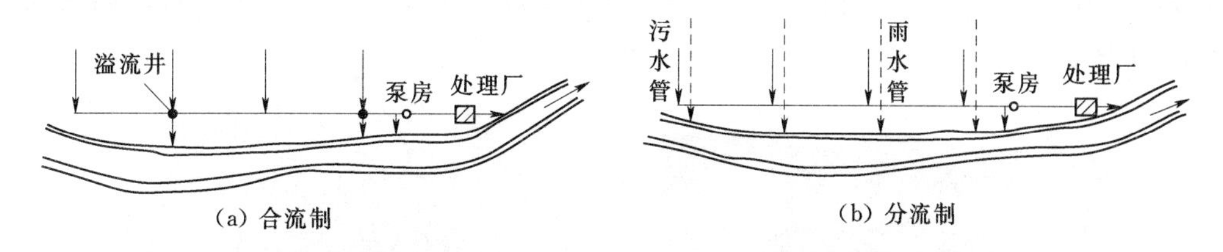

图 3.9　合流制与分流制排水系统图

3.1.2.4　室外排水管网的布置与敷设

本着安全、经济、有效的原则，既要排水通畅又要节能，同时还应考虑尽量减少管道工程量及投资，对室外排水管网布置有如下要求：

(1) 各支管、干管、主干管的布置应尽量顺直少弯，污水应尽可能以最短距离排泄到污水处理厂。

(2) 按照地形地势，充分利用重力流的方式自流排水。

(3) 在地形起伏计较大的地区，宜将高、低区分离，管道应尽可能平行地面的自然坡度埋设，以减少管道埋深。高区应利用重力流形式，低区可采用局部提升形式。尽量做到高水高排，防止高区水位下跌而加重抽升的负担。

(4) 地形平坦处的小流量管道，应以最短路线与干管相接，尽量减少污水泵站的数量。

(5) 管道应尽量避免或减少穿越河道，铁路及其他地下构筑物，当城市为分期建设时，第一期工程的干管内应有较大的流量通过，以免因初期流速太小而影响管道的正常排水。

(6) 管道在坡度改变、转弯、管径改变及支管接入等处应设置排水检查井，以便检查和清通排水管网。直线管段内排水检查井的距离与管径大小有关，就污水管而言，当管径 $D<700$mm 时，最大井距为 50m；当管径 $D=700\sim1500$mm 时，最大井距为 75m；当管径 $D>1500$mm 时，最大井距为 120m。

(7) 管道的埋设深度宜在冰冻线以下，一般城市污水的温度都在 4～10℃，有的工业废水甚至有更高的温度，因此，可将污水管道的管底设在冰冻线以上 15mm，而其基础仍在冰冻线以下。为避免管壁被地面活荷载压坏，要求管道有一定的覆土深。覆土深度越大，活荷载对管道的影响就越小。但会增加工程量和造价。规范上规定在车行道下的覆土厚度不宜小于 700mm。在采取措施后能确保管道不受损坏时，可将覆土深度酌情减少。

3.1.3　室外给排水管网构筑物

1. 阀门井

地下管线及地下管道（如自来水管道等）的阀门为了在需要进行开关操作或者检修作业时方便，就设置了类似小房间的一个井，将阀门等布置在这个井里，这个井就叫阀门井。为了降低造价，配件和附件应布置紧凑，阀门井的平面尺寸，取决于水管直径以及附件的种类和数量，但应满足阀门操作和安装拆卸各种附件所需的最小尺寸。井的深度由水管埋设深度确定。阀门井一般有方形、圆形，用砖砌、石或钢筋混凝土建造，如图3.10和图3.11所示。

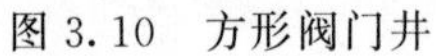

图3.10 方形阀门井

图3.11 圆形阀门井

2. 水池

水池用来调节给水管网内的流量。建于高地的水池其作用和水塔相同，既能调节流量，又可保证管网所需的水压。给水工程中，常用钢筋混凝土水池、预应力钢筋混凝土水池和砖石水池等，其中以钢筋混凝土水池使用最广。一般做成圆形或矩形，如图3.12所示。

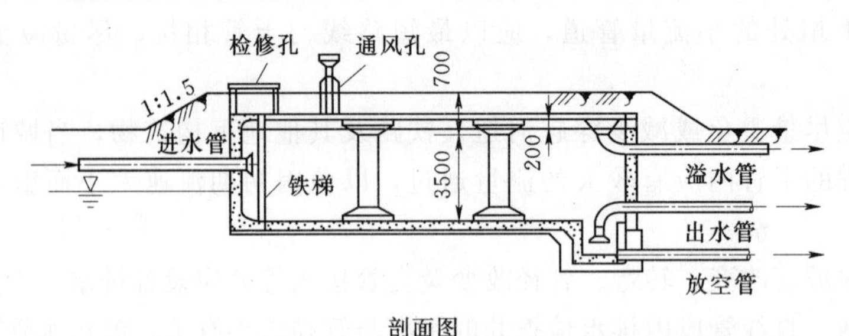

剖面图

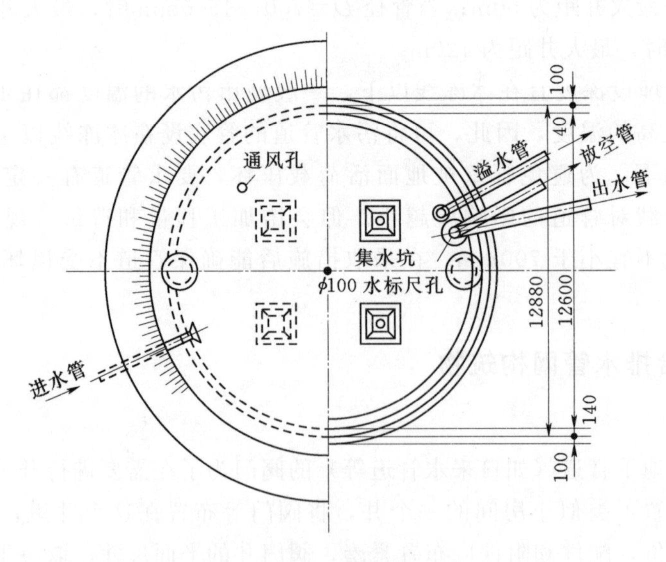

图3.12 钢筋混凝土水池

水池应有单独的进水管和出水管，安装地位应保证池内水流的循环。此外应有溢水管，管径和进水管相同，管端有喇叭口，管上不设阀门。水池的排水管接到集水坑内，管径一般按2h内将池水放空计算。容积在1000m^3以上的水池，至少应设两个检修孔。为使池内自然通风，应设若干通风孔，为便于观测池内水位，可装置浮标水位尺或水位传示仪。

3. 检查井

检查井，也称普通窨井，是为便于对管渠系统做定期检查和清通，设置在排水管道交汇、转弯、管渠尺寸或坡度改变、跌水等处以及相隔一定距离的直线管渠上的井式地下构筑物。

在排水管道设计中，检查井在直线管径上的最大间距，可根据具体情况确定，一般情况下，检查井的间距按50m左右考虑。

检查井由井底（包括基础）、井身和井盖（包括盖底）3部分组成，如图3.13所示。

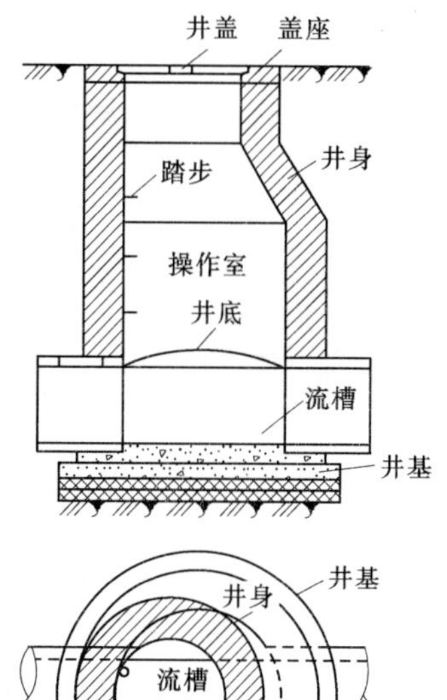

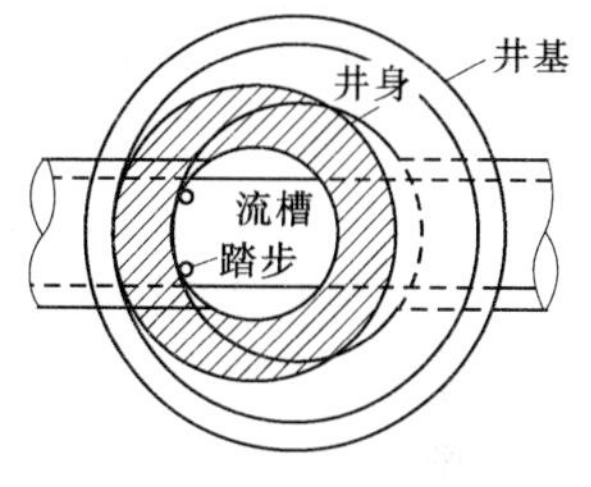

图3.13 检查井构造

井身材料可采用砖、石、混凝土、钢筋混凝土等。我国从前多采用砖砌，以水泥砂浆抹面，目前装配式钢筋混凝土检查井、混凝土砌块检查井、塑料检查井等已大量采用，如图3.14～图3.16所示。井身的平面形状一般为圆形，但在大直径的管线上可做成方形、矩形等形状，为便于养护人员进出检查井，井壁应设置爬梯。

图3.14 装配式钢筋混凝土检查井

图3.15 混凝土砌块式检查井

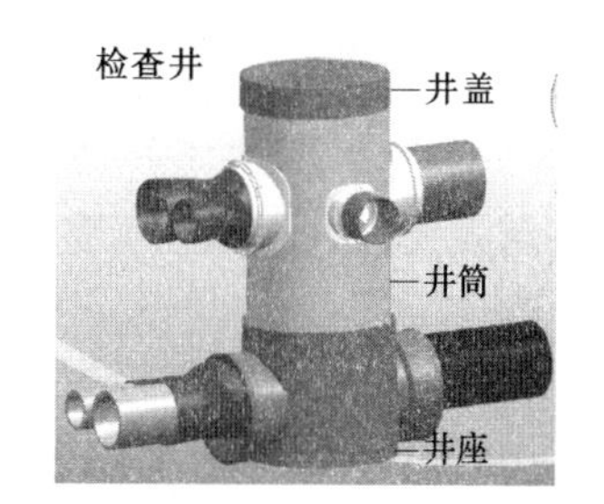

图3.16 塑料检查井

井口和井盖的直径采用0.65～0.7m。检查井井盖可采用铸铁或钢筋混凝土材料，在车行道上一般采用铸铁，在人行道或绿化带内可用钢筋混凝土盖。为防止雨水流入，盖顶略高出地面。盖座采用铸铁、钢筋混凝土或混凝土材料制作。图3.17所示为铸铁井盖及盖座。

4. 雨水口

雨水口是设在雨水管道或合流管道上，是用来收集地面雨水径流的构筑物。地面上的雨水经过雨水口和连接管流入管道上的检查井后而进入排水管道。

图 3.17 井盖及盖座

雨水口的设置，应根据道路（广场）情况、街坊以及建筑情况、地形、土壤条件、绿化情况、降雨强度的大小及雨水口的泄水能力等因素决定。雨水口一般设在交叉路口、路面最低点以及道路路牙边每隔一定距离处，其作用是及时地将路面雨水收集并排入雨水管渠内。道路上雨水口的间距一般为25～50m（视汇水面积大小而定），在低洼和易积水的地段，应根据需要适当增加雨水口的数量。

雨水口的构造包括进水箅、井筒和连接管三部分。

雨水口的进水箅可用铸铁或钢筋混凝土、石料制成。采用钢筋混凝土或石料进水箅可节约钢材但其进水能力远不如铸铁进水箅，有些城市为加强钢筋混凝土或石料进水的进水能力，把雨水口处的边沟沟底下降数厘米，但给交通造成不便，甚至可能引起交通事故。

雨水口按进水箅在街道上的设置位置可分为：①侧石雨水口（图 3.18），进水箅嵌入边石垂直放置；②边沟雨水口（图 3.19），进水箅稍低于边沟底水平放置；③联合式雨水口（图 3.20），在边沟底和边石侧都安放进水箅。为提高雨水口的进水能力，目前我国许多城市已采用双箅联合式或三箅联合式雨水口，由于扩大了进水箅的进水面积，进水效果良好。

图 3.18 侧石雨水口

图 3.19 边沟雨水口

图 3.20 联合式雨水口

3.2 建筑给排水工程

建筑给排水工程是将室外给水管网中的水引入一幢建筑或建筑群，供人们生活、生产和消防之用，并满足各类用水对水质、水量和水压的要求，并将建筑内的卫生器具或生产设备收集的生活污水、工业废水和屋面的雨雪水，有组织地、及时地、迅速地排至室外排水管网、室外污水处理构筑物或水体。

3.2.1 建筑给水系统

3.2.1.1 建筑给水系统的分类

给水系统按照其用途可分为三类：

（1）生活给水系统。供人们生活饮用、烹饪、盥洗、洗涤、沐浴等日常用水的给水系统。水质必须符合《生活饮用水卫生标准》（GB 5749—2006）。

（2）生产给水系统。供给各类产品生产过程中所需的用水的给水系统。生产用水对水质、水量、水压的要求随工艺要求的不同有较大的差异。

（3）消防给水系统。供给各类消防设备扑灭火灾用水的给水系统。消防用水对水质的要求不高，但必须按照建筑设计防火规范保证供应足够的水量和水压。

上述三类基本给水系统可以独立设置，也可根据各类用水对水质、水量、水压、水温的不同要求，结合室外给水系统的实际情况，经技术经济比较，或兼顾社会、经济、技术、环境等因素的综合考虑，组成不同的共用给水系统。如生活、生产共用给水系统，生活、消防共用给水系统，生产、消防共用给水系统，生活、生产、消防共用给水系统等。

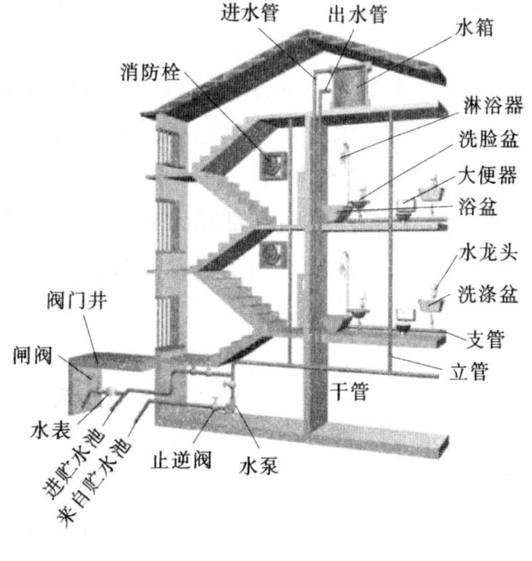

图 3.21 建筑给水系统

3.2.1.2 建筑给水系统的组成

一般情况下，建筑给水系统由下列各部分组成，如图 3.21 所示。

（1）水源。指室外给水管网供水或自备水源。

（2）引入管。对单体建筑而言，引入管是由室外给水管网引入建筑内管网的管段。

（3）水表节点。水表节点是安装在引入管上的水表及其前后设置的阀门和泄水装置的总称。水表用以计量该幢建筑的总用水量。水表前后的阀门用于水表检修、拆换时关闭管路，水表节点一般设在水表井中，如图 3.22 所示。温暖地区的水表井一般设在室外，寒冷地区的水表井宜设在不会冻结之处。

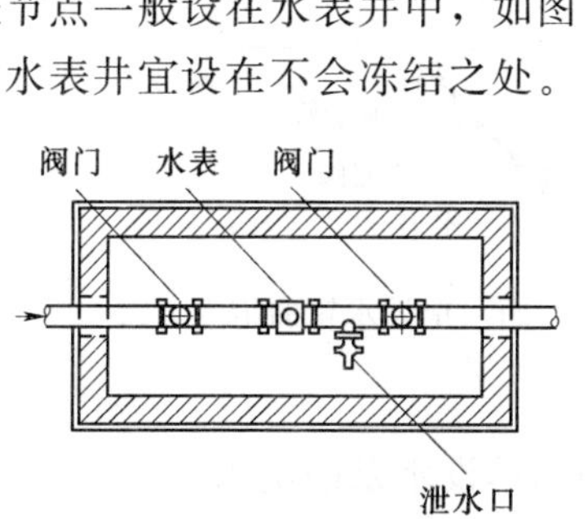

(a) 无旁通管水表节点

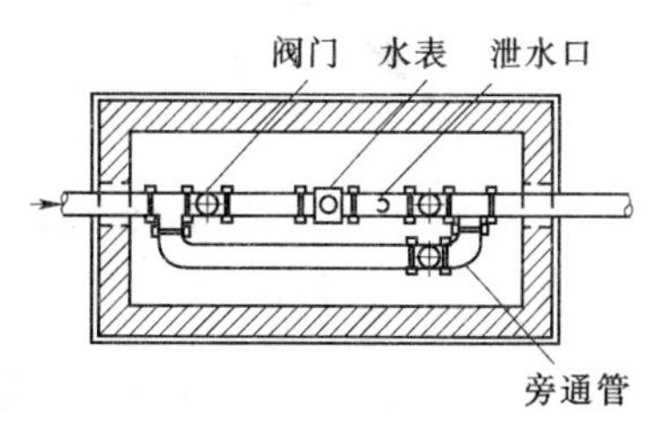

(b) 有旁通管水表节点

图 3.22 水表节点图

某些建筑内部给水系统中，需计量水量的某些部位和设备的配水管上也要安装水表。住宅建筑每户住家均应安装分户水表。分户水表以前大都设在每户住家之内，现在的趋势是将分户水表集中设在户外。

（4）给水管网。给水管网是指由建筑内水平干管、立管和支管组成的管道系统。

（5）配水装置与附件。配水装置与附件是指配水龙头、消火栓、喷头与各类阀门（控制阀、减压阀、止回阀等）。

（6）增压和贮水设备。当室外给水管网的水量、水压不能满足建筑用水要求，或建筑内对供水可靠性、水压稳定性有较高要求时及在高层建筑中，需要设置增压和贮水设备。如水泵、气压给水装置、变频调速给水装置、水池、水箱等增压和贮水设备。

（7）给水局部处理设施。当用户对给水水质的要求超出我国现行生活饮用水卫生标准或其他原因造成水质不能满足要求时，就需要设置一些设备、构筑物进行给水深度处理。

3.2.1.3 建筑给水方式

给水方式是指建筑内部给水系统的供水方案。它是由建筑功能、高度、配水点的布置情况、室内所需的水压和水量及室外管网的水压和水量等因素决定的。一般建筑工程中常见的给水方式的基本类型如下。

1. 室外管网直接给水方式

室外管网直接给水方式适用于室外给水管网提供的水量、水压在任何时候均能满足建筑室内管网最不利点的用水要求的情况。这种给水方式最最简单、经济，如图 3.23 所示。

2. 单设水箱的给水方式

当室外给水管网供水压力大部分时间满足要求，仅在用水高峰时段由于水量增加，室外管网中水压降低而不能保证建筑上层用水时；或者建筑内要求水压稳定，并且该建筑具备设置高位水箱的条件，可采用这种方式，如图 3.24 所示。

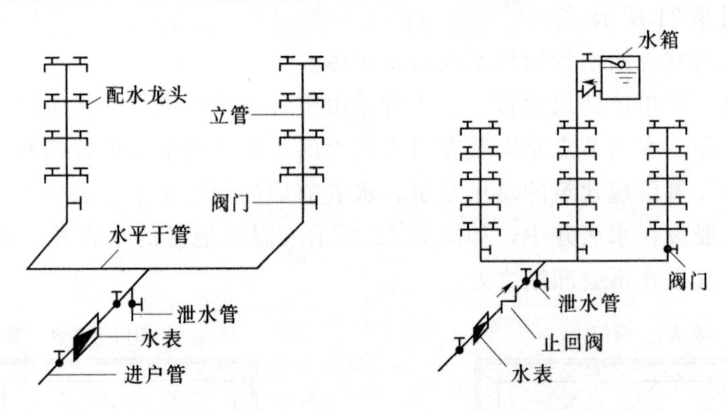

图 3.23 室外管网直接给水方式　　图 3.24 单设水箱的给水方式

3. 单设水泵的给水方式

当室外给水管网水压大部分时间不足时，可采用单设水泵的给水方式，如图 3.25 所示。当建筑内用水量大且较均匀时，可用恒速水泵供水；当建筑内用水不均匀时，宜采用多台水泵联合运行供水，以提高水泵的效率。

4. 设水泵和水箱的给水方式

当室外管网的水压经常不足，且室内用水不均匀，允许直接从外网抽水，可采用这种方式，如图 3.26 所示。该方式中的水泵能及时向水箱供水，可减小水箱容积，又有水箱的调节作用，水泵出水量稳定，能保证水泵在高效区运行。

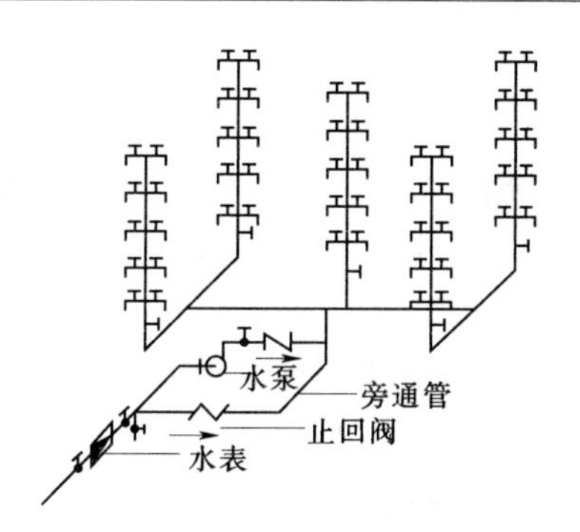

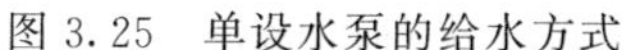

图 3.25 单设水泵的给水方式

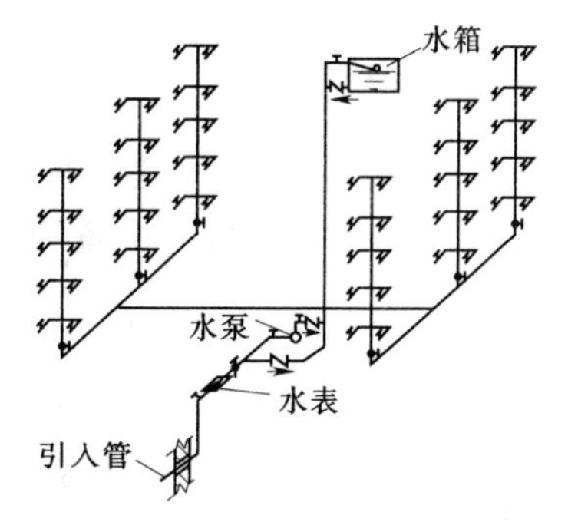

图 3.26 设水泵和水箱的给水方式

5. 设贮水池、水泵和水箱的给水方式

当建筑用水可靠性要求高，室外管网水量、水压经常不足，不允许直接从外网抽水，或者是外网不能保证建筑的高峰用水，且用水量较大，再或是要求储备一定容积的消防水量者，都应采用这种给水方式，如图 3.27 所示。

6. 设气压给水装置的给水方式

当室外给水管网压力低于或经常不能满足室内所需水压、室内用水不均匀，且不宜设置高位水箱时可采用此方式。该方式即在给水系统中设置气压给水设备，利用该设备气压水罐内气体的可压缩性，协同水泵增压供水，如图 3.28 所示。气压水罐的作用相当于高位水箱，但其位置可根据需要较灵活地设在高处或低处。

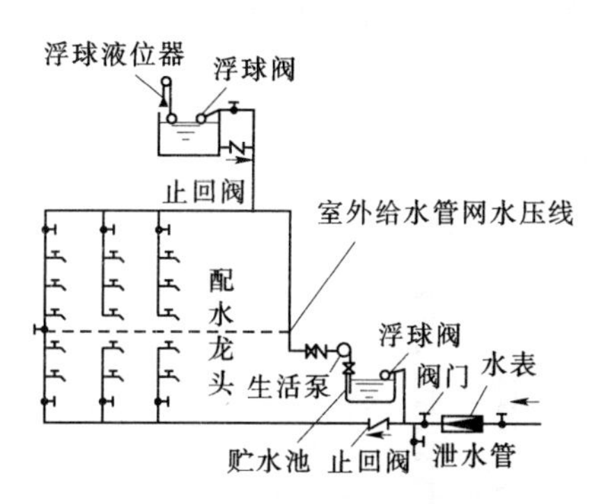

图 3.27 设贮水池、水泵和水箱的给水方式

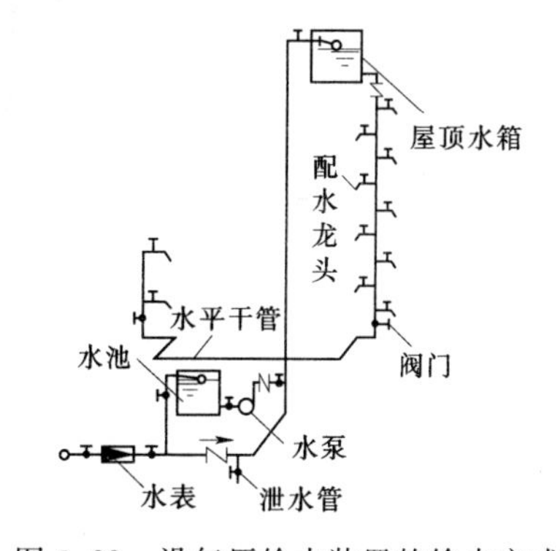

图 3.28 设气压给水装置的给水方式

7. 分区给水方式

对于多层和高层建筑来说，室外给水管网的压力只能满足建筑下部若干层的供水要求。为了节约能源，有效地利用外网的水压，常将建筑物的低区设置成由室外给水管网直接供水，高区由增压贮水设备供水，如图 3.29 所示。为保证供水的可靠性，可将低区与高区的 1 根或几根立管相连接，在分区处设置阀门，以备低区进水管发生故障或外网压力不足时，打开阀门由高区向低区供水。

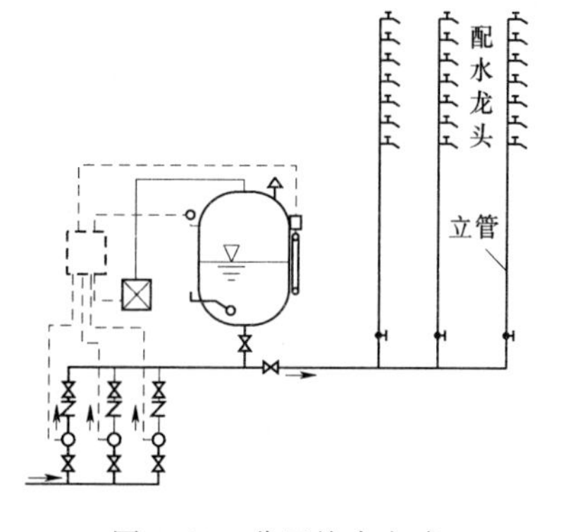

图 3.29 分区给水方式

3.2.2 建筑消防系统

建筑内消防设备，用于扑灭建筑物中一般物质的火灾，是一种经济有效的方法。火灾统计资料表明，设有室内消防设备的建筑物内，初期火灾主要是用室内消防设备扑灭的。

建筑消防系统根据使用灭火剂的种类和灭火方式可分为下列3种灭火系统：

（1）消火栓灭火系统。

（2）自动喷水灭火系统。

（3）其他使用非水灭火剂的固定灭火系统，如二氧化碳灭火系统，干粉灭火系统，卤代烷灭火系统、泡沫灭火系统等。

图3.30 室内消火栓箱

3.2.2.1 消火栓灭火系统

室内消火栓灭火系统是把室外给水系统提供的水量，经过加压（外网压力不满足需要时）输送到用于扑灭建筑物内的火灾而设置的固定灭火设备，是建筑物中最基本的灭火设施。

室内消火栓灭火系统一般由消火栓设备（水枪、水龙带、消火栓，如图3.30所示）、消防管道、消防水池和水箱、水泵结合器、消防水泵、报警装置及消防泵启动按钮等组成。室内消火栓灭火系统常采用环状管网的形式，如图3.31所示。

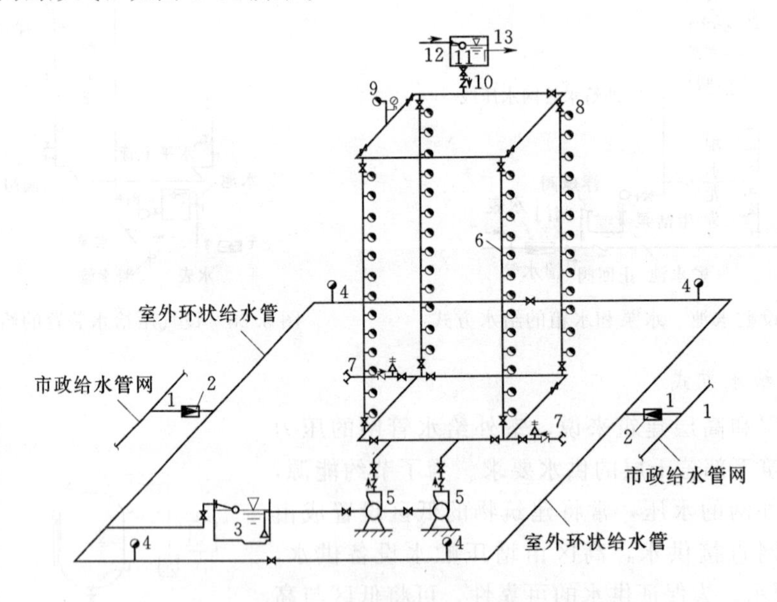

图3.31 消火栓灭火系统

1—市政给水管网；2—水表；3—贮水池；4—室外消火栓；5—水泵；6—消防立管；7—水泵结合器；8—室内消火栓；9—屋顶消火栓；10—止回阀；11—屋顶水箱；12—进水管；13—出水管

消火栓布置要求如下：

(1) 设有消防给水的建筑物，其各层（无可燃物的设备层除外）均应设置消火栓。室内消火栓的布置，应保证有两支水枪的充实水柱可同时达到室内任何部位（建筑高度不大于 24m，且体积不大于 5000m³ 库房可采用一支水枪的充实水柱射到室内任何部位）。

(2) 室内消火栓栓口距楼地面安装高度为 1.1m，栓口方向宜向下或与墙面垂直。

(3) 消火栓应设在使用方便的走道内，宜靠近疏散方便的通道口处、楼梯间内。

(4) 为保证及时灭火，每个消火栓处应设置直接启动消防水泵按钮或报警信号装置，并应有保护措施。

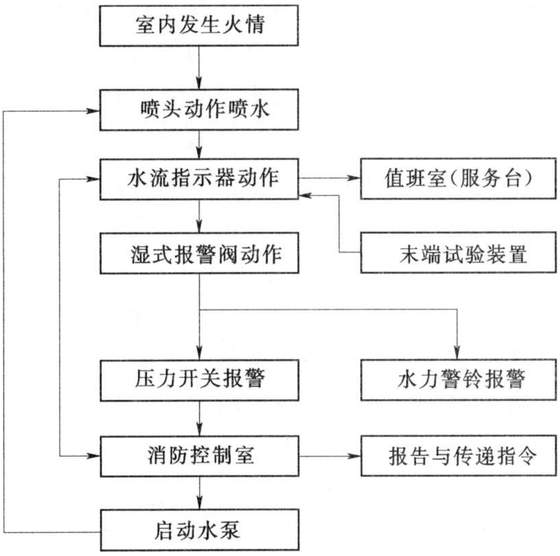

室内发生火情
喷头动作喷水
水流指示器动作
值班室(服务台)
湿式报警阀动作
末端试验装置
压力开关报警
水力警铃报警
消防控制室
报告与传递指令
启动水泵

图 3.32 自动喷水灭火系统运行流程图

3.2.2.2 自动喷水灭火系统

自动喷水灭火系统是一种在发生火灾时，能自动打开喷头喷水灭火并同时发出火警信号的消防设施。主要由火灾探测报警系统、喷头、管道系统、水流指示器、控制组件等部分组成。自动喷水灭火系统运行如图 3.32 所示。

自动喷水灭火系统按喷头的开启形式可分为闭式喷头系统和开式喷头系统。

1. 闭式自动喷水灭火系统

闭式自动喷水灭火系统是指在自动喷水灭火系统中采用闭式喷头，平时系统为封闭系统，火灾发生时喷头打开，使得系统为敞开式系统喷水。

闭式自动喷水灭火系统一般由水源、加压贮水设备、喷头、管网、报警装置等组成。

(1) 湿式自动喷水灭火系统：为喷头常闭的灭火系统，如图 3.33 所示，管网中充满有压水，当建筑物发生火灾，火点温度达到开启闭式喷头时，喷头出水灭火。此时管网中有压水流动，水流指示器被感应送出电信号，在报警控制器上指示，某一区域已在喷水。持续喷水造成报警阀的上部水压低于下部水压，其压力差值达到一定值时，原来处于关闭的报警阀

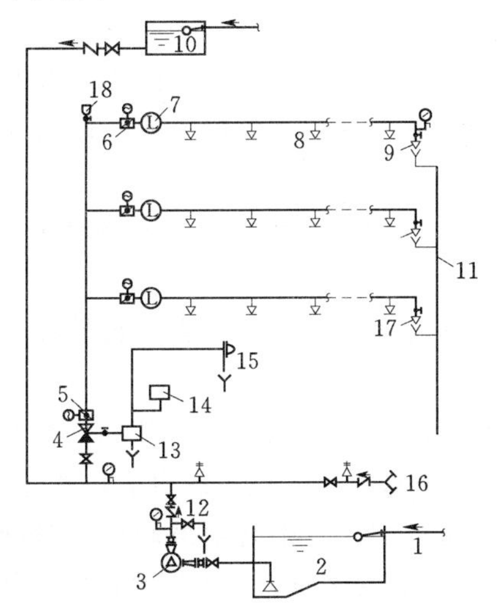

图 3.33 湿式自动喷水灭火系统组成示意图

1—消防水池进水管；2—消防水池；3—喷淋水泵；4—湿式报警报警阀；5—系统检修阀（信号阀）；6—信号控制阀；7—水流指示器；8—闭式喷头；9—末端试水装置；10—屋顶水箱；11—试水排水管；12—试验放水阀；13—延迟器；14—压力开关；15—水力警铃；16—水泵接合器；17—试水阀；18—排气阀

就会自动开启。同时，消防水流通过湿式报警阀，流向自动喷洒管网供水灭火。另一部分水进入延迟器、压力开关及水力警铃等设施发出火警信号。另外，根据水流指示器和压力开关的信号或消防水箱的水位信号，控制箱内控制器能自动开启消防泵，以达到持续供水的目的。该系统有灭火及时扑救效率高的优点，但由于管网中充有压水，当渗漏时会损坏建筑装饰和影响建筑的使用。该系统适用于环境温度4℃<T<70℃的建筑物。

（2）干式自动喷水灭火系统：为喷头常闭的灭火系统，管网中平时不充水，充有压空气（或氮气）。当建筑物发生火灾，火点温度达到开启闭式喷头时，喷头开启、排气、充水、灭火。该系统灭火时，需先排除管网中的空气，故喷头出水不如湿式系统及时。但管网中平时不充水，对建筑装饰无影响，对环境温度也无要求，适用于采暖期长而建筑物内无采暖的场所。为减少排气时间，一般要求管网的容积不大于3000L。

（3）干、湿交替自动喷水灭火系统：在环境温度满足湿式自动喷水灭火系统设置条件（4℃<T<70℃）报警阀后的管段充以有压水，系统形成湿式自动喷水灭火系统；当环境温度不满足湿式自动喷水灭火系统设置条件（T<4℃或T>70℃时），报警阀后的管段充以有压空气（或氮气），系统形成干式自动喷水灭火系统，该系统适合于环境温度周期变化较大的地区。

（4）预作用喷水灭火系统：为喷头常闭的灭火系统，管网中平时不充水（无压）。发生火灾时，火灾探测器报警后，自动控制系统控制阀门排气、充水，由干式变为湿式系统。只有当着火点温度达到开启闭式喷头时，才开始喷水灭火。该系统弥补了上述两种系统的缺点，适用于对建筑装饰要求高，灭火及时的建筑物。

2. 开式自动喷水灭火系统

开式自动喷水灭火系统是指在自动喷水灭火系统中采用开式喷头，平时系统为敞开状，报警阀处于关闭状态，管网中无水，火灾发生时报警阀开启，管网充水，喷头布水灭火。

开式自动喷水灭火系统中分为三种形式：雨淋自动喷水灭火系统、水幕自动喷水灭火系统、水喷雾自动喷水灭火系统。

开式自动喷水灭火系统由开式喷头、管道系统、雨淋阀、火灾探测器、报警控制装置、控制组件和供水设备等组成。

（1）雨淋自动喷水灭火系统：为喷头常开的灭火系统，当建筑物发生火灾时，由自动控制装置打开集中控制阀门，使整个保护区域所有喷头喷水灭火。该系统具有出水量大，灭火及时的优点。适用于火灾蔓延快、危险性大的建筑或部位。平时雨淋阀后的管网无水，雨淋阀由于传动系统中的水压作用而紧紧关闭着。火灾发生时，火灾探测器感受到火灾因素，便立即向控制器送出火灾信号，控制器将信号作声光显示并相应输出控制信号，打开传动管网上的传动阀门，自动地释放掉传动管网中有压水，使雨淋阀上传动水压骤然降低，雨淋阀启动，消防水便立即充满管网经过开式喷头同时喷水。该系统提供了一种整体保护作用，实现对保护区的整体灭火或控火。同时，压力开关和水力警铃以声光报警，作反馈指示，消防人员在控制中心便可确认系统是否及时开启。

（2）水幕自动喷水灭火系统。该系统工作原理与雨淋系统不同的是：雨淋系统中使用开式喷头，将水喷洒成锥体状扩散射流，而水幕系统中使用开式水幕喷头，将水喷洒成水

帘幕状。因此，它不能直接用来扑灭火灾，而是与防火卷帘、防火幕配合使用，对它们进行冷却和提高它们的耐火性能，阻止火势扩大和蔓延。它也可单独使用，用来保护建筑物的门、窗、洞口或在大空间造成防火水帘起防火分隔作用。

（3）水喷雾自动喷水灭火系统。水喷雾自动喷水灭火系统用喷雾喷头把水粉碎成细小的水雾滴之后喷射到正在燃烧的物质表面，通过表面冷却、窒息以及乳化的同时作用实现灭火。由于水喷雾具有多种灭火机理，使其具有适用范围广的优点，不仅可以提高扑灭固体火灾的灭火效率，同时由于水雾具有不会造成液体火飞溅、电气绝缘性好的特点，在扑灭可燃液体火灾、电气火灾中均得到了广泛的应用，如飞机发动机实验台、各类电气设备、石油加工场所等。

3.2.3 建筑排水系统

3.2.3.1 建筑排水系统的分类

根据所排除污水的性质，室内内部排水系统可分为三类。

1. 生活污水排水系统

排除人们日常生活过程中产生的污（废）水的管道系统，包括粪便污水排水管道及生活废水排水管道。

（1）粪便污水排水管道：排除从大小便器（槽）及用途与此相似的卫生设备排出的污水，其中含有粪便、便纸等较多的固体物质，污染严重。

（2）生活废水排水管道：排除从洗脸盆、浴盆、洗涤盆、淋浴器、洗衣机等卫生设施排出的废水，其中含有一些洗涤下来的细小悬浮杂质，比粪便污水干净一些。

2. 工业废水排水系统

排除生产过程中产生的污（废）水的管道系统，包括生产废水排水管道及生产污水排水管道。

（1）生产废水排水管道：排除使用后未受污染或轻微污染以及水温稍有升高，经过简单处理即可循环或重复使用的工业废水，如冷却废水、洗涤废水等。

（2）生产污水排水管道：排除在生产过程受到各种较严重污染的工业废水。如酸、碱废水，含酚、含氰废水等，也包括水温过高，排放后造成热污染的工业废水。

3. 屋面雨水排水系统

排除降落在屋面的雨（雪）水的管道系统，其中含有从屋面冲刷下来的灰尘。

3.2.3.2 建筑排水系统的组成

建筑内部排水系统一般由卫生器具或生产设备受水器、排水管系、通气管系、清通设备、污水抽升设备、室外排水管道及污水局部处理设施等部分组成，如图 3.34 所示。

1. 卫生器具或生产设备受水器

卫生器具是建筑内部排水系统的起点，是用来承受用水和将用后的废水、废物排泄到排水系统中的容器。污水、废水从器具排水口经器具内的水封装置或器具排水管连接的存水弯排入排水管系。建筑内的卫生器具应具备内表面光滑、不渗水、耐腐蚀、耐冷热、耐磨损、便于清洁卫生、有一定强度等特性。

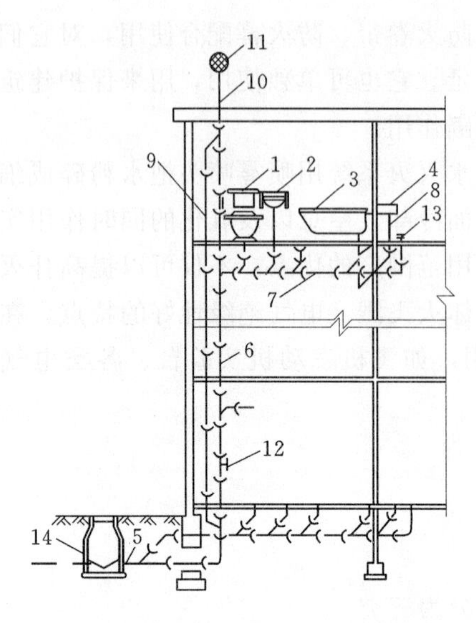

图 3.34 建筑内部排水系统的组成

1—大便器；2—洗脸盆；3—浴盆；4—洗涤盆；5—排出管；6—排水立管；7—排水横支管；8—排水支管；9—专用通气立管；10—伸顶通气管；11—通气帽；12—检查口；13—清扫口；14—检查井

2. 排水管系

由器具排水管（连接卫生器具和横支管之间的一段短管，除坐式大便器以外，其间包括存水弯）、有一定坡度的横支管、立管、埋设在室内地下的总干管和排出到室外的排出管等组成。其作用是将污（废）水能迅速安全地排除到室外。

3. 通气管

建筑内的污水、废水是依靠重力作用排出室外的，即排水管系内部的流动是重力流。为了保证排水管系的良好工作状态，排水管系必须和大气相通，从而保证管系内气压恒定，维持重力流状态。

伸顶通气管应高出屋面 0.30m 以上，并应大于当地最大积雪厚度，以防止积雪盖住通气口。对于平屋顶，若经常有人逗留活动，则通气管应高出屋面 2m，并应根据防雷要求设置防雷设备。为防止雨雪或脏物落入排水立管，在通气管顶端应设通气帽，如图 3.35 所示。

4. 清通设备

为了保持室内排水管道排水畅通，必须加强经常性的维护管理，为了检查和疏通管道，在排水管道系统上需设清通设备。

图 3.35 通气帽图

图 3.36 检查口

（1）检查口。检查口是一个带盖板的开口短管，拆开盖板便可以进行管道清通，如图 3.36 所示。检查口设置在立管上，多层或高层建筑内的排水立管每隔一层设一个，检查口的间距不大于 10m，机械清扫时，立管检查口间的距离不宜大于 15m。在立管的最底层和设有卫生器具的二层以上坡顶建筑的最高层必须设检查口，若立管上有乙字弯管时应在乙字弯管上部设检查口。检查口设置高度一般距地面 1m 为宜。

（2）清扫口。清扫口如图 3.37 所示，一般装于横支管，尤其是各层横支管连接卫生器具较多时，横支管起点均应装置清扫口（有时亦可用能供清掏的地漏代替）。清扫口安

装不应高出地面，必须与地面平。在连接2个及2个以上的大便器或3个及3个以上的卫生器具的污水横管、水流转角小于135°的铸铁排水横管上，均应设置检查口或清扫口。在连接4个及4个以上的大便器塑料排水横管上宜设置清扫口。

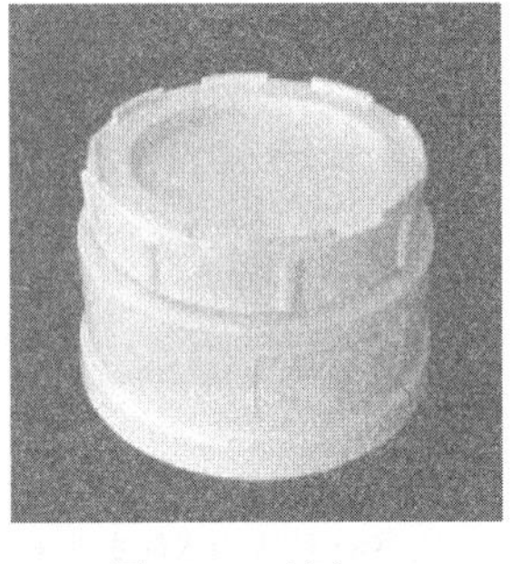

图3.37 清扫口

5. 污水抽升设备

当建筑物内的污（废）水不能自流排至室外时，要设置污水抽升设备。

6. 室外排水管道

自排出管接出的第一检查井后至城市下水道或工业企业排水主干管间的排水管段为室外排水管道，其任务是将室内的污（废）水排往市政或工厂的排水管道中去。

7. 污水局部处理设备

当室内污水未经处理不允许直接排入城市排水系统或水体时，而设置的局部水处理构筑物。

3.2.3.3 排水管道的敷设要求

（1）排水立管应设置在靠近杂质最多、最脏及排水量最大的排水点处，以便尽快地接纳横支管的污水而减少管道堵塞的机会，排水立管常设在大便器附近。排水立管不得穿过卧室、病房，并避免靠近与卧室相邻的内墙。

（2）污水管的布置应尽量减少不必要的转角及曲折，尽量做直线连接。一根横支管连接的卫生器具不宜太多。排出管宜以最短距离通至室外。

（3）在层数较多的建筑物内，为防止底层卫生器具因受立管底部出现过大的正压等原因而造成污水外溢现象，底层的生活污水管道可考虑采取单独排出方式。

（4）管道应避免布置在有可能受设备震动影响或重物压坏处，因此管道不得穿越生产设备基础；若必须穿越时，应与有关专业人员协商作技术上的特殊处理。

（5）不论是立管或横支管，不论是明装或暗装，其安装位置应有足够的空间以利于拆换管件和清通维护工作的进行。

（6）管道应尽量避免穿过伸缩缝、沉降缝、风道、烟道等，若必须穿过时应采取相应的技术措施，以防止管道因建筑物的沉降或伸缩而受到破坏。

（7）排水架空管道不得穿过有特殊卫生要求的生产厂房以及贵重商品仓库、通风小室和变、配电间；不得布置在遇水易引起燃烧、爆炸或损坏的原料、产品的设备上面；也不得布置在食堂、饮食业的主副食操作烹调的上方。

（8）埋地管穿越承重墙或基础处，应预留孔洞，且管顶上部净空不得小于建筑物的沉降量，一般不宜小于0.15m。排出管与室外排水管连接处应设检查井，检查井中心到建筑物外墙的距离不宜小于3m。

3.2.4 建筑给排水附件及卫生器具

3.2.4.1 建筑给排水附件

（1）配水附件。配水附件主要是用以调节和分配水流。常用配水附件如图3.38所示。

(a) 球形阀式配水龙头

(b) 旋塞式配水龙头

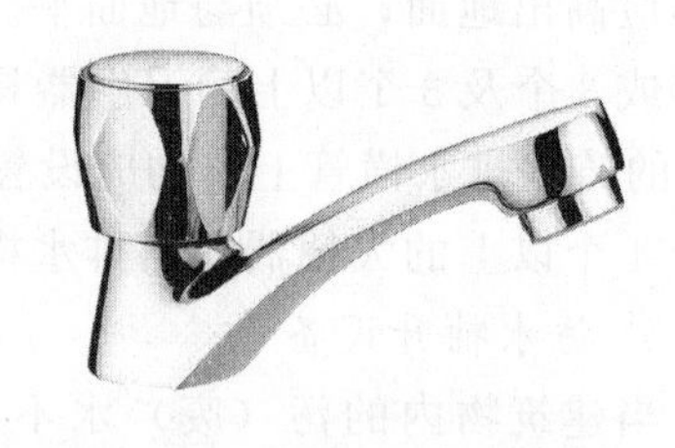

(c) 洗脸盆盥洗龙头

(d) 洗脸盆混合配水龙头

(e) 洗涤池混合配水龙头

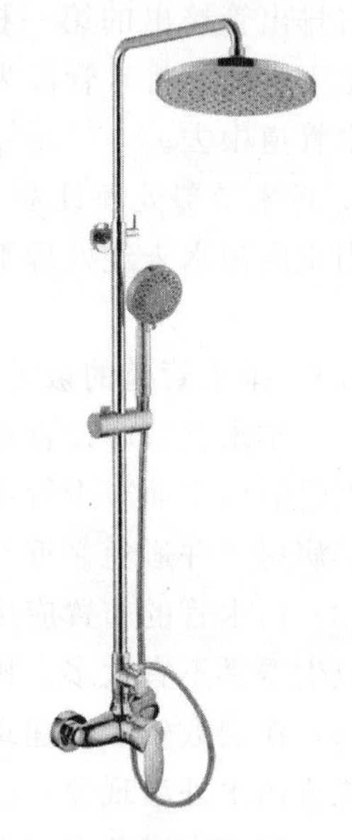

(f) 淋浴器

图 3.38 给水配水附件

(2) 控制附件。控制附件用来调节水量和水压，关断水流等。如截止阀、止回阀、闸阀、蝶阀、浮球阀、三角阀和冲洗阀等，常用控制附件如图 3.39 所示。

1) 截止阀：此阀关闭严密，但水流阻力较大，用于管径不大于 50mm 或经常启闭的管段上。

2) 止回阀：止回阀用以阻止水流反向流动。

3) 闸阀：此阀全开时水流呈直线通过，阻力较小。但若有杂质落入阀座后，会使阀关闭不严，因而易产生磨损和漏水。当管径在 70mm 以上时采用闸阀。

4) 蝶阀：阀板在 90°翻转范围内起调节、节流和关闭作用，操作扭矩小，启闭方便，体积较小。适用于管径 70mm 以上或双向流动管道上。

(3) 水表。水表是一种计量用户累计用水量的仪表。在建筑内部给水系统中广泛采用流速式水表，如图 3.40 所示。这种水表是根据管径一定时，水流通过水表的速度与流量成正比的原理来测量的。它主要由外壳、翼轮和转动指示机构等部分组成。当水流通过水表时，推动翼轮旋转，翼轮转轴转动一系列联动齿轮，指示针显示到度盘刻度上，便可读

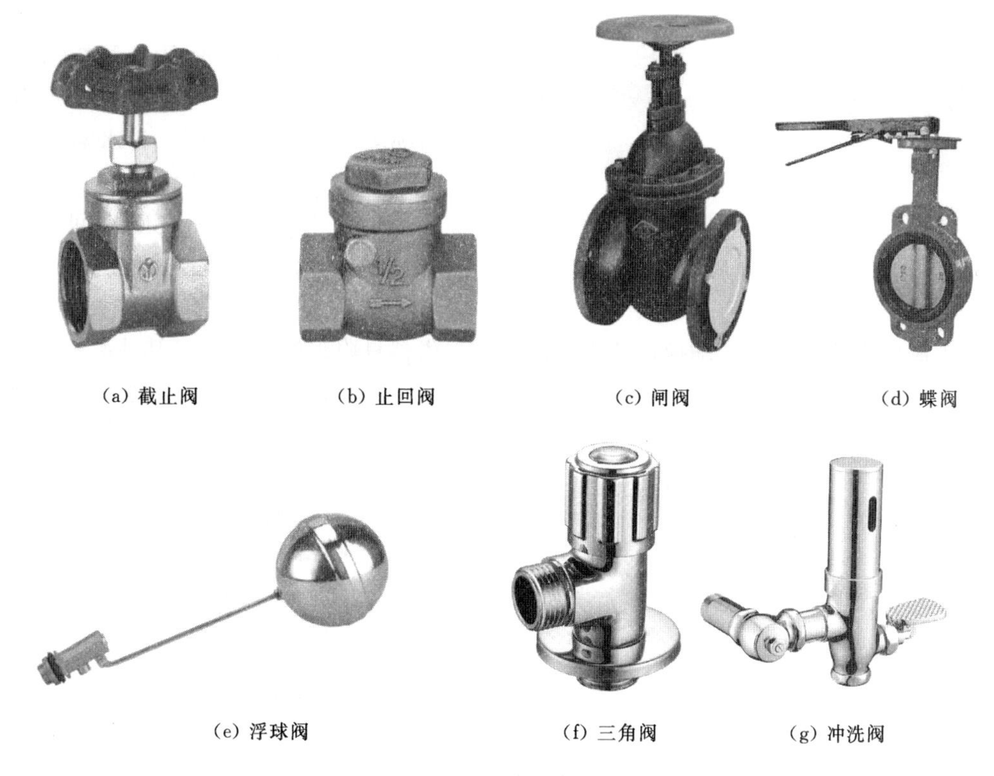

(a) 截止阀　(b) 止回阀　(c) 闸阀　(d) 蝶阀

(e) 浮球阀　(f) 三角阀　(g) 冲洗阀

图 3.39　给水控制附件

出流量的累积值。此外，还有计数器为字轮直读的形式。

流速式水表按翼轮构造不同分为旋翼式和螺翼式。旋翼式的翼轮转轴与水流方向垂直。它的阻力较大，多为小口径水表，宜用于测量小的流量；螺翼式的翼轮转轴与水流方向平行，它的阻力较小，多为大口径水表，宜用于测量较大的流量。复式水表是旋翼式和螺翼式的组合形式，在流量变化很大时采用。

图 3.40　流速式水表

流速式水表按其计数机件所处状态又分干式和湿式两种。干式水表的计数机件用金属圆盘与水隔开；湿式水表的计数机件浸在水中，在计数度盘上装一块厚玻璃，用以承受水压。湿式水表简单、计量准确、密封性能好，但只能用在水中不含杂质的管道上，因为水质浊度高，将降低精度，产生磨损缩短水表寿命。

（4）存水弯。存水弯的作用是在其内形成一定高度的水封，通常为 50～100mm，阻止排水系统中的有毒有害气体或虫类进入室内，保证室内的环境卫生。存水弯的类型主要有 S 形和 P 形两种，如图 3.41 所示。

S 形存水弯常用在排水支管与排水横管垂直连接的部位。

P 形存水弯常用在排水支管与排水横管和排水立管不在同一平面位置而需连接的

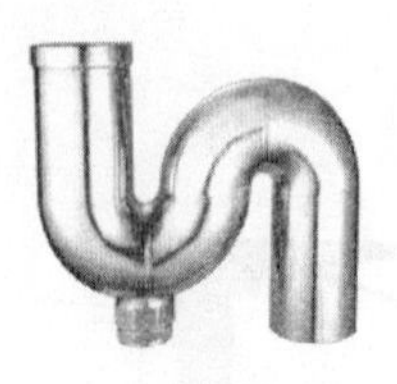
(a) S形存水弯

(b) P形存水弯

图 3.41 存水弯

部位。

(5) 地漏。地漏是一种特殊的排水装置，如图 3.42 所示，一般设置在经常有水溅落的地面、有水需要排除的地面和经常需要清洗的地面，如淋浴间、盥洗室、厕所、卫生间等。布置洗浴器和洗衣机的部位应设置地漏，并要求布置洗衣机的部位宜采用防止溢流和干涸的专用地漏。地漏应设置在易溅水的卫生器具附近的最低处，其地漏箅子应低于地面 5～10mm，带有水封的地漏，其水封深度不得小于 50mm。直通式地漏下必须设置存水弯，严禁采用钟罩式地漏。

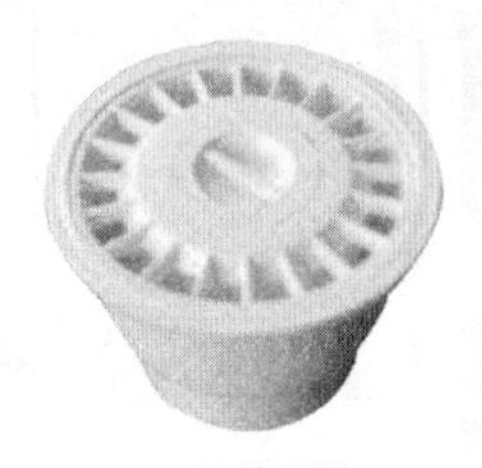
(a) 塑料地漏

(b) 不锈钢地漏

图 3.42 地漏

3.2.4.2 卫生器具

卫生器具是建筑内部排水系统的重要组成部分，是用来满足生活和生产过程中的卫生要求、收集和排除生活及生产中产生的污、废水的设备。卫生器具一般采用不透水、无气孔、表面光滑、耐腐蚀、耐磨损、耐冷热、便于清扫、有一定强度的材料制造，如陶瓷、搪瓷生铁、塑料、复合材料等，卫生器具正向着冲洗功能强、节水消声、设备配套、便于控制、使用方便、造型新颖、色彩协调等方面发展。

1. 便溺用卫生器具

(1) 大便器。我国常用的大便器有蹲式、坐式和大便槽式三种类型，蹲式、坐式大便器如图 3.43 所示。

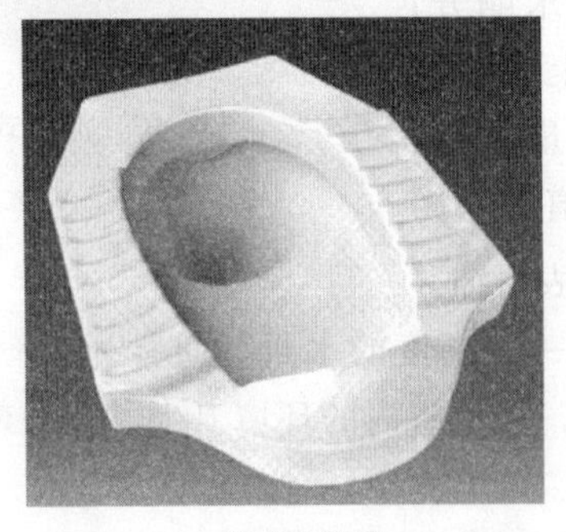
(a) 蹲式大便器

(b) 坐式大便器

图 3.43 大便器

（2）小便器。小便器一般设于公共建筑的男厕所内，有挂式、立式和小便槽三种。挂式、立式小便器如图 3.44 所示。

2. 盥洗、淋浴用卫生器具

（1）洗脸盆。洗脸盆一般用于洗脸、洗手、洗头，常设置在盥洗室、浴室、卫生间，也用于公共洗手间或厕所内洗手、理发室内洗头、医院各治疗间洗器皿和医生洗手等。洗脸盆的高度及深度适宜，盥洗不用弯腰较省力，脸盆前沿设有防溅沿，使用时不溅水，可用流动水盥洗比较卫生，也可作为不流动水盥洗，有较大的灵活性。洗脸盆有长方形、椭圆形和三角形，安装方式有柱脚式、台式、墙架式，如图 3.45 所示。

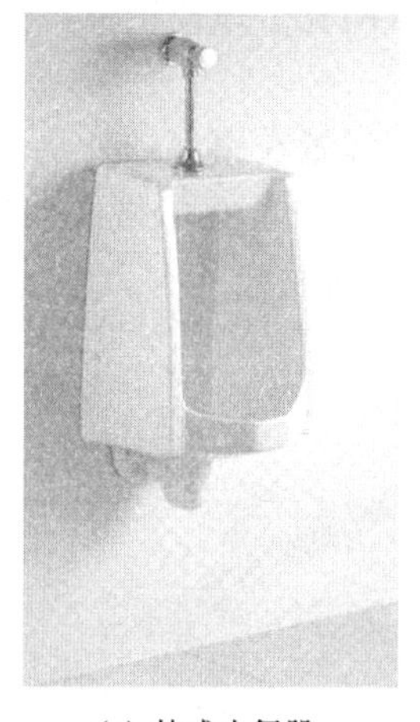

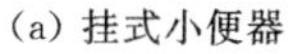

(a) 挂式小便器

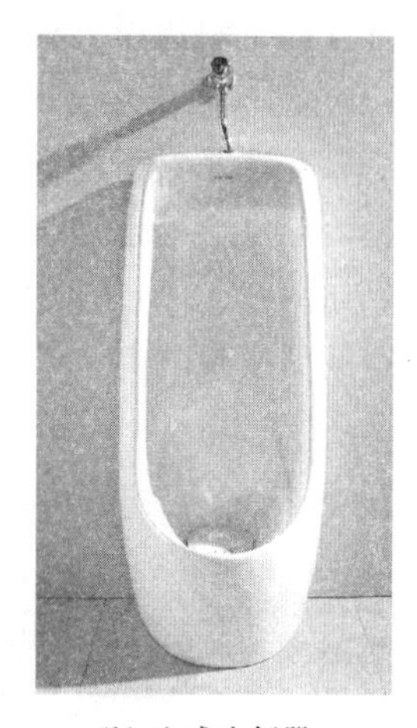

(b) 立式小便器

图 3.44 小便器

(a) 柱脚式洗脸盆

(b) 台式洗脸盆

(c) 墙架式洗脸盆

图 3.45 洗脸盆

（2）盥洗台。盥洗台有单面和双面之分，常设置在同时有多人使用的地方，如集体宿舍、教学楼、车站、码头、工厂生活间内。通常采用砖砌抹面、水磨石或瓷砖贴面现场建造而成，图 3.46 为单面盥洗台。

图 3.46 单面盥洗台

图 3.47 浴盆

（3）浴盆。浴盆设在住宅、宾馆、医院等卫生间或公共浴室，供人们清洁身体，如图 3.47 所示。浴盆配有冷热水或混合龙头，并配有淋浴设备。浴盆的形式一般为长方形，亦有方形、斜边形。材质有陶瓷、搪瓷钢板、塑料、复合材料等。

3. 洗涤用卫生器具

（1）洗涤盆。洗涤盆常设置在厨房或公共食堂内，用作洗涤碗碟、蔬菜等。医院的诊室、治疗室等处也需设置。洗涤盆有单格或双格之分，双格洗涤盆一格洗涤，另一格泄水，如图3.48所示。洗涤盆规格尺寸有大小之分，材质多为陶瓷或砖砌后瓷砖贴面，不锈钢制品质量较高。

图3.48 双格洗涤盆

图3.49 污水盆

（2）污水盆。污水盆又称污水池，常设置在公共建筑的厕所、盥洗室内，供洗涤拖把、打扫卫生或倾倒污水等，如图3.49所示。

4. 专用卫生器具

（1）饮水器。供人们饮用冷水、冷开水的器具。饮水器卫生、方便，受人欢迎，适宜设置在工厂、学校、车站、体育馆场等公共场所，如图3.50所示。

图3.50 饮水器

图3.51 化验盆

（2）化验盆。化验盆设置在工厂、科研机关和学校的化验室或实验室内，根据需要，可安装单联、双联、三联鹅颈头，如图3.51所示。

5. 卫生器具的设置

卫生器具的设置主要解决不同建筑内应设置卫生器具的种类和数量两个问题。

（1）工业建筑内卫生器具的设置。工业建筑内卫生器具的设置应根据《工业企业设计卫生标准》并结合建筑设计的要求确定。

1）卫生特征1级、2级的车间应设车间浴室；卫生特征3级的车间宜在车间附近或在厂区设置集中浴室；可能发生化学性灼伤及经皮肤吸收引起急性中毒的工作地点或车间，应设事故淋浴，并应保证不断水。

2）女浴室和卫生特征1级、2级的车间浴室，不得设浴池。

3）女工卫生室的等候间应设洗手设备及洗涤池。处理间内应设温水箱及冲洗器。

（2）民用建筑内卫生器具的设置。民用建筑分为住宅和公共建筑，住宅分为普通住宅和高级住宅。公共建筑和住宅卫生器具设置主要区别在于客房卫生间和公共卫生间。

1）普通住宅卫生器具的设置。普通住宅通常需在卫生间和厨房设置必需的卫生器具，每套住宅至少应配置便器、洗浴器、洗面器三件卫生器具。厨房内应设置洗涤盆和隔油具。

2）高级住宅卫生器具的设置。高级住宅包括别墅，一般都建有两个卫生间。在小卫生间内通常只设置一个蹲式大便器，在大卫生间内设浴盆、洗脸盆、坐式便器和净身盆；如果只建有一个面积较大的卫生间时，在卫生间内若设置了坐式大便器，则需考虑增设小便器和污水盆。厨房内应设两个单格洗涤盆、隔油具，有的还需设置小型贮水设备。

3）公共建筑内卫生器具的设置。客房卫生间内应设浴盆、洗脸盆、坐式大便器和净身盆。考虑到使用方便，还应附设浴巾毛巾架、洗漱用具置物架、化妆板、衣帽钩、洗浴液盒、手纸盒、化妆镜、浴帘、剃须插座、烘手器、浴霸等。

公共建筑内的公共卫生间内常设便溺用卫生器具、洗脸盆或盥洗槽、污水盆等，需要时可增设镜片、烘手器、皂液盒等。

4）公共浴室卫生器具的设置。公共浴室一般设有淋浴间、盆浴间，有的淋浴间还设有浴池，但女淋浴间不宜设浴池。淋浴间分为隔断的单间淋浴室和无隔断的通间淋浴室。单间淋浴室内常设有淋浴盆、洗脸盆和躺床。公共淋浴间内应设置冲脚池、洗脸盆及置放洗浴用品的平台。

公共浴室内洗浴器具的数量，一般可根据洗浴器具的负荷能力估算，浴盆2人/(h·个)，单间淋浴器2～3人/(h·个)，通间淋浴器4～5人/(h·个)，带隔断的单间淋浴器4～5人/(h·个)，洗脸盆10～15人/个。其平面布置既要紧凑，又要合理，应设置出人淋浴间不会相互干扰的通道。通间淋浴室应尽量避免淋浴者之间相互溅水而影响卫生，淋浴器中心距为900～1100mm。

3.2.5 水质防治

城市给水管网中自来水的水质，必须符合《生活饮用水卫生标准》（GB 5749—2006）的要求，但若建筑内部给水系统设计、施工、维护、管理不当，都可能出现水质污染现象。

3.2.5.1 水质污染的现象及原因

（1）与水接触的管材、管道接口的材料、附件、水池等材料选择不当，材料中有毒有害物质溶解于水，造成水质污染。

（2）由于水在水池等贮水设备中停留时间过长，水中余氯已耗尽，水中有害微生物繁殖，造成水质污染。

(3) 贮水池管理不当，如人孔不严密，通气管或溢流管口敞开设置，致使尘土等可能通过以上孔口进入水中，造成水质污染。

(4) 非饮用水或其他液体倒流（回流）入生活给水系统，造成水质污染。形成回流的主要原因和现象有如下几方面：

1）埋地管道及附件连接处不严密，平时有渗漏，当管道中出现负压时，管道外部的积水等污染物会通过渗漏处吸入管道内。

2）放水附件安装不当，即当出水口设在卫生器具或用水设备溢流水位以下（或溢流管堵塞），而器具或设备中留有污水，当室外给水管网供水压力下降，如此时开启放水附件，污水就会在负压作用下吸入给水管道，如图 3.52 所示。

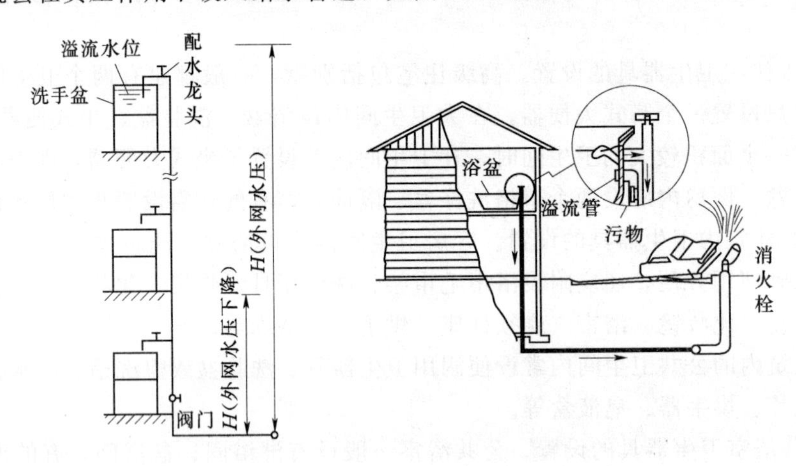

图 3.52 回流污染现象

3）给水管与大便器冲洗管直接相连并采用普通阀门控制冲洗，当给水系统内压力下降时，开启阀门会出现粪便污水回流污染的现象。

4）饮用水管与非饮用水管直接相连，当非饮用水管道压力大于饮用水管道压力，且连接其中的阀门密闭性差时，非饮用水就会渗入饮用水管道内。

3.2.5.2 水质污染的防止措施

1. 贮水设施的防污染措施

(1) 贮水池设在室外地下时，距污染源构筑物应不小于10m；设在室内时，不应设在有污染源的房间下面，当不能避开时，应采取其他防止生活饮用水被污染措施。

(2) 非饮用水管道不得在贮水池、水箱中穿过，也不得将非饮用水管（包括上部水箱的溢流排水管）接入。

(3) 生活或生产用水与其他用水合用的水池（箱），应采用独立结构型式，不得利用建筑物的本体结构作为水池池壁和水箱箱壁。

(4) 设置水池或水箱的房间应有照明和良好的通风设施。

(5) 水池和水箱的本体材料与表面涂料，不得影响水质卫生。

(6) 水池或水箱的附件和构造应满足如下要求：

1）人孔盖、通气管应能防止尘土、雨水、昆虫等有碍卫生的物质或动物进入。地下水池的人孔应凸出地面 0.15m。

2）地下贮水池的溢流排污管只能排入市政排水系统，且在接入检查井前，应设有空气隔断及防止倒灌的措施。

3）水池（箱）溢流排污管应与排水系统通过断流设施排水（间接排水）。

2. 防止生活用水贮水时间过长引起污染的措施

（1）当消防储量远大于生活用水量时，不宜合用水池，如必须合建，应采取相应灭菌措施。

（2）贮水池的进出管，应采取相对方向进出，如有困难，则应采取导流措施、保证水流更新。

（3）建筑物内的消防给水系统与生活给水系统应分设。当分设有困难时，应考虑设独立的消防立管或消防系统定期排空措施。

（4）不经常使用的招待所、培训中心等建筑给水，宜采用变频给水，不宜采用水泵水箱供水方式，以防止贮水时间过长而引起污染。

3. 生活饮用水管道敷设防污染措施

（1）生活饮用水管道应避开毒物污染区，当受条件限制不能避开时，应采取防护措施。

（2）不得在大便槽、小便槽、污水沟、蹲便台阶内敷设给水管道。

（3）生活饮用水管的敷设应符合建筑给排水和小区给排水规范对管线综合敷设的要求，特别是与生活污水管线的水平净距和竖向立叉的要求。

（4）生活饮用水管在堆放及操作安装中，应避免外界污染，验收前后应进行清洗和封闭。

4. 防止连接不当造成回流污染的措施

（1）给水管配水出口不得被任何液体或杂质所淹没。

（2）给水管配水出口高出用水设备溢流水位的最小空气间隙，不得小于给水管管径的2.5倍，如图3.53所示。

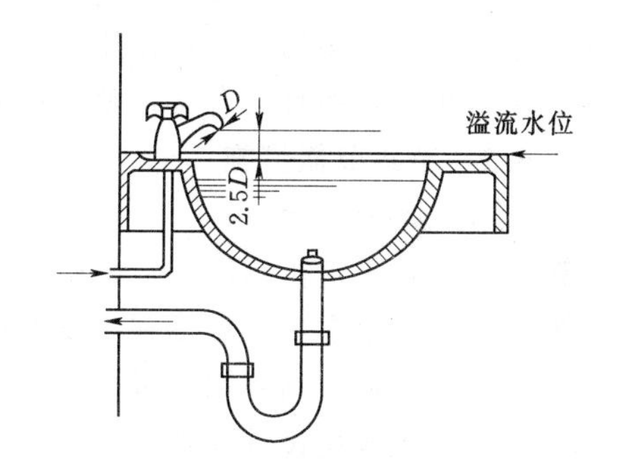

图3.53　洗脸盆出水口的空气隔断间隙

（3）特殊器具和生产用水设备无法设置最小空气间隙时，应设置防污隔断器或采取其他有效的隔断措施。

（4）生活饮用水管道不得与非饮用水管道连接。在特殊情况下，必须以饮用水作为工业备用水源时，两种管道的连接处，应采取防止水质污染的措施，如图3.54所示。在连接处，生活饮用水的水压必须经常大于其他水管的水压。

（5）由市政生活给水管道直接引入非饮用水贮水池时，进水管口应高出水池溢流水位。

（6）生活饮用水在与加热器连接时，应有防止热水回流使饮水温度升高的措施。

（7）严禁生活饮用水管道与大便器（槽）冲洗水管直接连接。

（8）在非饮用水管道上接出用水接头时，应有明显标志，防止误接误饮。

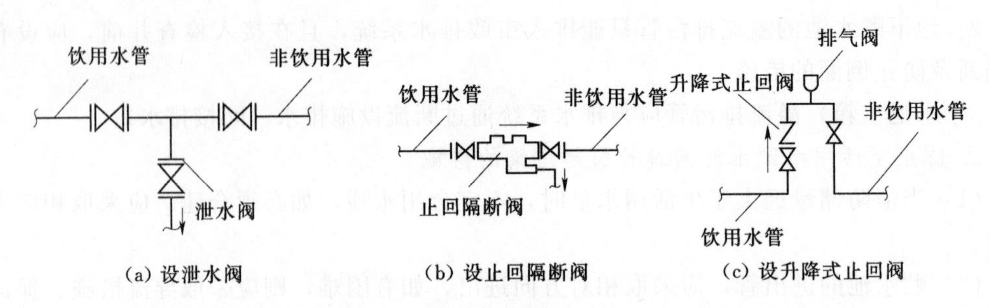

图 3.54 饮用水与非饮用水管道连接的水质防护措施

3.2.6 建筑给排水工程节水节能

3.2.6.1 节水节能问题

水和能源都是现代化建设中不可缺少的宝贵资源。人们已认识到节水的重要性不亚于节能问题。城市的供水和排水系统，在水的提升、净化、输送过程中，都要消耗大量能源。据有关资料统计，这部分能源耗费约占总能耗的2%左右。因此可以说，节水就是节能。从另一方面看，我国的水资源并不丰富，人均占有的水量很低，且分布不匀，节约用水是具有战略意义的。从某种意义上讲，节流即相当于开源。

关于建筑给水排水工程范围内节水节能的效益和可能性，有资料表明，工业企业和住宅（包括商业建筑）的每日耗水量，分别占总耗水量的17%和10%，也就是说，在总用水量中，有相当多的水量是在建筑内部消耗的，建筑内部给水排水工程的节水节能工作不仅是大有可为，而且二者又是紧密相关的。

3.2.6.2 节水节能措施

1. 规划设计方面

(1) 合理确定供水压力，采用分压的分区供水，避免不必要的大面积、大水量的高压供水。或者一水多用，重复利用及循环使用。

(2) 合理调节高峰用水量，充分利用城市管网的压力增加系统的贮水容量。

(3) 合理选用设计参数。

(4) 尽量采用低阻耗的管材、配件，降低水头损失。

(5) 做好热水供应系统的绝热保温。

(6) 采用节能供水设备。应合理确定水泵的型号，尽量选用高效率设备，采用变频调速供水系统，在用水量变化的情况下自动控制水泵转速，使水泵始终在高效率工况下运行，采用变频调速系统比一般供水设备节电10%～40%。

(7) 正确选择建筑物的排水体制，尽量缩水污水的提升排放范围。

(8) 合理协调小区、建筑群的供水平衡，有条件时采用计算机系统，实行科学管理。

2. 用户节水管理方面

(1) 采用节水节能型卫生器具。大便器1次冲洗水量应能够产生虹吸抽吸作用并将盆体冲刷干净，可采用双冲洗水量为6L的坐便器，在我国为了节水，严禁大、中城市住宅中采用一次冲洗水量在9L以上（不含9L）的便器。此外，利用压缩空气或真空抽吸的气动或真空抽吸作用的大便器，每次仅需2L的冲洗水量作为输送粪便的介质。

采用充气水龙头和泡沫口水龙头比普通水龙头节水 25%；采用脚踏开关式淋浴器、延时自闭式冲洗阀、压力式冲洗水箱均能起到节水作用。

（2）严格执行按户安装水表制度。

（3）工业企业大力采用节水新工艺，降低单位产品耗水量。

（4）加强维护管理，减少水的漏损。

项目4 水 利 工 程

4.1 水利工程概述

4.1.1 概述

水是人类生存和人类社会发展不可缺少的宝贵自然资源之一。查有关水文资料，全球水利资源的总量约为 468000 亿 m^3，人平均水量 11800m^3（我国人平均水量只有 2780m^3），其中 90%以上为海水，其余为内陆水。在内陆水中河流及其径流，对于人类和人类活动起着特别重要的作用。地球上的河流平均径流量，根据有关资料统计，欧洲占 32100 亿 m^3、亚洲占 14410 亿 m^3、非洲占 45700 亿 m^3、北美洲占 82000 亿 m^3、南美洲占 117600 亿 m^3、大洋洲占 24240 亿 m^3（含澳洲 3840 亿 m^3）、南极洲占 23100 亿 m^3。

所谓径流，就是雨水除了蒸发的、被土地吸收和被拦堵的以外，沿着地面流走的水称为径流。渗入地下的水可以形成地下径流。

我国幅员辽阔、河流众多。据统计：中国大小河流总长约 42 万 km；流域面积在 1000km^2 以上的河流有 1600 多条，100km^2 以上的河流有 5 万多条；大小湖泊 2000 多个。全国平均年降水总量为 6.19 万亿 m^3，年平均径流量约 2.8 万亿 m^3，居世界第六位。

我国水能资源的理论蕴藏量约为 6.91 亿 kW，是世界上水能资源最丰富的国家之一。但在时间分配和区域分配上很不均匀。绝大部分的径流发生在每年 7—9 月（汛期），而有些河流在冬天则处于干枯状况。大部分径流分布在我国东南、西南及沿海各省（自治区、直辖市），而西北地区干旱缺水。近年来，我国北方地区经常发生的沙尘暴与北方地区干旱缺水不无关系。

水利范围应包括防洪、灌溉、排水、水力（即水能利用）、水道、给水、水土保持、水资源保护、环境水利和水利渔业等。因此，水利一词可概括为：人类社会为了生存和发展的需要，采取各种措施，对自然界的水和水域进行控制和调配，以防治水旱灾害，开发利用和保护水资源。研究这类活动及其对象的技术理论和方法的知识体系称为水利科学。用于控制和调配自然界的地表水和地下水，以达到除害兴利目的而修建的工程称为水利工程。

水利工程曾作为一个独立的学科，也曾包括在土木工程学科内，与道路、桥梁、工业与民用建筑相并列。水利科学涉及自然科学和社会科学的许多知识，如气象学、地质学、地理学、测绘学、农学、林学、生态学、机械学、电机学以及经济学、史学、管理科学、环境科学等。按照涉及学科的性质可分为以下四类：

（1）基础学科。如水文学、水力学、河流动力学、固体力学、土力学、岩石力学、工程力学等。

（2）专业学科。如防洪、灌溉和排水、水力发电、航道与港口、水土保持、城镇供水与排水、水工建筑物。

（3）按工作程序划分的学科。如水利勘测、水利规划、水工建筑物设计、水利工程施工、水利工程管理等。

（4）综合性分支学科。如水利史、水利经济、水资源等。

4.1.2 水利工程建筑物分类及特点

4.1.2.1 水工建筑物的分类

在水利水电工程中，常常需要修建一些建筑物，称为水工建筑物。按其作用可划分为以下几种。

1. 挡水建筑物

（1）坝。坝是一种在垂直于水流方向拦挡水流的建筑物，因此也称为拦河坝，它是水利工程中用的最多、造价也较高的一种建筑物。

（2）水闸。水闸是一种靠闸门来挡水的建筑物，简称闸。

（3）堤。堤是指平行于水流方向的一种建筑物，如河堤、湖堤等。

2. 泄水建筑物

泄水建筑物是来宣泄水库、渠道中的多余水量，以保证其安全的一类建筑物，如河岸式溢洪道、泄洪隧洞、溢流坝、分洪闸等。

3. 输水建筑物

输水建筑物是把水从一处引入到另一处的一类建筑物，如引水隧洞、涵管、渠道输水渡槽及渠系建筑物等。

4. 取水建筑物

取水建筑物也称引水建筑物。因其常位于渠道的首部，故也称渠首建筑物或进水口。它是把水库、湖泊、河渠与输水建筑物相联系的一类建筑物，例如取水塔、渠首进水闸、抽水泵站等。

5. 整治建筑物

整治建筑物是以改善水流条件、保护岸坡及其他建筑物安全的一类建筑物，例如顺坝、丁坝、护底、导流堤等。

当然，有些建筑物的作用不是单一的。例如，溢流坝既是挡水建筑物又是泄水建筑物；水闸即可以挡水又可以泄水，还可以用作取水。

4.1.2.2 水工建筑物的特点

水工建筑物与一般土建工程相比，除了投资多、工程量大、工期长以外还具有以下特点：

（1）水对水工建筑物的作用。包括：①机械作用：静水压力、动水压力、渗透压力等；②物理化学作用：磨损、溶蚀等。

（2）水工建筑物的个别性。地形、地质、水文、施工条件，对选址、布置、型式都有极为密切的关系，只能按各自特征进行，一般不能采用定型设计。

（3）水工建筑物施工难度大。

（4）效益大，对附近地区影响大。

（5）水库发生事故后果严重。

4.1.3 常见的水利工程建筑物

4.1.3.1 坝

坝是水利枢纽工程中的主体建筑。坝按筑坝材料可分为土石坝、混凝土坝和浆砌石坝等；而混凝土坝和浆砌石坝按结构特点又可分为重力坝、拱坝和支墩坝等。

一般大坝除坝体外，还应具有泄水建筑物，如溢洪道、消力池、取水（放水）建筑物。图 4.1 为一水利枢纽工程平面布置示意图。

1. 重力坝

重力坝（图 4.2）主要是依靠坝体自重来抵抗水压力及其他外荷载，维持自身的稳定。重力坝的断面基本呈三角形，筑坝材料为混凝土或浆砌石。据统计重力坝在各种坝型中占有较大比重。目前界上最高的混凝土重力坝是瑞士的大狄克桑斯坝，坝高 285m。

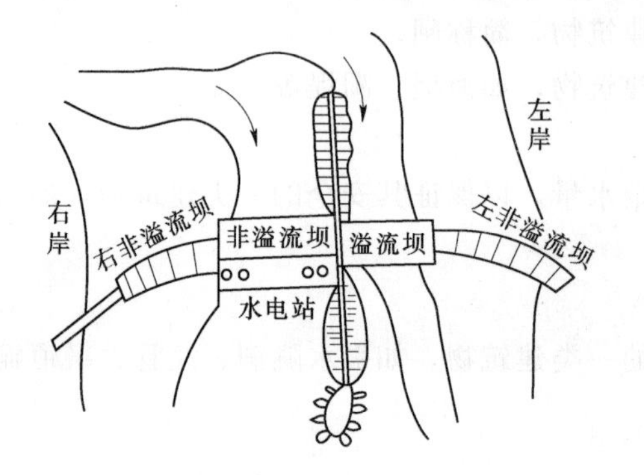

图 4.1 水利枢纽平面布置示意图

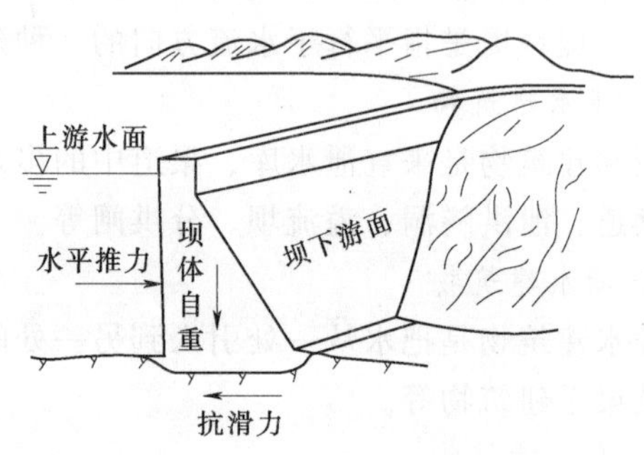

图 4.2 重力坝示意图

重力坝是整体结构，为了适应温度变化，防止地基不均匀沉陷，坝体应设置永久性温度缝和沉陷缝。为了防止漏水，在有些地方还应设置止水。

重力坝体内一般都设有坝体排水和各种廊道，互相贯通，组成廊道系统。

重力坝常修筑在岩石地基上，相对安全可靠，耐久性好，抵抗渗漏、洪水漫溢、战争和自然灾害能力强；设计、施工技术较为简单，易于进行机械化施工；在坝体中可布置引水、泄水孔，解决发电、泄洪和施工导流等问题。其主要缺点是体积大、材料强度不能充分发挥、对稳定控制要求高等。

坝体混凝土施工时，采用振动碾压实超干硬性混凝土的施工技术称为碾压混凝土施工技术，采用这种方法所筑的坝称为碾压混凝土坝。碾压混凝土技术是采用类似土石方填筑施工工艺，将干硬性混凝土用振动碾压实的一种新的混凝土施工技术。在混凝土大坝施工中采用这种技术，突破了传统的混凝土大坝柱状法浇筑对大坝浇筑速度的限制，具有施工程序简化、化程度高、缩短工期、节省等优点。这一技术的研究起始于 20 世纪 60 年代，20 世纪 80 年代得到了迅速发展。但是，各国的施工方法不尽相同。例如日本采用“皮包馅”的方法，即只在内部采用碾压混凝土，而在外部和基础部分则浇筑常规混凝土。美国采用了全断面碾压的方法，但有的碾压混凝土坝由于严重渗漏而不得不废弃。我国有的工

程与日本的施工方法相似；有的则采用了全断面碾压，但在上游面另设了防渗层，如坑口坝。

2. 拱坝

拱坝（图 4.3）在平面上呈凸向上游的拱形，拱的两端支承于两岸的山体上。立面上有时也呈凸向上游的曲线形，整个拱坝是一个空间壳体结构。拱坝一般是依靠拱的作用，即利用两端拱座的反力，同时还依靠自重来维持坝体稳定。拱坝的结构作用可视为两个系统，即水平拱和竖直梁系统。水平荷载和温度荷载由这两个系统共同承担。拱坝与重力坝相比可充分利用坝体的强度，其体积较重力坝为小，超载能力比其他坝型为高。主要缺点是对坝址河谷形状及地基要求较高。

图 4.3 锦屏水电站拱坝

温度荷载对拱坝应力及稳定影响较大，必须予以考虑。

拱坝按结构作用可分为纯拱坝、拱坝和重力拱坝；按体型可分为双曲拱坝、单曲拱坝和空腹拱坝；按坝底厚度与坝高之比分为薄拱坝（比值小于 0.2）和厚拱坝（比值大于 0.35）等；按筑坝材料可分为混凝土拱坝和浆砌石拱坝。

目前世界上最高的拱坝是我国于 2014 年建成的锦屏水电站拱坝，高 305m。

3. 土石坝

土石坝是利用当地土料、石料或土石混合料堆筑而成的最古老的一种坝型，但它仍是当代世界各国最常用的一种坝型。土石坝的优点是筑坝材料取自当地，可节省水泥、钢材和木材；对坝基的工程地质条件比其他坝型为低；抗震性能也比较好。主要缺点是一般需在坝体外另行修建泄水建筑物，如泄洪道、隧洞等；抵御超标准洪水能力差，如库水漫顶，将垮坝失事。目前世界上最高的堆石坝已达 242m。

土石坝一般由坝身、防渗设施、排水设施和护坡等部分组成，如图 4.4 所示。按施工方法不同，土石坝可分为碾压式土石坝、抛填式堆石坝、定向爆破堆石坝、水力冲填坝等。其中碾压式土石坝应用最为广泛。根据土料在坝体内的分布情况和防渗体位置不同，碾压式土石坝可分为以下几种：

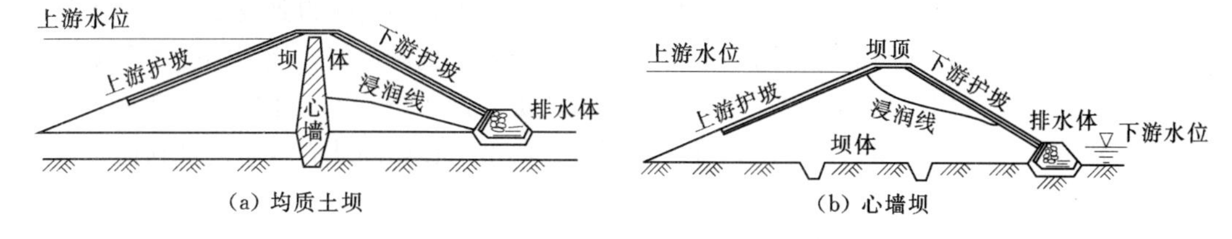

图 4.4 土石坝组成

(1) 均质坝。坝体由一种透水性较弱的土料填筑而成，如图 4.5 (a) 所示。

(2) 心墙坝。防渗料位于坝体中间，用透水性较好和抗剪强度较高的砂石料做坝壳，如图 4.5（b）和（c）所示。

（3）斜墙坝。坝体由透水性较好和抗剪强度较高的砂石料筑成，防渗体位于坝体上游面，如图 4.5（d）和（e）所示。

（4）多种土质坝。坝体由几种不同土料所构成，防渗料位于坝体上游或中间，如图 4.5（f）、（g）和（h）所示。

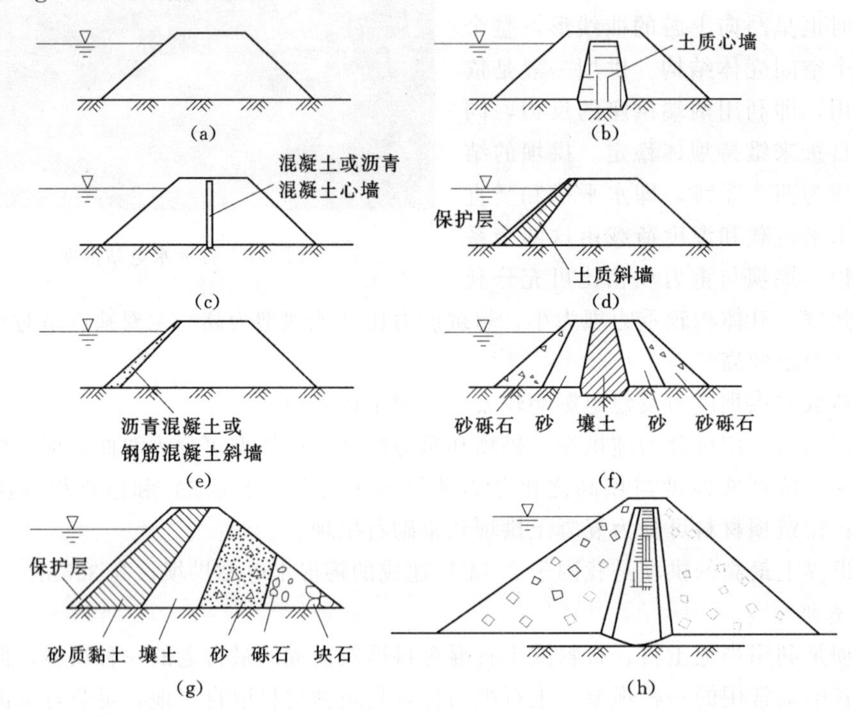

图 4.5 几种土石坝

4. 混凝土面板堆石坝

混凝土面板堆石坝，是用堆石或砂砾石为主体材料分层碾压填筑成坝体，并用混凝土面板作防渗体的坝，主要用砂砾石填筑坝体的称为混凝土面板砂砾石坝。

混凝土面板堆石坝在 19 世纪 80 年代就出现了，由于当时技术条件的限制，多采用抛投法堆筑，使得工程垂直沉降和水平位移都很大，导致混凝土面板开裂，坝体渗水，所以该技术发展很慢。直到 20 世纪 60 年代，由于大型振动压路机的出现，使堆石密度明显提高，变形减小、渗水减少、结合挤压技术发展，使得混凝土面板堆石坝再次得到发展，由于其具有对地形、地质条件有较强的适应能力，取材方便，投资省、抗震性好，施工不受季节限制的特点。已成为近年应用广泛的一种坝型，设计高度已提高到 200m 级，到 1998 年年底，我国该坝型已建成 42 座，在建的有 32 座，待建的更多，典型工程如湖北省水布垭水利枢纽。

4.1.3.2 水闸

水闸是一种低水头水工建筑物，既可用来挡水，又可用来泄水，并可通过闸门控制泄水流量和调节水位。水闸在水利工程中应用十分广泛，多建于河道、渠系、水库、湖泊及滨海地区。

水闸按其所承担的主要任务可分为进水闸（取水闸）、节制闸、排水闸、分洪闸、挡

潮闸、排沙闸等。按结构形式可分为开敞式、胸墙式和涵洞式等。

水闸一般由闸室、上游连接段和下游连接段等组成，其中闸室是水闸的主体，如图4.6所示。

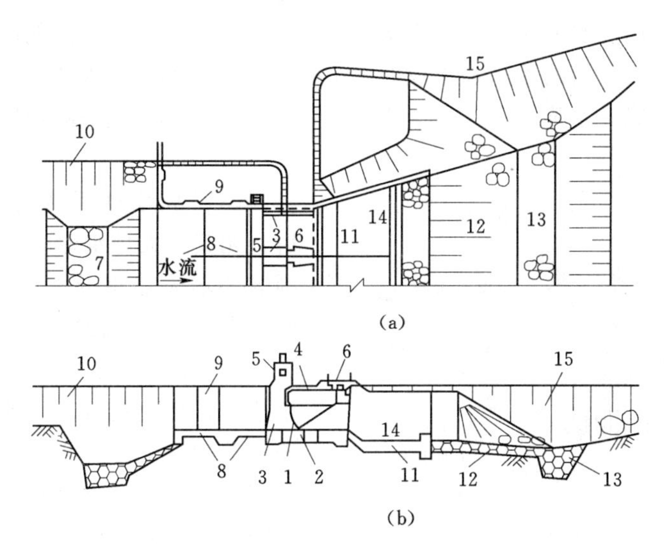

图4.6 水闸组成示意图

1—闸门；2—底板；3—闸墩；4—胸墙；5—工作桥；6—交通桥；7—上游防冲槽；8—上游防冲段（铺盖）；9—主游翼墙；10—上游两岸护坡；11—护坦（消力池）；12—海漫；13—下游防冲槽；14—下游翼墙；15—下游两岸护坡

4.1.3.3 渡槽

渡槽属于渠系建筑物的一种，实际上就是一种过水桥梁，用来输送渠道水流跨越河渠、溪谷、洼地或道路等。渡槽常用砌石、混凝土或钢筋混凝土建造。渡槽主要由进出口段、槽身、支承结构和基础等构成。槽身横断面形式以矩形和U形居多，如图4.7所示。

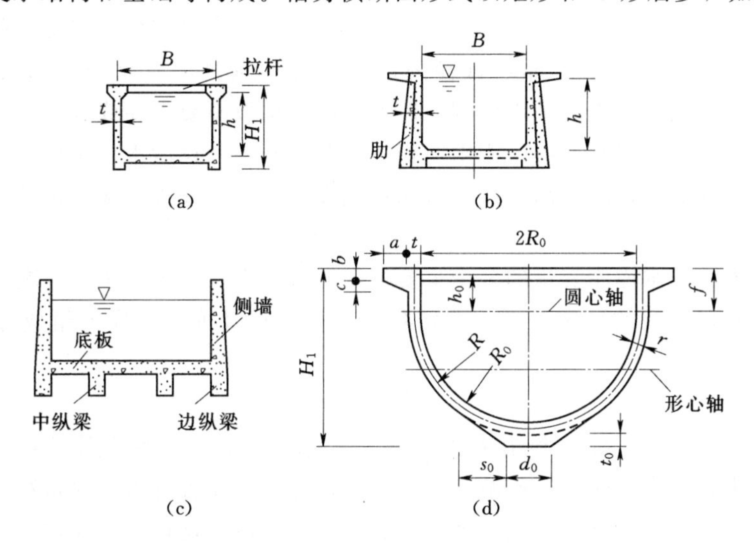

图4.7 槽身横断面

4.1.3.4 水库及水利枢纽

1. 水库

水库是指采用工程措施在河流或各地的适当地点修建的人工蓄水池。

(1) 水库的作用。水库是综合利用水利资源的有效措施。它可使地面径流按季节和需要重新分配，可利用大量的蓄水和形成的水头为国民经济各部门服务。

(2) 水库的组成。水库一般由拦河坝、泄水建筑物、取水、输水建筑物几个部分组成，如图 4.8 所示。

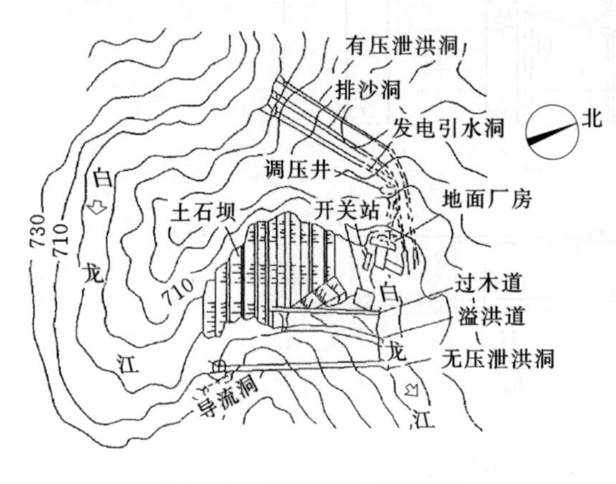

图 4.8 某水库组成示意图

(3) 水库对环境的影响。水库建成后，尤其是大型水库的建成，将使水库周围的环境发生变化。主要影响库区和下游，表现是多方面的。

1) 对库区的影响。①淹没：库区水位抬高，淹没农田、房屋，需要进行移民安置；②塌岸、滑坡；③水库淤积：库内水流流速减低，造成泥沙淤积、库容减少影响水库的使用年限；④水温的变化：因为蓄水使温度降低；⑤水质变化：一般水库都有使水质改善的效果，但是应防止库水受盐分等的污染；⑥气象变化：下雾频率增加，雨量增加，湿度增大；⑦诱发地震：在地震区修建水库时，当坝高超过 100m，库容大于 10 亿 m^3 的水库，发生水库地震的达 17%；⑧库区内可形成沼泽、耕地盐碱化等。

2) 对水库下游的影响。①河道冲刷：水库淤积后的清水下泄时，会对下游河床造成冲刷，因水流流势变化会使河床发生演变以致影响河岸稳定；②河道水量变化：水库蓄水后下游水量减少，甚至干枯；③河道水温变化：由于下游水量减少，水温一般要升高。

(4) 水库库址选择。水库库址选择关键是坝址的选择，应充分利用天然地形。地形——河谷尽可能狭窄，库内平坦广阔，但上游两岸山坡不要太陡或过分平缓，太陡容易滑坡，水土流失严重。要有足够的积雨面积，要有较好的开挖泄水建筑物的天然位址。要尽量靠近灌区，地势要比灌区高，以便形成自流灌溉，节省投资。地质条件——保证工程安全的决定性因素。

(5) 水库库容。水库库容量的多少主要根据河流（来水情况）水文情况及国民经济各需水部门的需水量之间的平衡关系，确定各种特征水位及库容。库容组成如图 4.9 和图 4.10 所示。

2. 水利枢纽

(1) 水利枢纽。为了综合利用水利资源，使其为国民经济各部门服务，充分达到防洪、灌溉、发电、给水、航运、旅游开发等目的，必须修建各种水工建筑物以控制和支配水流，这些建筑物相互配合，构成一个有机的综合的整体，这种综合体称为“水利枢纽”。

水利枢纽根据其综合利用的情况，可以分为下列三大类：

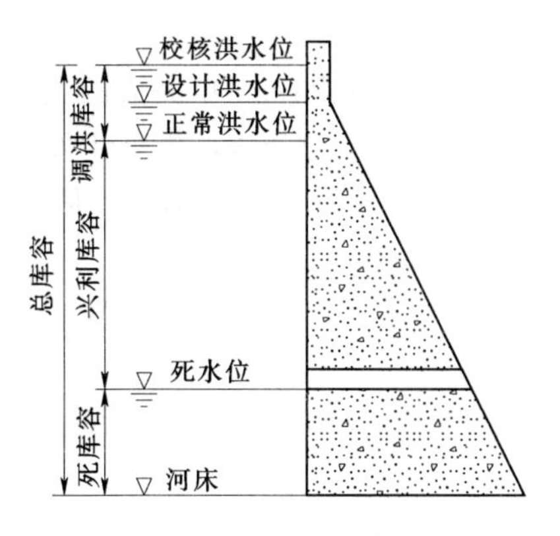

图 4.9 水库库容的组成

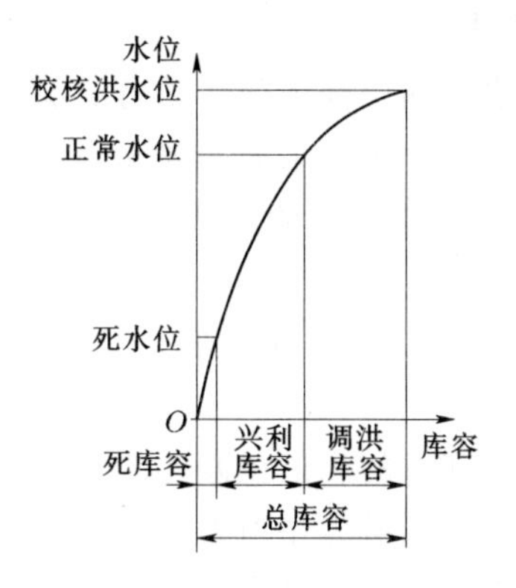

图 4.10 水位-库容曲线图

1）防洪发电水利枢纽，包括蓄水坝、溢洪道、电站厂房。

2）灌溉航运水利枢纽，包括蓄水坝、溢洪道、进水闸、输水道（渠）、船闸。

3）防洪灌溉发电航运水利枢纽，包括蓄水坝、溢洪道、水电站厂房、进水闸、输水道（渠）、船闸。

（2）水利枢纽等级的划分。水利枢纽的分等和水工建筑物的分级主要依据工程规模、总库容、防洪标准、灌溉面积、电站装机容量、主要建筑物、次要建筑物、临时建筑物的情况进行确定。

我国将水利枢纽分为五等，见表 4.1；水工建筑物分为 5 级，见表 4.2。

表 4.1　　水利枢纽工程分等级指标

工程级别	水库库容/亿 m^3	防洪		排涝	灌溉	供水	水力发电
		保护城镇及工业区	保护农田面积/万 hm^2	排涝面积/万 hm^2	灌溉面积/万 hm^2	供给城镇及矿区	装机容量/MW
一	＞10	特别重要	＞33.30	＞13.33	＞10	特别重要	＞1200
二	10～1.0	重要	33.30～6.67	13.33～4.0	10～3.33	重要	1200～300
三	1.0～0.1	中等	6.67～2.0	4.0～1.0	3.33～0.33	中等	300～50
四	0.1～0.01	一般	2.0～0.33	1.0～0.20	0.33～0.03	一般	50～10
五	＜0.01		＜0.33	＜0.2	＜0.03		＜10

表 4.2　　水工建筑物分级指标

工程级别	永久性建筑物级别		临时性建筑物级别
	主要建筑物	次要建筑物	
一	1	3	4
二	2	3	4
三	3	4	5
四	4	5	5
五	5	5	

4.1.3.5 水电站

水电建设是国民经济获得动力能源的重要途径。根据1988年完成的我国第三次水能资源普查资料，全国总水能蕴藏量（含台湾省）为6.91亿kW，折合年发电量为5.9万亿kW·h。其中可开发的总装机容量为3.8亿kW，年发电量为1.9万亿kW·h，占世界第一位。

据统计，截至2000年年底，我国水电站总装机容量超过7935万kW，年发电量2310多亿kW·h。

目前已经建成的和正在修建的水电发电量只占技术可开发的水资源的5.9%，因此我国水能资源开发的潜力相当大。

水力发电：就是通过水工建筑物和动力设备将水能转变为机械能，再由机械能转变为电能。流量的大小和水头的高低是影响水力发电的两个主要因素。

水电站的分类如下：

(1) 河床式水电站。在平坦河段上，用低坝建筑的水电站，由于水头不高，电站厂房本身能抵抗上游水压力，通常和坝并列在同一轴线上，成为挡水建筑物的一个组成部分，称为河床式水电站（图4.11）。

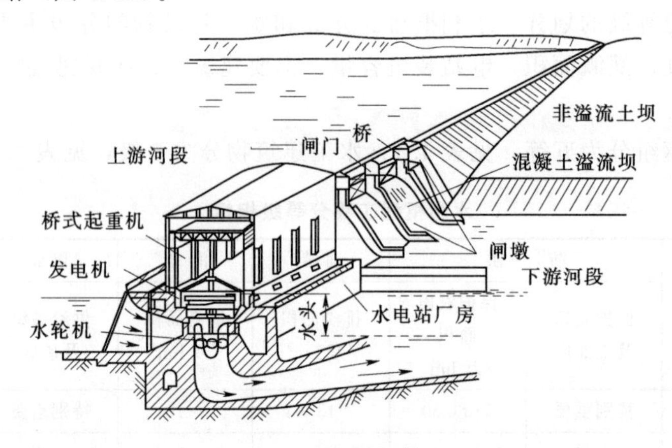

图4.11 河床式水电站

(2) 坝后式水电站。当水头较高，上游水压力很大，厂房已不能承受水压力，也很难维持自身稳定，此时可将厂房与坝体分开，布置在坝的后面，此类电站便称为坝后式水电站，一般布置在坝后靠河岸的一侧（图4.12）。

(3) 引水式水电站。水头相对较高，常用引水渠、引水隧洞、管道等将水引进厂房发电，流量较小，大多在河流上采用。

(4) 混合式水电站。在同一河段上水电站的水头一部分由水坝集中，而另一部分由引水渠集中，此种布置方式的电站称为混合式水电站。

(5) 抽水蓄能电站。采用抽水方式集中水头进行发电的电站。在系统负荷较低时，利用富裕的电量把水从较低的水库（下池）中抽到较高的水库（上池）中储存起来，而在系统要承担高峰负荷时，再把水从上池中放出来进行发电。如北京十三陵抽水蓄能电站，其装机容量为800MW；天荒坪抽水蓄能电站，装机容量为1800MW。

（6）潮汐电站。通常在有条件的海岸边，选择口小肚大的海湾，在海湾口门处修筑拦水坝，同时修建双向发电电站（可逆发电机组）以及双向泄水闸门。当涨潮时，外海潮水位高于湾内水位，此时将外海水经过电站发电；当退潮时，外海潮水下落水位降低，湾内之水经电站反向流至外海发电，故一次涨退潮便可发电两次。我国沿海海岸线长约 1.8 万 km，估计可开发的潮沙发电量约 2158 万 kW。

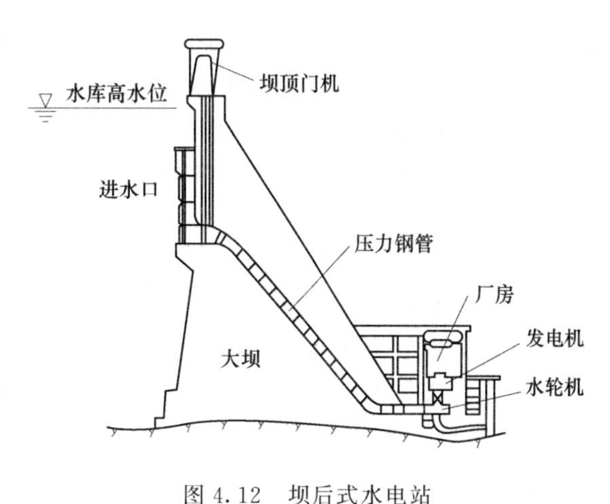

图 4.12　坝后式水电站

另外，利用大海波浪的能量发电也是一种获得电能的途径。如挪威已有波浪电站的试验电站，也获成功。

由前述可知，水电站建筑物主要包括：引水渠、隧洞、前池、调压井（塔）、压力水管、厂房等。

4.1.3.6　防洪及河道治理

我国江河众多，几大水系又处于季风影响之下，历来洪水频繁，有多达 6 亿人口和 90％的城市面临着洪水的威胁和影响，因此我国专门立了“防洪法”。下面介绍常用的防洪方法。

1. 防洪工程措施

（1）增大河道泄洪能力。它包括沿河筑堤、整治河道、加宽河床断面、人工截弯取直和消除河滩障碍等工程措施。当防御的洪水标准不高时，这些措施是历史上迄今仍常用的防洪措施，这些措施的功能旨在增大河道排泄能力（如加大泄洪流量），但无法控制洪量并加以利用。

（2）拦蓄洪水控制泄量。它是依靠在防护区上游筑坝建库而形成的多水库防洪工程系统。也是当前流域防洪系统的重要组成部分。用水库拦洪蓄水，一可削减下游洪峰洪量，使其免受洪水威胁；二可蓄洪补枯，提高水资源综合利用水平，是将防洪和兴利相结合的有效工程措施。

（3）滞洪减流。它包括采用预先开辟的分（蓄）洪区，从主河道分出部分洪量、以减轻防护区的洪水威胁。分洪区设有一定工程设施。如建有分洪闸和泄洪闸等，它将起到一定的蓄洪和滞洪的作用。

2. 防洪非工程措施

（1）蓄滞洪（行洪）区的土地合理利用。根据自然地理条件，对蓄滞洪（行洪）区土地、生产、产业结构、人民生活居住条件进行全面规划，合理布局不仅可以直接减轻当地的洪灾损失，而且可取得行洪通畅，减缓下游洪水灾害之利。

（2）建立洪水预报和报警系统。在重要的江河上设立预报和报警系统，根据预报可在洪水来临前疏散人口、财物，做好抗洪抢险准备，以避免或减少洪灾损失。

（3）洪水保险。它不能减少洪水泛滥而造成的洪灾损失，但可将可能的大洪水损失转化为平时交纳保险金，从而减缓因洪灾引起的经济波动和社会不安等现象。

(4) 抗洪抢险。它也是为了减轻洪泛区灾害损失的一种防洪措施。其中包括洪水来临前采取的紧急措施，洪水期中的险工抢修和堤防监护，洪水后的清理和救灾工作。这项措施要与预报、报警和抢险材料的准备工作等联系在一起。

(5) 修建村台、躲水楼、安全台等设施。在低洼的居民区作为居民临时躲水的安全场所，从而保证人身安全和减少财物损失。

(6) 水土保持。在河流流域内，开展水土保持工作，增加浅层土壤的蓄水能力，可延缓地面径流，减轻水土流失，削减河道洪峰洪量和含沙量。这种措施减缓中等雨洪型洪水的作用非常显著，对于高强度的暴雨洪水，虽作用减弱，但仍有减缓洪峰过分集中之效。

3. 河流整治

根据河流的形态和演变特点，常将河流分为顺直、弯曲、分汊和游荡等四种河型。

河道整治是一项系统工程，大力开展水土保持工作是河流上游治理的最根本措施，同时对下游河道的演变起着重要的影响。对于河道本身的整治，要按照河道的演变规律，因势利导，调整稳定河道主流位置，改善水流条件，以适应防洪、给排水、航运等需要。

(1) 河道整治的基本原则。

1) 统筹兼顾、综合治理；分清主次，各种整治措施配套使用，以形成完整的整治体系。

2) 因势利导，重点整治。河道处在不断演变过程中，要抓住其有利时机；同时要有计划、有重点地布设工程。

3) 对工程结构和建筑材料，因地制宜，就地取材，以节省投资。

(2) 河道整治的直接措施。

1) 控制和调整河势，如修建丁坝、顺坝、护岸、锁坝、潜坝、鱼嘴等，加固凹岸，固定河道。

2) 实施河道裁弯取直，以改善过分弯曲的河道。

3) 实施河道展宽工程，以疏通堤距过窄或卡口河段。

4) 实施河道疏浚工程，可采用爆破、开挖的方法完成。

4. 护岸工程

(1) 块石护岸。块石护岸是普遍采用的一种护岸结构形式。块石护岸一般由抛石护脚及上部护坡两部分组成。护坡有抛石、浆砌石、干砌石等形式，护坡的坡度范围为1：(0.3～1.3)；护脚的坡度为1：(1.2～3)。

(2) 石笼沉排护岸。用细钢筋、铅丝、树枝条等做成六面体或圆柱体的笼子，内装块石、砾石或卵石，然后堆筑形成护岸。此方法具有体积大、抗冲力强等优点。

(3) 柔性钢筋混凝土护岸。可采用格栅或沉排等结构型式。

(4) 沥青及沥青混凝土护岸。可以现场浇制，也可以采用装配式。

(5) 软体沉排护岸。采用土工布、聚丙乙烯编织布或其他韧性高且透水的编织物，制成充沙管、袋，其中填充碎石、沙土等物，分条、块沿岸向下铺设至河底再铰合成整体的一种护岸方法，可有效保护堤岸，治理塌岸坍塌。此种方法是近年来常用的河道治理护岸和改善河流形式的方式，具有取材容易、施工方便、造价经济的特点。

5. 堤防工程

利用河堤、湖堤防御河、湖的洪水泛滥，是最古老和最常用的防洪措施。

防洪堤一般为土质挡水建筑物，其断面设计与土坝基本相同。堤顶宽度主要取决于防汛要求与维修需要。我国的堤顶一般较宽，如黄河大堤为7～10m，淮北大堤为6～8m，长江荆江大堤为7.5m，险工段为10m。

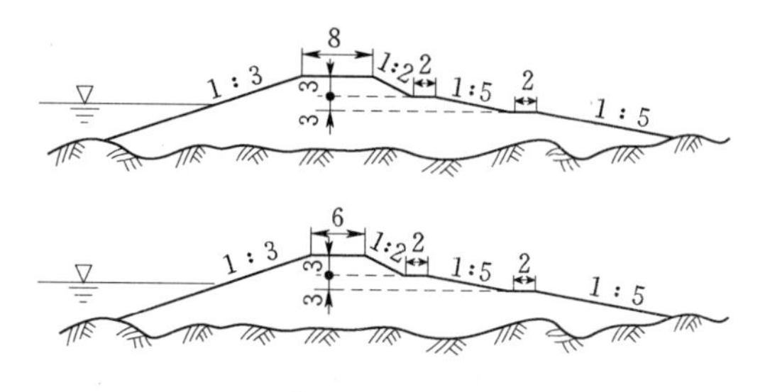

图4.13 淮河大堤剖面图（单位：m）

堤的边坡视筑坝土质、水位涨落强度和持续时间、风浪情况等确定。与土坝不同，一般大堤迎水坡较背水坡陡。如淮河大堤迎水坡为1∶3，背水坡第一马道以下为1∶5（图4.13），黄河大堤迎水坡为1∶3，背水坡下为1∶4。

6. 蓄洪分洪工程

堤防防御洪水的能力是有一定限度的。如果洪水超过堤防的防洪标准，可采用分洪或滞洪措施，将主河道的流量和水位降低到该河段安全泄量和安全水位以下。

分洪是把超过原河安全泄量的部分洪峰流量分流入海或其他河流。也可以利用河流中下游河槽本身滩地或沿海低洼地区短期停蓄洪水，削减洪峰流量，称为滞洪。

当洪水过大时，还可将一部分洪水引入流域内的湖泊、洼地或临时滞洪区。待河道洪峰后，再将蓄滞的洪水放回原河道。我国著名的分洪区有荆江分洪区、黄河东平湖滞洪区等。

4.2 国内部分重要水利工程介绍

4.2.1 南水北调工程

我国是一个严重缺水的国家。在全国范围内，南方的水相对多于北方，但南方的人口和土地并不比北方多。因此，为解决北方缺水的一个重要途径便是南水北调。南水北调是一项艰巨而浩大的工程，国家对南水北调已做了许多勘察、规划、研究、论证等工作，部分进入了实施阶段。南水北调工程分为东线、中线和西线三条线路。

（1）南水北调东线工程。利用江苏省已有的江水北调工程，逐步扩大调水规模并延长输水线路。东线工程从长江下游扬州抽引长江水，利用京杭大运河及与其平行的河道逐级提水北送，并连接起调蓄作用的洪泽湖、骆马湖、南四湖、东平湖。出东平湖后分两路输水：一路向北，在位山附近经隧洞穿过黄河；另一路向东，通过胶东地区输水干线经济南输水到烟台、威海。东线工程开工最早，并且有现成输水道。东线工程建设的主要目的是缓解苏、皖、鲁、冀、津等五个省、直辖市水资源短缺的状况。经多年建设，南水北调东线一期主体工程已完工，并于2013年12月正式通水。2015年年初，东干渠将进行静水压通水试验。冲水试验完成后，还需要南干渠、密云水库、官厅水库等地表水以及地下水的联合调度，届时方能全线通水。

（2）南水北调中线工程。中线工程考虑从汉水丹江口水库（一期、二期工程）及长江

三峡地区引水（三期工程），经由湖北、河南、河北，直到北京市。中线工程和东线工程解决黄淮海平原的缺水问题，耕地面积约1亿多亩。2014年12月12日下午，长1432km、历时11年建设的南水北调中线正式通水，长江水正式进京。通水后，每年可向北方输送95亿m^3的水量，相当于1/6条黄河，基本缓解北方严重缺水局面。

(3) 南水北调西线工程。西线工程设想（自流引水）方案，在通天河的联叶修建400m的高坝，经穿山隧道将水引入雅砻江上游，并在雅砻江的仁青岭修建300m的高坝，再经穿山隧道将水引入黄河上游的章安河，其后沿黄河下放，全线长约650km，其中隧道长约210km（可见工程的艰巨性）。这三条河上游每年调入黄河的总水量约200亿m^3，可解决黄河上、中游的干旱缺水，对进一步开发大西北地区，其重要意义不可估量该线工程地处青藏高原，海拔高，地质的构造复杂，地震烈度大，且要修建200m左右的高坝和长达100km以上的隧洞，工程技术复杂，耗资巨大，现仍处于可行性研究的过程中。南水北调的水线路示意图如图4.14所示。

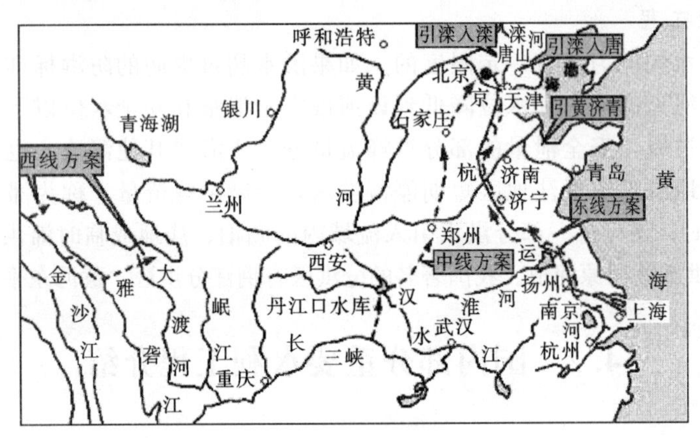

图4.14 南水北调的水线路示意图

4.2.2 葛洲坝水利枢纽工程

该工程于1986年建成。位于长江中游宜昌段，主要作用为通航、发电、防洪。电站装机容量为271.5万kW，水库库容15.8亿m^3，整个工程混凝土用量为983万m^3（图4.15）。

图4.15 葛洲坝水利枢纽工程鸟瞰

4.2.3　龙羊峡水电站

龙羊峡水电站位于黄河上游的青海省中部的共和县，龙羊峡大坝为混凝土重力拱坝，坝高178m，坝长1140m，库容量为247亿m^3，总装机容量为128万kW，单机容量32万kW，年发电量为60亿kW·h。

龙羊峡水电站是以发电为主，兼有防洪、灌溉、防汛、渔业、旅游等综合功能的大型水利枢纽，由主坝、左、右岸重力墩和副坝、泄水建筑物及电站厂房等组成。该工程于1976年2月开工，到1992年全部竣工（图4.16）。

图4.16　龙羊峡水电站下游全景

4.2.4　二滩水电站

该工程位于四川省攀枝花市附近雅砻江上。坝高超过240m，混凝土双曲拱坝，库容超过30多亿m^3，装机容量为6×55万kW=330万kW。年发电量170亿kW·h，占川渝电网总供电量的四分之一。此工程在世界银行贷款9.3亿美元，汇集了40多个国家和地区的水电建设者，已于2002年竣工（图4.17）。

图4.17　二滩水电站全景

4.2.5　紫坪铺水利工程

该工程位于四川省都江堰市城西北9km处，岷江上游，库容11.12亿m^3，为多年调节水库，以灌溉、供水为主，兼发电、防洪、环保和旅游等综合效益的水利工程。大坝为面板坝，最大坝高156m，电站装机容量76万kW（4×19万kW）。于2006年5月竣工，总投资62.36亿元（图4.18）。

图4.18　紫坪铺水库上游大坝全景

4.2.6　长江三峡水利枢纽工程

该工程位于长江西陵峡的三斗坪，下游距葛洲坝工程38km，是一座具有防洪、发电、航运、养殖、供水等巨大综合利用价值的特大型水利工程。该工程由拦江大坝、水电站和通航建筑物三部分组分，总投资954.6亿元，安装32台单机容量为70万kW的水电机组，装机容量达到2240万kW，为全世界最大的水力发电站和清洁能源生产基地。三峡大坝为混凝土重力坝，大坝长2335m，底部宽115m，顶部宽40m，高程185m，正常蓄水位175m。大坝坝体可抵御万年一遇的特大洪水，最大下泄流量可达每秒10万m^3。整个工程的土石方挖填量约1.34亿m^3，混凝土浇筑量约2800万m^3，耗用钢材59.3万t。库容393亿m^3，其中防洪库容221.5亿m^3。

图4.19　三峡水利工程鸟瞰图

4.2.7　都江堰水利工程

都江堰水利工程位于四川省都江堰市西侧的岷江上，始建于公元前256年，是战国时

期秦国蜀郡太守李冰率众修建的一座大型水利工程。是全世界至今为止，年代最久（2265年）唯一留存，以无坝引水为特征的宏大水利工程。

这项工程主要有鱼嘴分水堤、飞沙堰溢洪道、宝瓶口进水口三大部分和百丈堤、人字堤等附属工程构成，科学地解决了江水自动分流、自动排沙、控制进水流量等问题，消除了水患，使川西平原成为“水旱从人”的“天府之国”。1998年灌溉面积仍达到66.87万hm^2。

图4.20 都江堰水利工程全景

都江堰的创建，以不破坏自然资源，充分利用自然资源为人类服务为前提，变害为利，使人、地、水三者高度协调统一，都江堰以其“历史跨度大、工程规模大、科技含量大、社会经济效益大”为特点，而享誉中外，不愧为世界最佳水资源利用的典范（图4.20）。

4.2.8 响洪甸水电站

响洪甸水库位于安徽省六安市，是淮河支流西淠河上的一座大型水库，是新中国治理淮河水患的枢纽工程之一，它以防洪灌溉为主、结合发电、城市供水、航运、水产养殖等综合利用的大型水利水电工程。

该工程由水库大坝、泄洪隧洞、引水隧洞、发电厂四部分组成。水库大坝是我国自行设计和施工的第一座混凝土重力拱坝，1956年开工，1958年建成，最大坝高87.5m，坝顶弧长367.5m，发电厂为坝后地面式电站，总装机容量4万kW，水库总库容26.32亿m^3（图4.21）。

图4.21 响洪甸水电站下游全景

4.2.9 临淮岗洪水控制工程

临淮岗洪水控制工程位于淮河干流中游，主体工程由主坝、南北副坝、引河、船闸、进洪闸、泄洪闸等建筑物组成，整项工程涉及河南、安徽两省，主体工程跨安徽霍邱、颍上、阜南三县，是治淮骨干工程之一，也是淮河防洪体系中具有关键性控制作用的枢纽工程，被称为“淮河上的三峡工程”。具有防洪、除涝、灌溉、航运等功能。

临淮岗工程总投资22.67亿元，2001年动工，于2006年建成，它将淮河干流的防洪标准由过去的不足50年提高到100年。主体工程包括：78km主、副坝填筑，加固49孔浅孔闸，新建12孔深孔闸等，滞洪库容达88亿m^3（图4.22）。

图4.22 临淮岗洪水控制工程进水闸全景

项目5　隧道与地下工程

【学习目标】 通过本项目的学习，了解隧道及地下工程基本概念，了解隧道与地下工程勘察设计的特点，了解隧道及地下工程施工的施工方法及技术要点。

5.1　隧道及地下工程基本概念

隧道是以某种用途、在地面下用任何方法按规定形状和尺寸修筑的断面积大于 $2m^2$ 的洞室，是一种修建在地下、两端有出入口，供车辆、行人、水流及管线等通过的工程建筑物，如图5.1所示。隧道及地下工程的泛指有两方面含义：一方面是指从事研究和建造各种隧道及地下工程的规划、勘测、设计、施工与养护的一门应用科学和工程技术；另一方面是指在岩体或涂层中修建的通道和各种类型的地下建筑物。隧道的结构包括主体建筑物和附属设备两部分。主体建筑物由洞身和洞门组成，附属设备包括避车洞和防排水设施，长大隧道还有专门的通风和照明设备。

地下工程（图5.2）包括市政管线工程、地下仓储工程、地下商场、地下车库、城市地下空间综合开发利用等地下建筑物以及大中型平战结合工程。随着现代化城市高密度化，生活水准的高标准化，各种供给设施（如电信、电气、煤气、上下水等）的需求量将会急剧增加，需要改造和增设的供管线越来越多，解决这一问题的最好对策乃是进行统一规划与管理的城市地下共同沟。1994年上海浦东建成了我国第一条规模较大的张扬路共同沟。由于地下工程有恒温恒湿、受地面干扰小、防灾抗灾能力强等的特点，我国修建了许多地下储库，如地下粮库、油库、金库等。随着我国经济和科技的发展，地下工程的应用领域和应用深度将不断拓展。

图5.1　隧道

图5.2　地下工程

5.1.1　地下工程的分类及作用

地下工程包括的类型很多，从不同的角度区分，可得到不同的分类方法。最合理的地下工程分类必须与其周围岩体应有的稳定性、安全程度联系起来，同时取决于地下工程的用途。

1. 按照使用目的分类

根据使用目的，地下设施主要有以下8类：

(1) 居住设施。指各种地下或半地下住宅，我国窑洞及北美等地的覆土式房屋就是典型的地下住宅。地下住宅有着显著的节能和改善微气候的功能。

(2) 公共设施。城市的发展需要开发地下空间，形成商业街、停车场、下沉式广场、地下过街人行道等。

(3) 功能设施。为改善城市功能的各项设施，包括埋在地下的各类管线、变电站、水厂、污水处理系统、地下垃圾处理系统、管沟等。

(4) 生产设施。在城市人口密集区，将有噪声污染、振动污染的工业厂房、变电站等迁至地下，改善城市环境、提高市民生活质量。

(5) 交通设施。指运送物资或人员的各种地下铁路、公路、管线等。交通功能是大多数城市开发利用地下空间的主要目的。

(6) 储藏设施。地下空间是有恒温性及防盗性好、鼠害轻等优点，因此节能、安全、低成本的地下仓库广泛应用于储存食品、水资源、石油、城市垃圾等。

(7) 防灾、人防设施。地下空间对各种自然、人为灾害具有较强的综合防灾能力。

(8) 军事设施。指各种永久的和野战的军事、屯兵和作战坑道、指挥所、通信枢纽部、掩蔽所、军用油库、军用物资仓库、导弹发射井等。

2. 按照材料分类

按周围环境的材料不同，分为岩石地层中的地下工程和土质地层中的地下工程两大类。岩石地层中地下工程包括人工洞室、改造利用的天然溶洞和废弃坑井，土质地层中的地下工程包括明挖法施工的浅埋式和在深层土体中用暗挖法施工的洞埋式通道和洞室。

3. 按照建造方式分类

按照建造方式不同，地下工程又可分为单建式与附建式两类。单建式指独立建造的地下工程，地面上没有其他建筑物；附建式一般指各种建筑物的地下室部分。

4. 按照工程规模分类

按工程规模大小，地下工程又可分为小型地下工程和大型地下工程，小型地下工程指一般性建筑物地下室，大型地下工程指空间开阔的大型地下车库、地铁车站、地下工业厂房等以及影响范围广、涉及面广的各种地下隧道。

5. 发展地下工程的意义

(1) 为人类的生存开拓了广阔的空间。城市依靠向边缘地区扩展，会受到有限的土地资源的制约和现行体制的限制。向高空发展，建高层、超高层建筑，修高架路和立交桥，又会加大城市空间密度。虽然地表电网密布，高楼林立，立交桥一里一个，但城市交通阻塞和人口拥挤问题却不能彻底解决。因此，城市发展最明智的选择是开发利用地下空间。

(2) 地下空间具有恒温性、恒湿性、隔热性、遮光性、气密性、隐蔽性、空间性、安全性等优点。一般地震时，地下建筑随着地面一起摆动，稳定性比较强。

(3) 社会、经济、环境等多方面的综合效益良好。地下项目的开发利用，为地面留出

了更多的绿地和广场等休闲场所，保证了城市各部分之间联系的方便快捷，在提高城市居民生活质量、提升城市品位档次的同时，也扩大了服务业的规模，增加了就业渠道，促进城市经济的快速、健康发展。

（4）节省城市占地、节约能源、克服地面各种障碍改善城市交通、减少城市污染、扩大城市空间容量、节省时间、提高工作效率和提高城市生活质量。城市的发展使得空间和交通变得越来越拥挤，人们不得不将休息时间消耗在去工作的路上。伴随着城市地下空间的开发利用，也带来了商业化的发展，各种地下的商业和娱乐业相继发展直接扩大了服务业的规模，促进了城市经济发展。

5.1.2　隧道工程的分类

5.1.2.1　按照用途分类

按照用途分类，可将隧道分为交通隧道、水工隧道、市政隧道和矿山隧道。

1. 交通隧道

交通隧道是应用最为广泛的一种隧道。其作用是提供交通运输和人性的通道，以满足线路畅通的要求。一般包括以下几种：

（1）铁路隧道。铁路隧道（图5.3）是修建在地下或水下并铺设铁路供机车车辆通行的建筑物。修建铁路隧道可大幅度缩短线路长度，降低线路标高，改善通过不良地质地段的条件，降低铁路造价等。根据其所在位置可分为三大类：第一类，为缩短距离和避免大坡道而从山岭或丘陵下穿越的称为山岭隧道。第二类，为穿越河流或海峡而从河下或海底通过的称为水下隧道。第三类，为适应铁路通过大城市的需要而在城市地下穿越的称为城市隧道。三类隧道中，修建最多的是山岭隧道。

（2）公路隧道。随着社会生产的发展，高速公路的出现，要求线路顺直、平缓、路面宽敞，于是在穿越山区时，也常采用隧道方案。此外，在城市附近，为避免平面交叉，利于高速行车，也常采用隧道方式通过。

图5.3　铁路隧道

（3）水底隧道。当交通线横跨河道时，采用水底隧道，既不影响河道通航，也避免了风暴天气轮渡中断的情况，而且在战时不致暴露交通设施的目标，防护层厚，是国防上的较好选择。为横跨黄浦江，上海已修建了全长2793m的水底隧道，广州地铁穿越珠江、武汉地铁穿越长江都修建了水底隧道（图5.4）。

（4）地下铁道。地下铁道（图5.5）是解决大城市交通拥挤、车辆堵塞等问题，且能大量快速运送乘客的一种城市交通设施。它可以使很大一部分地面客流转入地下，可以高速行车，且可缩短车次间隔时间，节省了乘车时间，便利了乘客的活动。在战时，还可以起到人防的功能。

图 5.4 武汉长江隧道

图 5.5 地下铁道

(5) 航运隧道。当运河需要越过分水岭时，克服高程障碍成为十分困难的问题，一般需要绕行很长的距离。如果修建航运隧道，把分水岭两边的河道沟通起来，既可以缩短航程，又可以省掉船闸的费用，迅速而顺直地驶过，航运条件就大为改善了。

(6) 人行地道。城市闹市区行人众多，而且与车辆混行，偶有不慎便会发生交通事故。为了提高交通运送能力及减少交通事故，除架设街心高架桥外，也可以修建人行地道和地下立交车道。

2. 水工隧道

水工隧道是水利工程和水利工程和水电发电枢纽的一个重要组成部分，可用于灌溉、发电、供水、泄水、输水、施工导流和通航。

(1) 引水隧洞。引水隧洞是引水式水电站引水建筑物的一部分，它将河段上游水流引到发电厂房附近，再用压力管道引水入水轮发电机组发电。引水隧道作为引水的建筑工程，一般要求内壁承压，有有压隧道和无压隧道之分。引水以供发电、灌溉或工业和生活之用。

(2) 导流、泄洪隧洞。导流隧洞指在施工基坑的上下游修筑围堰挡水，使河水通过岸边导流隧洞导向下游的施工导流。泄洪隧洞在兴建水利工程时用以运行时泄洪。

(3) 尾水隧洞。尾水隧洞是将发电尾水从尾水管或下游调压室的出口排至下游河道的隧洞。排走水电站发电后的尾水。

(4) 排沙隧洞。排沙隧洞用于排冲水库淤积的泥沙或放空库水以备防空或检修水工建筑物。能够有效的延长水库使用年限，有利于水电站的正常运行。

3. 市政隧道

市政隧道是修建在城市地下，用作敷设各种市政设施地下管线的隧道。由于在城市中进一步发展工业和提高居民文化生活条件的需要，供市政设施用的地下管线越来越多，如自来水、污水、暖气、热水、煤气、通信、供电管线等。管线系统的发展，需要大量建造市政隧道，以便从根本上解决各种市政设施的地下管线系统的经营水平问题。在布置地下的通道、管线、电缆时，应有严格的次序和系统，以免在进行检修和重建时要开挖街道和广场。

市政隧道按其本身的用途分为排水隧道、供水隧道煤气隧道、暖气热水管线隧道、电线和电缆隧道和混合隧道。

4. 矿山隧道

在矿山开采中，为了能从山体以外通向矿床和将开采到的矿石运输出来，可修筑矿山隧道。矿山隧道主要是为采矿服务，主要有运输巷道、给水隧道和通风隧道三种。运输巷道多用于临时支撑，仅供作业人员开采使用。给水隧道的作用是送入为采掘机械使用的清洁水，并将废水及积水通过泵抽排出洞外。为净化巷道内空气，创造良好的安全的工作环境，必须设置通风隧道。

5.1.2.2　按开挖隧道断面面积的等级分类

按照开挖隧道断面面积的等级，隧道分为特大断面隧道、大断面隧道、中等断面隧道、小断面隧道和极小断面隧道五种，见表5.1。

表5.1　　隧道断面面积的等级分类

分类	特大断面隧道	大断面隧道	中等断面隧道	小断面隧道	极小断面隧道
断面面积 S/m^2	$S>100$	$100\geqslant S>50$	$50\geqslant S>10$	$10\geqslant S>3$	$S\leqslant 3$

5.1.2.3　按长度分类

1. 铁路隧道

铁路隧道可根据长度分为特长隧道、长隧道、中隧道和短隧道4类（表5.2）。

表5.2　　铁路隧道分类

分类	特长隧道	长隧道	中隧道	短隧道
长度 L/m	$L>10000$	$10000\geqslant L>3000$	$3000\geqslant L>500$	$L\leqslant 500$

2. 公路隧道

公路隧道根据长度可分为4类，特长隧道、长隧道、中隧道和短隧道（表5.3）。

表5.3　　公路隧道分类

分类	特长隧道	长隧道	中隧道	短隧道
长度 L/m	$L>3000$	$3000\geqslant L>1000$	$1000\geqslant L>500$	$L\leqslant 500$

5.1.2.4　隧道工程的特点

（1）由于隧道是地下建筑物，受地质和水文地质条件的制约，因而，施工环境差、难度大、技术复杂、要求高。隧道开挖时的坑道在未衬砌前，通常须加支撑以受地层压力。同时地层不得暴露过久，必须及时衬砌，以免地层压力增大发生坍塌事故。

（2）隧道施工是一种多工序、多工种联合的地下作业，工作面狭窄，而且地层愈差，所采用的坑道愈小，工作面能容纳的人数不多，出渣、进料运输量多，施工干扰大，为加快施工进度，需以横洞、斜井、平行导坑增加工作面，施工复杂而艰巨。因而施工进度受到限制，必须全面规划，科学地组织施工。

（3）隧道工程大部分地处深山峻岭之中，场地狭小，要使用多种机械设备，需要相当数量的洞外设施来保证洞内施工，而洞外往往受地形限制，场地布置比较困难。

（4）隧道内工作条件差，空气不足，光线不好，有时还有地下水和有害气体，如发生坍塌、涌水、瓦斯等诸多不安全因素，因此，要制定出切实可行的安全技术组织措施。

(5) 由于地质、水文地质以及围岩压力复杂多变，施工过程中往往需要改变施工方法；隧道工程的工作是循环性的，常常是几个工序组成一个循环，重复各个循环，使隧道工程向前进展。所以，也要求隧道施工必须不间断地连续进行。

5.1.3 隧道及地下工程的发展历程

随着我国经济的持续发展综合国力不断增强，世界发达国家已有的隧道和地下工程施工技术大部分已被我国开发利用，并在工程实践中结合中国的国情得到不断的改进和发展，我国隧道发展前景广阔。隧道的发展也是我国国民经济发展、国家西部大开发战略、开边通海战略的迫切需要，交通设施越来越成为一个地区经济发展的根源所在，我国高速公路干线网的不断完善。我国需要巨大的隧道工程来支撑西部山地区不断延伸、海南岛与陆地的跨海延伸，以及辽东半岛与胶东半岛之间的跨海连接、崇明岛与上海之间等长江沿线的地下连接。随着西部的开发，我国铁路隧道、公路隧道的单体长度及数量记录不断被刷新。如 1999 年竣工的秦岭铁路隧道长度已达 18.46km，2000 年 5 月竣工的重庆铁山坪公路隧道长度为 4.5km。在跨海、跨江隧道方面，目前我国国内已对琼州海峡隧道完成了可行性研究，不少有识人士也已提出了跨越渤海湾联接辽东与胶州半岛的南桥北隧固定联络隧道，跨越长江入海口连接上海—崇明—启东的江底隧道、京沪、京广高速铁路跨越长江的沉管隧道，甚至提出了兴建台湾海峡隧道的设想。

随着城市的发展，我国土地资源紧张。各种用途的地下工程大力发展，能够在一定程度上缓解土地资源经济发展。1986—1996 年 10 年间，全国 31 个特大城市城区实际占地规模扩大了 50.2%，近二十年的城市发展更是提高到了一个新的速度。城市不能无限制的蔓延扩张，必须充分利用城市地下资源，所以建设各类地下工程是城市经济高速发展的客观需要。另外，设计与施工技术的发展也为其提供了充分的技术保障。目前，我国沿海地区人均国民生产总值已达到发达国家地下空间开发、地下工程建设达到高潮时的标准。所以，我国地下工程的建设，特别是东部经济发达地区和大中城市，必将迎来地下工程建设的高潮。

5.1.3.1 我国著名的铁路隧道

中国是多山的国家，且地质状况十分复杂，经过山区的铁路分布着众多隧道。从 1887 年台湾省建成第一座铁路隧道起，到目前为止，我国已成为世界上隧道和地下工程最多、最复杂、发展最快的国家。

1. 狮球岭隧道

狮球岭隧道是中国最早建成的铁路隧道，位于台湾省基隆经台北至新竹窄轨铁路的基隆与七堵之间，全长 261m。这座隧道通过页岩、砂岩及黏土地层，最大埋深 61m。在地层压力较大处，拱部用砖做衬砌，边墙用石料做衬砌；在岩层较好处，则用木料做衬砌。隧道于 1887 年从南北两端同时开工，由外国工程师定出线路方向及中心桩的开挖高度，由清朝政府的军队负责施工。筑路官兵用粗笨工具开挖，克服了大塌方等不少困难，终于在 1890 年建成。

2. 八达岭隧道

八达岭隧道（图 5.6）是中国自行设计和施工的第一座越岭隧道，位于（北）京包（头）铁路青龙桥车站附近。这座单线隧道全长 1091m，由我国杰出的工程师詹天佑亲自规划督造，1907 年开工，在中国技术人员和工人的努力下，仅用 18 个月，于 1908 年竣工。隧道穿过的岩层主要是较坚硬的片麻岩，另外还有部分角闪岩、页岩和砂岩等，风化呈破碎和泥质状态。为增加工作面，在隧道中部开凿了一座深约 25m 的竖井，井上建有通风楼，供行车时排烟和通风用。隧道衬砌的拱圈采用预制混凝八达岭隧道土砖砌筑，边墙用混凝土就地灌注，隧道底部用厚约 100mm 的石灰三合土铺筑。

图 5.6 八达岭隧道

3. 凉风垭隧道

凉风垭隧道（图 5.7）是中国铁路第一座采用平行导坑施工的隧道，位于（四）川黔（贵州）铁路干线上黔北桐梓县境内，直穿娄山山脉，全长 4270m。隧道穿过的地层主要是石灰岩，地质复杂，岩层破碎，节理发育，开挖中遇到大小断层十几次，还有丰富的地下水。施工时在距线路西侧 20m 处同时开挖一个与隧道平行的导坑，作为施工辅助坑道，以增加工作面，加速施工进度，并起到地质勘探作用，还妥善地解决了施工中的通风、排水和运输等问题，使工序干扰大为减少。施工通风是利用平行导坑作为风道，采用巷道式通风，由于断面大，因此阻力小、通风效果良好。凉风垭隧道建成后，贵（阳）昆（明）、成（都）昆（明）等条铁路上的长隧道，相继采用平行导坑施工，且其布置与各项施工技术条件也多参照凉风垭隧道的经验选定。从这个意义上看，凉风垭隧道在我国隧道建设史上起到了开拓的作用。隧道于 1957 年 11 月开工，1960 年竣工。

4. 关角隧道

关角隧道是中国目前已开通运营的海拔最高的铁路隧道，位于青藏铁路西（宁）格（尔木）段的青海省天峻县内，全长 4000m。洞内轨面最高处海拔 3692m。由于地处高海拔地区，气候寒冷四季飘雪长冬无夏，隧道附近气候变化剧烈，一日之内经常是几度雨雪，施工及运营管理均很艰苦。隧道地质构造复杂，通过 11 个大断裂层，含有大量泥灰岩、高岭岩、蒙托石等膨胀性岩层，多次塌方。在隧道掘进中还遇到大量涌水，最大时涌水量达 10000m^3。这些特殊情况给施工带来很大困难，再加设计改为电力牵引，隧道净空需增高 0.55m，必须落底补加边墙基础，更增加了施工难度。关角隧道的施工前后历时 30 多年，除停工的 13 年外，正式开挖建设 5 年半，而整治病害耗时 9 年多，可见隧道地质构造之复杂、气候条件的恶劣和病害的严重。

5. 南岭隧道

南岭隧道（图 5.8）是以“难”著称的隧道，位于（北）京广（州）铁路衡（阳）广（州）复线郴州与坪石之间。隧道全长 6666.33m，双线电气化牵引。隧道在湖南省郴县邓家塘镇附近穿越南岭山脉的五盖山和骑田岭挟持地带。此地区属著名的南岭构造带，构造运动强烈，岩溶极为发育，地下水富集，地质条件十分复杂。建设者在在测绘的基础上，用地面和隧底钻探、物探和洞内超前钻探，结合熔岩发育规律，摸清岩溶的具体形态，为施工提供了可靠依据。隧道洞内岩溶突水涌泥量和地表塌陷规模之大及其对施工的危害强度，在国内外隧道建筑史上均属罕见。自1979年9月开工至1988年11月主体工程竣工，共发生大小突水涌泥24次，涌出稀泥和砂子近30000m³ 经历10年的艰苦奋斗，建设者们用智慧和汗水解开一道道技术课题，越过一座座难关险隘，“难”岭隧道不再难，终于为衡广复线电气化铁路打通了湘粤两省的大门。衡广复线工程1989年年底通过国家验收，正式交付使用。

图5.7 凉风垭隧道

图5.8 南岭隧道

图5.9 大瑶山隧道

6. 大瑶山隧道

大瑶山隧道（图5.9）是中国已通车的最长双线电气化铁路隧道，位于京广铁路广东省粤北瑶山山区的坪石至乐昌间，全长14295m。隧道埋深70～910m，双线铁路电力牵引断面，由于采用裁弯取直的长隧道设计方案，隧道建成后，比既有铁路坪石至乐昌间缩短约15km。开挖大瑶山隧道，推行了国外最先进的设计和施工的方法——“新奥法”。采用20世纪80年代国内外最先进的大型机械，实现了主要工序——钻爆、支护、装运三条机械化作业线。开挖使用的全液压钻孔台车是按照大瑶山隧道的设计断面，从国外引进的大型机械，在国内铁路隧道施工中第一次使用。隧道的两次支护都采用大型机械——喷射混凝土三联机和机械手，对开挖后的岩面及时喷射混凝土；由四臂全液压台车打眼，安装钢筋砂浆锚杆，做第一次支护。待围岩变形基本稳定后，在第一次支护面上粘贴聚氯乙烯防水层。然后用全断面轨行式钢模板台车，灌注第二次混凝土衬砌。隧道自1981年11月起正式开工，1987年建成通车。

7. 军都山隧道

军都山隧道是中国第一座重载铁路双线隧道，位于北京市延庆县东南，燕山北麓，大秦铁路延庆车站与铁炉村车站之间。全长8460m，仅次于米花岭隧道，是我国已运营的第三座长大铁路隧道。隧道地质构造较为复杂，进口端有670m黄土砂质黏土段，从拱顶到地表面的埋深厚度仅有12～23m，最薄地段只有3.6m；出口端有70m是洪积块石土堆积层，然后是长约500m的风化花岗岩，并有煌斑岩侵入，节理发育，有地下水；其余地段为岩浆岩，岩体较完整，但有四条影响较大的断层通过隧道。隧道最大埋深640m，开挖

后的岩体应力重新平衡，有小块岩石坠落。隧道每昼夜涌水量约为 $13200m^3$。由于隧道长、工期短、难度大，除进出口正洞工区外，确定选用“三斜一平”的施工方案，以增加施工面，达到长洞短做。当遇到复杂地质，计划用钎探、物探等手段，预测地质和水文地感情况，据以施工。军都山隧道 1985 年 1 月正式开工，1989 年通车。

8. 分水关隧道

分水关隧道（图 5.10）是横（峰）南（平）铁路穿越武夷山脉的长大越岭隧道，全长 7252m。隧道进出口既紧邻车站，又处于武夷山旅游区，洞门都进行了美化设计及坡面绿化，为旅游区提供一个可供参观的景点。

隧道穿过花岗岩地层的不同风化带，并与 6 条岩脉和 5 条大小不等的断层相交。进口端Ⅱ类围岩段穿过泥石流沟底，地下水较发育，对混凝土具有弱至中等溶出和弱酸性侵蚀，工程地质条件复杂。隧道设计长度 7252m，近期内燃牵引，远期电气化。隧道施工支护用喷锚技术，永久支护为混凝土整体式衬砌。洞内轨道为次重型，按预留重型设计，洞内铺设混凝土宽枕道床，设双侧水沟，双侧电缆槽。建筑材料为防水混凝土。运营通风风道设于进口端线路前进方向左侧，风道长度 46m。根据列车在洞内运行时速（上坡）22km，允许通风时间 8.85min 等要求，分别做了有帘幕洞口风道吹入式（列车出洞关帘幕吹风、车尾进洞关帘幕提前吹风）通风方案，无帘幕洞口风道吹入式（列车车尾出洞开风机吹风、列车进洞顺列车提前吹风）通风方案以及射流纵向式全射流纵向通风、全射流提前通风、射流加洞口风道式通风方案。该通风方案的技术可行性、独特性、先进性和经济安全以及两步到位、分期实施的措施合理。是对 7km 以上长隧道（不设帘幕）运营通风的新尝试和探索，在我国尚属首次，为今后 7km 以上铁路长大隧道运营通风提供了理论与实践经验。隧道 1993 年开工建设，1996 年建成。

9. 风火山隧道

风火山隧道（图 5.11）是世界海拔第一高的铁路隧道，位于青藏铁路青海境内青藏高原可可西里“无人区”边缘，全长 1338m，轨面海拔 4905m，是世界上海拔最高的隧道，也是青藏铁路重点控制工程。隧道所在区域地质复杂，主要为含土冰层、饱冰冻土、富冰冻土，还有裂隙冰、融冻泥岩等病害性地质。风火山高原冻土隧道设计和施工中，研制、使用了适应冻土隧道施工的低温早强混凝土，采用了防水、保温等新技术和新工艺，攻克了浅埋冻土隧道进洞、冰岩光爆等技术难关，掌握了高原冻土路基和隧道施工的有效办法，使之达到了国内外冻土隧道施工的领先水平。风火山隧道于 2001 年 10 月 18 日开工建设，2002 年 10 月 19 日胜利贯通，标志着青藏铁路建设攻坚战取得重要进展。

图 5.10 分水关隧道

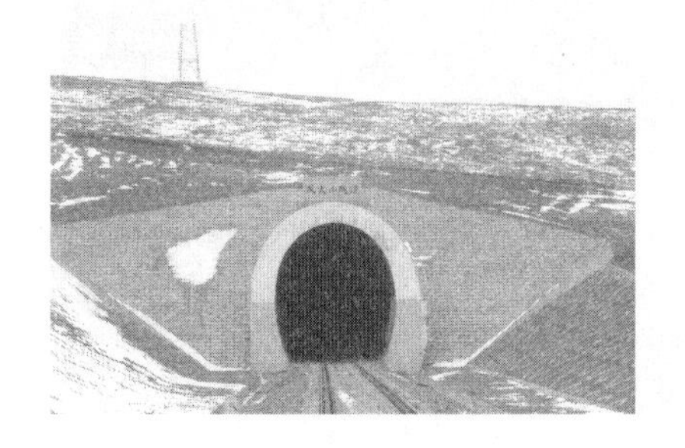

图 5.11 风火山隧道

5.1.3.2 我国著名的公路隧道

人类公路隧道的修建已有几百年的历史，建成的公路隧道不计其数。现代公路隧道的修建始于1927年美国纽约哈德逊河底的荷兰盾隧道。该隧道双洞单向交通，盾构法施工，并且首次采用机械全横向式强迫通风。其后，随着隧道施工技术新奥法、挪威法以及TBM等方法的确立，许多伴随有全横向式，或半横向式，或纵向式，或混合式通风方式，以及现代照明和监控技术的长大公路隧道相继建成。到2000年年底，长度超过3.0km以上的公路隧道已有近400座，最长的达24.5km。

随着道路等级标准的逐渐提高和隧道设计理论和施工技术的不断改进，公路隧道的修筑长度从上世纪初的二三公里已发展到现在的数十公里。比较著名的有日本的关越隧道、意大利的勃朗峰隧道、奥地利的阿尔贝铭隧道、瑞士的圣哥达隧道和挪威奥尔兰隧道等。国内公路隧道的修筑虽然才20多年，但发展很快。代表性的有七道梁隧道（1.56km）、梧桐山隧道（2.328km）、打浦路隧道（2.76km）、大溪岭隧道（4.10km）、二郎山隧道（4.16km）、秦岭终南山公路隧道（18.004km）。这些长大公路隧道的成功修建，除了道路等级标准要求的提高，人们宁绕勿穿观念的改变外，新的施工工艺，现代通风监控技术和许多成功的经验起着决定性的作用。

1. 秦岭终南山隧道

陕西秦岭终南山公路隧道（图5.12）位于我国西部大通道内蒙古阿荣旗至广西北海国道上西安至柞水段，在青岔至营盘间穿越秦岭，隧道进口位于陕西省长安县石砭峪乡青岔村，出口位于陕西省柞水县营盘镇小峪街村，全长18.4km，道路等级按高速公路，上下行双洞双车道设计。设计行车速度60～80km/h，隧道横断面高5m、宽10.5m，双车道各宽3.75m。秦岭终南山隧道重大工程是“十五”期间陕西交通三大标志性工程之一，被誉为“中国第一长隧”的秦岭隧道横穿秦岭山脉，断层、涌水、岩爆、瓦斯爆炸等灾害频发，其中列入铁道部科研攻关项目的就有6大类、24个。隧道使西安至柞水的公路里程缩短60km，行车时间缩短2.5h。

2. 麦积山隧道

麦积山隧道是一座上下行分离式四车道高速公路特长隧道，设计时速80km/h，全长12.29km，为亚洲第二长大隧道，是宝天高速公路主要控制性工程，过去被认为是甘肃东部最难突破的天堑。工程从2005年12月开工，经过全体参建员工近4年时间的艰苦鏖战，使这座国内独头掘进最长的高速公路隧道建成通车。麦积山隧道的建成通车，使宝鸡到天水由原来的5个多小时减少到1个半小时，如图5.13所示。

图5.12 秦岭终南山隧道

图5.13 麦积山隧道

3. 阳糯雪山隧道

成昆铁路所经地区地质条件恶劣，滑坡、泥石流等地质灾害时有发生，一旦发生灾害或事故线路将陷入瘫痪。为了彻底终结这一的问题，工程师们正在设计一条中国乃至世界最长的铁路隧道——阳糯雪山隧道，该隧道将取代既有线的沙木拉打隧道。阳糯雪山隧道修建目的就是绕开现有成昆线上的三大展线地段，使成昆线缩短 300km 路程。时速提高至 200km/h。目前确定的隧道长度为 54km，隧址位于四川越西—喜德冕宁。

5.1.3.3 著名的地下工程

20 世纪 80 年代国际隧道协会（ITA）提出“大力开发地下空间，开始人类新的穴居时代”的口号。顺应于时代的潮流，许多国家将地下开发作为一种国策。从某种意义上来讲，地下空间的利用历史是与人类文明史相呼应的，它可以分为四个时代。

1. 第一时代

从出现人类至公元前 3000 年的远古时期。人类原始穴居，天然洞窟成为人类防寒暑、避风雨、躲野兽的处所。北京周口店的北京猿人洞穴（图 5.14）是迄今所知世界上最早的与岩土工程有关的遗址。

2. 第二时代

从公元前 3000 年至 5 世纪的古代时期。埃及金字塔、古代巴比伦引水隧道，均为此时代的建筑典范。我国秦汉时期的陵墓（图 5.15）和地下粮仓（图 5.16），已具有相当技术水准和规模。我国的地下工程已有 5000 多年历史，敦煌、云岗、龙门（图 5.17）三大石窟群也是我国古代杰出的地下建筑工程。

图 5.14 北京猿人洞穴

图 5.15 秦汉时期的陵墓

图 5.16 地下粮仓

图 5.17 龙门石窟群

3. 第三时代

从 5 世纪至 14 世纪的中世纪时代。世界范围矿石开采技术出现，推进了地下工程的发展。从英国1860年修建、1863年运营的第一条地下铁道算起，至今也只有140多年的历史。由于战争频繁、城市人口增加、环境污染日益严重以及能源危机等因素的影响，地下建筑工程在一些国家得到迅速发展。

4. 第四时代

从15世纪开始的近代与现代。欧美产业革命，诺贝尔发明黄色炸药，成为开发地下空间的有力武器。日本明治时代，隧道及铁路技术开始引进并得到发展。我国自20世纪50年代初开始，修建了大量的防空地下建筑工程。这些工程可作为地下餐厅、商店、医院等。战争时期则可改建为人防指挥所和民房掩蔽所。我国现代地下空间的开发和利用始于60年代。1965年北京建设地下铁道，60年代上海修建了浦路水底公路隧道（图5.18），80年代，我国修建了大量地下人防工程，其中相当一部分目前已得到开发利用，改建为地下街、地下商场、地下停车场（图5.19）和储藏库。80年代上海建成延安东路水底公路隧道，全长2261m，采用直径11.3m的超大型网格水力机械盾构掘进机施工，建成了当时世界第三条盾构法施工的长大隧道。

图5.18　上海浦路水底公路隧道

图5.19　地下停车场

5.2　隧道与地下工程勘察设计的特点

隧道勘测的基本内容包括隧道工程调查、隧道线路确定以及隧道洞口位置选择。隧道工程调查的是隧道穿越地段的地质、地貌、环境生态等自然条件，它们与隧道工程有着密切的关系；通过多种方案的比选，确定隧道的平面、纵断面线形。隧道工程的勘测设计一般分为两阶段进行，初测阶段和定测阶段。对于长大隧道或地形、地质条件复杂的隧道，应采用两阶段勘测；对于地形及地质条件简单的中、短隧道可以考虑一阶段勘测。

5.2.1　隧道位置选择

在山区修建铁路或高等级公路时，隧道的比重往往是很大的，因此，选择合理的隧道位置不仅是选线的重要组成部分，同时也关系着施工难易、工期长短、造价大小、运营安全和运输效率。在选择隧道位置时根据社会条件、自然条件并通过进行全面的政治、经济、技术的综合比较来确定。在隧道位置选择时，首先应查清工程地质及水文地质情况，并根据不同地形特点，结合线路技术标准、通车期限、工程造价、施工及运营条件及节省

土地等因素来确定隧道位置。

5.2.1.1 越岭隧道位置的选择

通过山区的交通干线往往要翻越分水岭，从一个水系进入另一个水系，这段线路称之为越岭线，线路为穿越分水岭而修建的隧道称为越岭隧道。用于缩短线路，克服高程障碍。越岭隧道地段，一般山峦起伏，地形陡峻，工程地质和水文地质条件均较复杂，交通运输条件也比较困难，施工及弃渣场地狭窄，隧道施工往往控制全线或部分地段的工期。

选择越岭隧道的位置主要以选择垭口和确定隧道高程两大因素来决定。

平面位置的选择主要是对隧道穿越分水岭的不同高程的多个垭口的选择，选择时主要考虑垭口的地质条件、隧道长度、两侧展线的难易程度、线形和工程量的大小。比较考虑的主要因素有接近线路航空方向的低垭口、具有良好的展线条件的沟谷且不损失越岭高程者、两边沟谷相差不多且两边沟谷平面位置接近处、工程和水文地质条件良好、施工难易度和运营条件等。

越岭隧道立面位置的选择是指隧道越岭标高的选择。垭口不同，越岭标高，就会出现不同长度的隧道方案。隧道位置高，隧道长度短，施工工期短，但两端展线长，线路拔起高度大，通过能力小，运营条件差；隧道位置低，则与前者相反，但施工难度增加。宜采用低位置方案，但必须进行多种因素综合比选。

5.2.1.2 傍山（河谷）隧道位置的选择

山区铁路（或公路）除越岭地段以外，线路大多是沿河傍山而行，在地势陡峻的峡谷地段，常需修建的隧道即为傍山隧道，也有称之为河谷线隧道。

1. 傍山隧道的特点

依山傍水修建时，施工中容易破坏山体平衡，造成各种病害；因是在山体表层范围内修建隧道，常常遇到崩塌、滑坡、错落、松散堆积及泥石流等不良地质现象，地质情况较为复杂；一般埋深较浅，属浅埋隧道和短隧道群，洞身覆盖薄、易产生不对称的偏压情况；河道狭窄，水流湍急冲刷力强，对山坡稳定和隧道安全威胁较大。

2. 傍山隧道的位置选择要点

（1）保证最小覆盖层厚。傍山隧道在浅埋地段，要注意洞身覆盖厚度问题。为保持山体稳定和避免冲刷偏压，隧道位置宜往山体内侧靠。

（2）尽量内靠。河岸存在中冲刷现象或河道窄、水流急，冲刷力强的地段，要考虑河岸受冲刷对山体和洞身稳定的影响，隧道位置宜往山体内侧靠一些，有可能时，最好设在稳定的岩层中。

（3）注意周围既有建筑对隧道稳定的影响。傍山隧道位置应考虑施工便道设置和既有公路的位置，应注意既有公路边坡可能坍塌和便道施工对洞身稳定的影响。

（4）尽可能“裁弯取直”。线路沿山嘴绕行应与直穿山嘴的隧道方案进行比较。如山嘴地段地形陡峻、地质复杂，河岸冲刷严重，以路堑或短隧道通过难以长期保证运营安全时，应尽可能用“裁弯取直”，以较长隧道方案通过。

5.2.1.3 不良地质地段隧道位置的选择

大量工程实践表明：不论是河谷线还是越岭线，在具体选定隧道位置时都必须详细研究地质条件的影响，力求使隧道在较好的地质条件下通过，尽量减少不良地质条件的影响是极为重要的。常见的不良地质条件主要有滑坡，崩坍，松散堆积，泥石流，岩溶及含盐，含煤地层，地下水发育等地质现象。

1. 滑坡地区

山体可能沿某软弱面滑动；层状倾斜岩层沿某个软弱面滑动。

2. 崩塌地区

悬崖陡壁地区，日久风化，产生张开节理和裂隙，不要把隧道置于地表不厚的傍山位置。

3. 岩堆地区

岩石经风化作用，分解和剥离成为大小不一的块体，从山坡上方滚下，或冲刷夹持而堆积在山坡坡脚处，形成松散堆积体。隧道通过这类地区，开挖时极易发生坍方，给施工带来困难。这时宜把隧道位置放在岩堆以下的稳定岩体之中。

4. 泥石流

应避免把隧道放在冲积扇范围以内，以免堵塞隧道洞口，或建明洞，使泥石流在明洞顶通过。

5. 溶洞地区

尽量避免或要有足够的安全距离。

6. 瓦斯地区

隧道在通过煤层时会遇到甲烷（CH_4）、二氧化碳（CO_2）等有害气体，容易引起火灾和爆炸，最好避开，不得已时作好通风。

5.2.1.4 隧道洞口位置的选定

隧道洞口位置的选定是隧道勘测设计的重要环节之一。洞口位置选择好坏，将直接影响隧道施工、造价工期和运营安全。选择时要结合洞口的地形、地质条件、施工、运营条件以及洞口的相关工程（桥涵、通风设施）综合考虑。

由于沟谷地势狭窄，不利施工、防洪、排水，且洼地一般地质条件较差。洞口应尽可能设在山体稳定、地质较好处，不应设在排水困难的沟谷低洼中心。隧道施工中，洞口段围岩一般比较破碎、地质条件较差，应遵循尽量减少对岩体扰动的原则，以提高洞口段岩体和边坡、仰坡的稳定性。洞口位置选定的原则是早进洞、晚出洞。隧道洞口的路肩设计标高，应高于洪水设计标高。为不使山体受扰动太甚，新开出的暴露面太大边坡、仰坡不宜开挖过高，以保证洞口安全。当隧道穿过悬崖陡壁时，可贴壁进洞。当隧道穿过悬崖陡壁时，岩壁稳定且落石或坍塌不可能时，一般不宜刷动原坡面，破坏地表植被，暴露风化破碎岩层，使洞口处于不利地位。当洞口地形平缓时，由于选定洞口位置有较大的伸缩范围，此时应结合洞外填方路堑施工难易、路堑排水、弃渣场地、施工力量及机械设备等情况全面考虑。

5.2.2 隧道勘察的几个阶段

隧道勘察的目的，是在于查明隧道所处位置的工程地质条件和水文地质条件以及隧道施工和运营对环境保护的影响，为规划、设计、施工提供所需的勘察资料，并对存

在的岩土工程问题、环境问题进行分析评价提出合理的设计方案和施工措施，从而使隧道工程经济合理和安全可靠。隧道勘察阶段一般分为可行性研究勘察、初步勘察和详细勘察。

1. 可行性研究勘察

可行性研究按其工作深度，分为预可行性研究和工程可行性研究。预可行性研究中的勘察主要侧重于是收集与研究已有的文献资料；而在工程可行性研究中，需在分析已有资料的基础上，通过踏勘，对各个可能方案作实地调查，并对不良地质地段等重要工点进行必要的勘探，大致查明地质情况。

2. 初步勘察

初步勘察是在批准的工程可行性研究报告推荐建设方案的基础上，在初步选定的路线内进行勘察，其任务是满足初步设计对资料要求。根据工程地质条件，优选路线方案，在路线基本走向范围内，对可能作为隧道线位的区间进行初勘，重点勘察不良地质地段，以明确隧道能否通过或如何通过。提供编制初步设计所需全部工程地质资料。

初步勘察工作步骤：可按收集资料、工程地质选定隧道线位、工程地质调绘、勘探、试验、资料整理等顺序进行。

（1）收集资料。初勘也应收集已有资料，包括可行性研究报告，取得隧道所在位置的初步总平面布置地形图及有关工程性质、规模的文件。

（2）工程地质选定隧道线位。初步勘察工作的任务是选择经济合理、技术可行的最优隧道位置方案。当测区内的工程地质条件比较复杂，如区域地质的稳定条件差，有不良地质现象，尤其应注意工程地质选线工作。首先应从工程地质观点来选定隧道线位的概略位置，然后充分研究并掌握沿线的工程地质条件，尽可能提出有比较价值的方案进行比较，将隧道选定在地质情况比较好的区间内，以避免在详测时因工程地质问题发生大的方案变动。

（3）初步勘察资料整理。工程地质勘察的原始资料，包括调查、测绘、勘探、试验等资料，并按有关规定填写，并进行复核与检查。提交的资料包括图件、文字等资料，要求清晰正确，并符合有关规定和设计文件编制办法的规定。

3. 详细勘察

详细勘察的目的是根据已批准的初步设计文件中所确定的修建原则、设计方案、技术指标等设计资料，通过详细工程地质勘察，为线位布设和编制施工图设计提供完整的工程地质资料。

详细勘察的任务是在初步勘察的基础上，进行补充校对，进一步查明沿线的工程地质条件，以及重点工程与不良地质区段的工程地质特征，并取得必需的工程地质的数据，为确定隧道位置的施工图设计提供详细的工程地质资料。其步骤可按准备工作、沿线工程地质调绘勘探、试验、资料整理等顺序进行。由于详细勘察工作需在初步勘察的基础上进一步查明隧道中线两侧的工程地质条件和不良地质区段的主要工程地质问题，因此详细勘察工作更为详细、深入。最后提交的资料深度应满足施工图设计的需要。

5.2.3　隧道勘察的主要方法

隧道勘察的方法，主要有收集与研究既有资料，调查与测绘、勘探，试验与长期观测等几种。随着科学技术的进步，越来越多的新技术在隧道勘察工作中得到发展和应用。

5.2.3.1 收集研究既有资料

隧道工程地质勘察各阶段的准备工作，是根据勘测任务的要求，配备必要的专业人员，收集及研究有关资料，了解现场情况，并做好勘察仪器等的准备。其中，收集和研究隧道所处地区既有的有关资料，不仅是外业工作之前准备工作的重要内容，也是隧道勘察的一个主要方法。

收集的资料一般应包括以下几个方面的内容：

（1）地域地质资料：如地层、地质构造、岩性、土质等。

（2）地形、地貌资料：如区域地貌类型及主要特征，不同地貌单元与不同地貌部位的工程地质评价等。

（3）区域水文地质资料：如地下水的类型、分带及分布情况，埋藏深度、变化规律等。

（4）各种特殊地质地段及不良地质现象的分布情况，发育程度与活动特点等。

（5）地震资料：如沿线及其附近地区的历史地质情况，地震烈度、地震破坏情况及其与地貌、岩性、地质构造的关系等。

（6）气象资料：如气温、降水、蒸发、温度、积雪、冻积深度及风速、风向等。

（7）其他有关资料：如气候、水文、植被、土壤等。

（8）工程经验、区内已有公路、铁路等其他土建工程的工程地质问题及其防治措施等。

5.2.3.2 调查与测绘

调查与测绘是工程地质勘察的主要方法。通过观察和访问，对隧道通过地区的工程地质条件进行综合性的全面研究，将查明的地质现象和获得的资料，填绘于有关的图表与记录本中，这种工作统称为调查测绘（调绘）。隧道工程地质测绘，一般可在沿线两侧带状范围内进行，通常采用沿线调查的方法，对不良地质地段及地质条件复杂的路段，应扩大调绘范围，以提出完整可靠的地质资料。

1. 工程地质调查

（1）直接观察。直接观察是工程地质调查最重要最基本的方法。它主要利用自然迹象和露头，进行由此及彼、由表及里的观察分析工作，以达到认识路线隧道通过地带工程地质条件的目的。在隧道工程地质调查中，常采用地貌学和地植物学的方法观察分析有关自然现象。前者根据地貌的形态特征，推断其形成原因和条件，并评价其工程地质条件；后者根据植物群落的种属、分布及其生态特征，推断当地的气候，土质及水文地质等条件。

（2）访问群众。访问当地群众是工程地质调查常用的方法。为使调查访问获得较好的结果，一般应注意两点：一是选择合适的对象，通常应是年纪老的，对所调查的问题有切身经历的人，要多找几个，以避免错误；二是进行仔细的询问，认真听取各处意见。需要对应到现场边看边问。对所提供的情况，应进行核对、分析和判断。

2. 工程地质测绘

测绘的比例尺可在以下范围内选用：可行性研究阶段1：5000～1：50000，初勘阶段1：2000～1：10000，详勘阶段1：200～1：2000。工程地质测绘的基本方法有三种：

（1）路线法。沿着一些选择的路线穿越测绘场地，并把观测路线、沿线查明的地质现象地质界线填绘在地形图上。路线形式有直线形式与“S”线形等。路线法适用于各类比例尺测绘。

（2）布点法。根据地质条件复杂程度和不同的比例尺，预先在地形图上布置一定数量的观测点及观测路线。布点法适用于大、中比例尺测绘。

（3）追索法。沿地层、构造和其他地质单元界线布点追索，以便查明某些局部的复杂构造。追索法多用于中、小比例尺测绘。

工程地质测绘主要依靠野外工作，为此需要讲究测绘方法与量测精度，以求用较少的工作获得符合要求的结果。

5.3 隧道及地下工程施工

隧道施工方法的选择主要依据工程地质和水文地质条件，并结合隧道断面尺寸、长度、衬砌类型、隧道的使用功能和施工技术水平等因素综合考虑研究确定。工程地质和水文地质条件包括围岩的稳定性、被挖除岩体的抗破坏能力、地下水、地应力、地温、易燃易爆有害物质等。施工技术水平包括施工对围岩的扰动、支护对围岩提供帮助或限制的有限性、施工作业对空间的要求、施工速度、施工管理。所选择的施工方法也应体现出技术先进、经济合理及安全适用。

5.3.1 隧道及地下工程施工概述

地下建筑施工的特点主要由地下建筑产品的特点所决定。总体说来，和其他工业产品相比较，地下建筑产品具有体积庞大、复杂多样、整体难分、不易移动等特点，从而使地下建筑施工除了一般工业生产的基本特性外，还具有下述主要特点。

1. 生产的流动性

一是施工机构随着地下建筑物或构筑物坐落位置变化而整个地转移生产地点；二是在一个工程的施工过程中施工人员和各种机械、电气设备随着施工部位的不同而沿着施工对象上下左右流动，不断转移操作场所。

2. 产品的形式多样

地下建筑物因其所处的自然条件和用途的不同，工程的结构、造型和材料亦不同，施工方法必将随之变化，很难实现标准化。

3. 施工技术复杂

地下建筑施工常需要根据建筑结构情况进行多工种配合作业，多单位（土石方、土建、吊装、安装、运输等）交叉配合施工，所用的物资和设备种类繁多，因而施工组织和施工技术管理的要求较高。

5.3.1.1 隧道及地下工程施工的特点

整体上讲，地下工程施工是一个过程，其中包括施工组织设计、施工技术管理、施工工艺、方案及方法、施工监测和环境保护。针对不同的阶段，隧道及地下工程施工的特点都非常丰富。

1. 施工组织设计的特点

(1) 保证重点，统筹安排，信守合同工期。

(2) 科学合理地安排施工程序，经量多的采用新工艺、新材料、新设备和新技术。

(3) 组织流水施工，合理地使用人力、物力和财力。

(4) 恰当地安排施工项目，增加有效的施工作业日数，以保证施工的连续和均衡。

(5) 提高施工技术方案的工业化、机械化水平。

(6) 采用先进的施工技术和施工管理方法。

(7) 减少施工临时设施的投入，合理布置施工总平面图，节约施工用地和费用。

2. 施工技术管理的特点

(1) 正确贯彻国家的各项技术政策。

(2) 运用科学的技术规律来组织技术管理。

(3) 建立正常的生产技术秩序。

(4) 充分利用施工企业的物资，装备和技术条件。

(5) 发挥优势，有效地保证工程质量。

(6) 提高劳动生产率，优质、高效、低耗地完成国家建设。

3. 施工监测的特点

(1) 确保地下工程施工和使用安全可靠。

(2) 验证设计方案和局部调整施工参数和施工工艺。

(3) 在地下工程界中起着极为重要的前哨作用。

4. 环境问题的特点

(1) 间接病害对直接病害的继承性。

(2) 病害的存在具有长期性、隐蔽性和不可逆性。

(3) 对人类生存环境的破坏可能是巨大而长期的。

5.3.1.2 施工的大体方略

地下环境的复杂性决定了地下工程施工要因地制宜，具体情况具体分析。地下土层环境施工可大体分为岩石地下工程和软土地下工程两类。

(1) 岩石地下工程施工。按照开挖方式的不同，岩石地下工程施工方法可分为钻爆法和隧道掘进机施工。其中钻爆法又分为矿山法和新奥法。

(2) 软土地下工程施工。软土地下工程施工方法包括明挖法、暗挖法、盾构法、顶管法、沉管法、沉井法、非开挖技术等。

5.3.2 隧道及地下工程施工方法简介及其选择

5.3.2.1 新奥法

新奥法是新奥地利隧道施工法的简称，奥地利拉布西维兹教授于1948年提出，1956年获专利权。它是以岩体力学理论和大量实践经验为基础，总结出来的一套地下工程设计施工方法。与传统修建方法不同，强调发挥围岩的自承作用，以薄层柔性支护与围岩结合形成的支护系统取代厚层的混凝土衬砌，改善了受力性能，减少了开挖量和污工量，在经济性和安全性方面，均优于传统的衬砌结构。新奥法的适用范围很广，从铁路隧道、公路

隧道、城市地铁、地下储库、地下厂房直至水电站输水隧洞、矿山巷道等，都可用新奥法构筑。根据“新奥法”的原理，人们常把喷射混凝土、锚杆、量测称为“新奥法”的三大要素。

1. 新奥法的原理

新奥法的基本原理是应用岩体力学的理论，充分利用围岩的自承能力和开挖面的空间约束作用，通过对隧道围岩变形的量测、监控，采用以锚杆和喷射混凝土为主要支护手段，及时对围岩进行加固，约束围岩的松弛和变形，并通过对围岩和支护结构的监控、测量来指导地下工程的设计与施工。

新奥法施工的三大支柱是光面爆破（图 5.20）、喷锚支护（图 5.21）和现场量测。光面爆破的主要特点是周边轮廓面能较好地达到设计要求，超挖欠挖少。锚固支护的特点是与隧道开挖产生的新应力适应，能够有效地加固围岩，充分发挥围岩自承能力，并与围岩组成整体。其中必须考虑隧道工程的地形、地质及其力学特性、埋深、地下水、开挖断面及施工技术等条件。

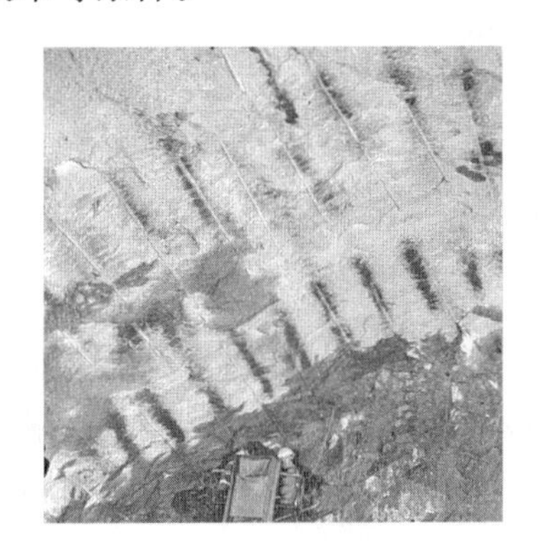

图 5.20 光面爆破

图 5.21 喷锚支护

新奥法不同于传统隧道工程中应用厚壁混凝土结构支护松动围岩的理论，而是把岩体视为连续介质，在黏弹、塑性理论指导下，根据在岩体中开挖隧道后，从围岩产生变形到岩体破坏要有一个时间效应，适时地构筑柔性、薄壁且能与围岩紧贴的喷射混凝土和锚杆的支护结构来保护围岩的天然承载力，变围岩本身为支护结构的重要组成部分，使围岩与支护结构共同形成坚固的支承环，共同形成长期稳定的支护结构，其基本要点可归纳如下。

2. 新奥法施工要点

（1）隧道设计施工基本思路。隧道设计施工基本思路如图 5.22 所示。

（2）隧道防排水。治水原则基本原则是防、排、截、堵结合，因地制宜，综合治理。截水措施有地表水上游设截水导流沟、在洞内或洞外设井点降水和在地下水上游设泄水洞三点。隧道防排水如图 5.23 所示。

（3）二次衬砌施工。在公路隧道及地下工程中常用的支护衬砌形式主要有整式衬砌、复合式衬砌及锚喷支护。整体式衬砌即为永久性的隧道模筑混凝土衬砌（常用于传统的矿山法施工）；复合式衬砌是由初期支护和二次支护所组成，初期支护是帮助围岩达成施工期间的初步稳定，二次支护则是提供安全储备或承受后期围岩压力。锚喷衬砌的设计基本上同复合式衬砌中的初期支护的设计，只是应增加一定的安全储备量。

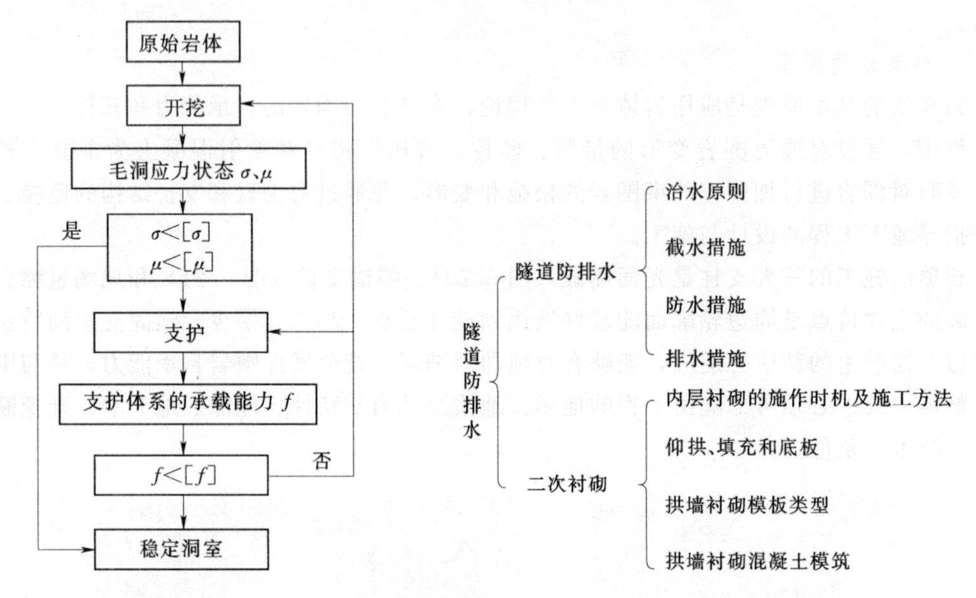

图 5.22　隧道设计施工基本思路　　　　图 5.23　隧道防排水

防止和减少二次衬砌开裂主要措施如下：

1）混凝土加减水剂、膨胀剂或用膨胀水泥。由于混凝土收缩和水泥水化发热，使混凝土灌注后温度上升，经 3～5d 后温度下降等原因，使衬砌受拉超过混凝土极限强度后而出现裂缝。在混凝土中加减水剂、膨胀剂，可以减少单位水泥和水的用量，因膨胀混凝土压密实，从而减少混凝土的收缩应变等。

2）初期支护与二次衬砌间，设置隔离层或低强度砂浆后，减少对二次衬砌的约束。设置防水隔离层，可以使衬砌支护与二次衬砌之间不传递切向力，因此对防止二次衬砌开裂有很大作用。但在铺设防水隔离层之前，应用喷射混凝土或水泥砂浆将初期支护表面大致整平，以改善二次衬砌的条件。但是防水隔离造价较贵，应作经济技术比较。

3）改进混凝土的灌筑工艺和提高其施工技术水平，并加强混凝土振捣和养护，精心施工，以提高混凝土衬砌的施工质量。

4）可在易开裂部位加设少量钢筋，使混凝土裂缝分散而裂缝宽度不超过允许值。

5）在改进混凝土施工工艺同时，可放慢灌注速度，并在两侧边墙对称分层灌注混凝土，到拱脚处停止 1h 左右，待边墙混凝土衬砌下沉稳定后，再灌注拱部混凝土衬砌。一次模筑混凝土衬砌环节不宜过长，以免混凝土硬化收缩使衬砌产生裂缝（模板台车一般长度为 6～12m)。当混凝土灌注速度过快，沉降不均匀易产生裂缝，拱脚附近裂缝更多。

6）在衬砌内或易开裂部位，布置少量钢筋，可减少裂缝的产生，并使裂缝分布较均匀而裂缝宽度不超过允许值等。

3. 新奥法施工的基本原则

新奥法施工的基本原则为“少扰动、早喷锚、勤量测、紧封闭”。

4. 新奥法的优缺点

(1) 优点：

1) 支护有效及时，避免松弛压力发生。

2) 几乎保持住遗留岩体的强度；理想地适应遇到的岩体。

3) 采用量测控制支护过程，使隧道变形和下沉极小。

4) 施工支护同时是永久支护的一部分。

5) 喷层厚度小，节省开挖工作量并减小了隧道开挖跨度。

6) 在2～3m很小的埋深条件下也是可以应用的。

7) 在稳定性较差的岩体中，能进行迅速的掘进。

8) 较经济，安全。

(2) 缺点。新奥法的实施不仅要求有良好的施工组织和管理，也要求技术人员和量测人员对现场情况都十分了解，作业质量都与每一个人的仔细操作有关；地质会因开挖暴露而改变其原有状态，因此要求施工地质人员要亲临现场，以便及时发现问题；注意对灰尘以及由于易受化学药品加强防护，尤其是对眼睛的防护。

5.3.2.2 新意法

1. 新意法概念

20世纪70年代，意大利的Pietro Lunardi教授开始对数百座隧道进行理论和现场试验研究，并逐步创立了岩土控制变形分析法（ADECO-RS法），该方法用中文解释为新意法。

图5.24 新意法施工

新意法（图5.24）的特点是引进了一种新的看待地下工程的概念框架。它把超前核心土视作一种新的隧道长期和短期稳定工具，超前核心土的强度及对变形的敏感性在隧道施工中起决定性作用，同时也决定了掌子面到达时隧道的变形特性。隧道的稳定不可避免地与掌子面前方超前核心土相关。采取措施作用于超前核心土的刚度就能够调整掌子面（挤出、预收敛）和隧道（收敛）的变形反应，使超前核心成为保持隧道稳定的工作。

2. 新意法隧道设计施工程序

(1) 新意法设计阶段由以下步骤组成：

1) 测量阶段。在此阶段实施对既有的自然平衡状态进行分析；在此阶段至少需要用到工程成本的2%。

2) 诊断阶段。此阶段对不采取任何稳定支护措施产生的变形现象进行分析和预测；根据隧道掌子面预期稳定形态（稳定的掌子面、掌子面短期稳定和不稳定掌子面）得出的A、B、C三类变形类型。

3) 处治阶段。在此阶段通过适当的稳定支护措施控制变形现象。

(2) 新意法施工阶段包括：

1) 实施阶段。运用稳定支护运用控制变形。

2) 监控阶段。此阶段对开挖期间围岩变形应答进行量测及核对。

3) 最终设计调整阶段。围岩变形被诠释，相应达到隧道掌子面以及隧道洞身稳定支护体系间的平衡。

3. 新意法与新奥法的比较

地层变形反应的分析方式不同。新奥法对地层变形反应的分析仅限于掌子面的后方，仅对隧道收敛进行分析；新意法不仅对掌子面后方的地层变形反应（收敛）进行分析，而且更注重对掌子面及掌子面前方地层的变形反应（掌子面挤出变形和预收敛）进行分析。

地层变形反应的控制方式不同。由于对地层变形反应的分析方式不同，新奥法与新意法对地层变形反应的控制方式也不同。新奥法采用锚杆、喷射混凝土、钢拱架、施作仰拱等手段，仅对掌子面后方的隧道施加约束作用；新意法不仅要求隧道的支护措施（包括二次衬砌和仰拱）要与掌子面保持适当距离，不能落后掌子面太远，对隧道提供连续的约束作用，而且要求对超前核心土采取适当的防护和加固措施，提高其强度和变形特性，对隧道提供超前约束作用。

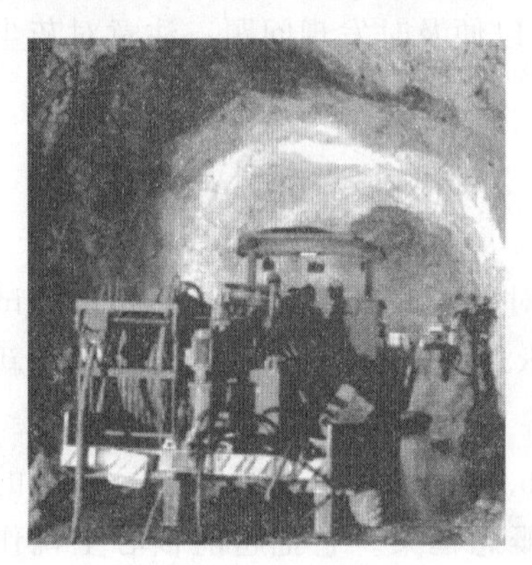
图5.25 矿山法

5.3.2.3 矿山法

矿山法（图5.25）指的是用开挖地下坑道的作业方式修建隧道的施工方法。矿山法是一种传统的施工方法。它的基本原理是，隧道开挖后，围岩会产生变形，通过采用木构件或钢构件进行临时支撑，抵抗围岩变形，承受围岩压力，以使坑道获得临时稳定，等到隧道开挖成型以后，把临时支撑逐一撤下来，代之以永久性的单层衬砌。基于这种松弛荷载理论依据，其施工方法是按分部顺序采取分割式一块一块的开挖，并要求边挖边撑以求安全，所以支撑复杂，木料耗用多。我国的铁路、公路、水工等地下工程的绝大多数是采用此法修筑的。矿山法可分为一般矿山法、浅埋矿山法。

1. 矿山法的施工程序

矿山法的施工程序如图5.26所示。

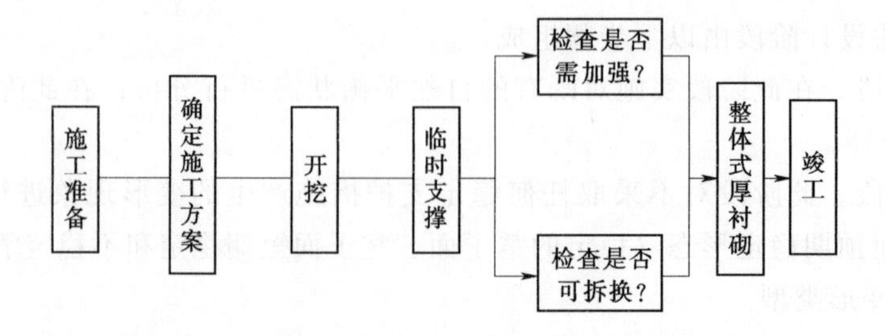

图5.26 矿山法的施工程序

2. 传统矿山法与新奥法施工的区别

传统矿山法与新奥法施工的区别见表5.4。

表5.4　传统矿山法与新奥法施工的区别

开挖方法		新奥法	传统矿山法
支护	临时支护	喷锚支护	木支撑（为主）、钢支撑
	永久支护	复合式衬砌	单层模注混凝土衬砌
	闭合支护	强调	不强调
控制爆破		必须采用	可采用
量测		必须采用	无
施工方法		分块较少	分块较多

5.3.2.4　其他施工方法

1. 浅埋暗挖法

浅埋暗挖法沿用了新奥法的基本原理，采用复合衬砌，初始支护承担全部荷载，二衬作为安全储备，初支、二衬共同承担特殊荷载，采用多种辅助工法，超前支护、改善加固围岩，调动部分围岩自承能力；采用不同开挖方法及时支护封闭成环，使其与围岩共同作用形成联合支护体系；采用信息化设计与施工。

应用浅埋暗挖法设计和施工时，采用多种辅助施工工法，超前支护，改善加固围岩，调动部分围岩的自承能力；初期支护和围岩为暗洞隧道的主要受力结构，“保护围岩”是浅埋暗挖施工的关键技术，一定要高度重视。

在施工过程中应用监控量测、信息反馈和优化设计，实现不塌方、少沉降、安全生产和施工。施工中应坚持十八字方针：管超前、严注浆、短进尺、强支护、早封闭、勤量测。

浅埋暗挖法设计和施工，应用于第四纪软弱地层中的地下工程，严格控制施工诱发的地面移动变形、沉降量是关键，要求初期支护刚度大，支护及时；初期支护必须从上向下施工，二次模筑衬砌必须通过变为量测，在结构基本稳定后，才能施工，而且必须从下向上施工，决不允许先拱后墙施工。浅埋暗挖施工工艺流程如图5.27所示。

2. 顶进法

顶进法又称顶管法（图5.28），即在保证道路或铁路交通安全运行的同时，在路线下降预制的钢筋混凝土箱形框架（箱涵），用机械力顶入铁路路基内，成为一个铁路钢构架，该法称为顶进法。顶管技术是从隧道盾构法施工技术发展而来。顶管法所用的顶管机、掘进机或盾构机（shield）和管片隧道施工法所采用的隧道掘进机（TBM机）没有本质的不同。两种施工技术方法的区别仅在于隧道内衬构筑方法的不同，一个是把整段管片顶进连接安装，另一个是组合管片不断拼接安装。

顶管施工方法的特点：

（1）它在敷设地下管道时，不需要大挖大填土方作业，是一种非开挖施工技术，地下穿越能力强，施工工作面也不大，可方便在城镇中的繁华市区施工。

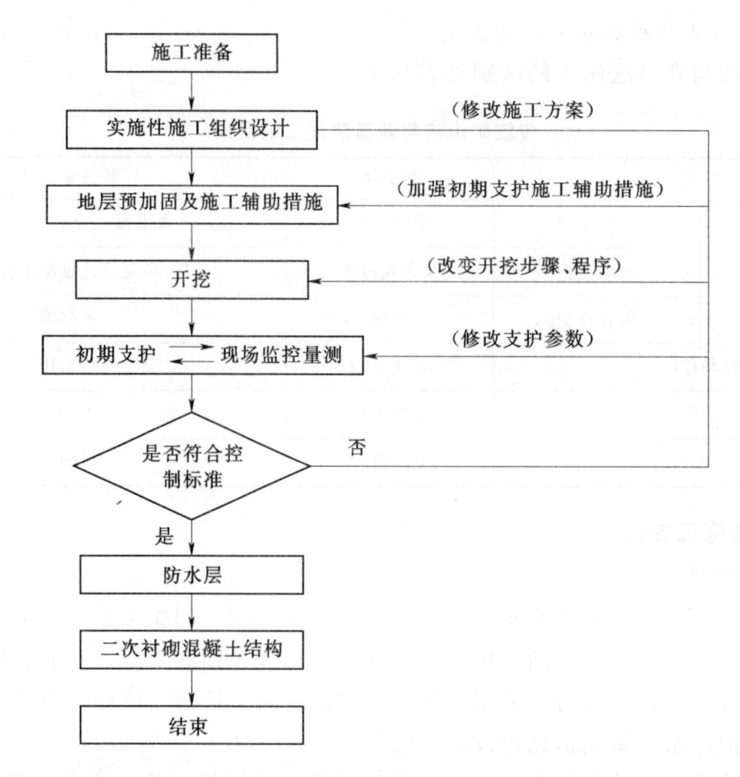

图 5.27 浅埋暗挖施工工艺流程

图 5.28 顶管法

(2) 它是一项综合性的施工技术，从选线、定位放线、工作井和接收井设置、机头顶推、测量定位机施工组织管理，都要求严格。

(3) 它的技术特点具有鲜明的适用性问题。即应针对不同的土层组成及地质条件、不同的施工条件和不同的埋管设置要求，选择与之适应的顶管施工工艺，否则使顶管施工难以顶进以致失败。

(4) 它是一种带高科技手段的现代化地下管道施工方法，它既能不断掘进埋管，后续连续敷设管道，又能支护开挖开掘面，且受先进的激光定位系统指挥，机头的对中和上下左右抓东西也十分灵活，确保了管道敷设的顺利进行，并显示埋管施工的独特优点及具备环境保护的极大优越性。

顶管施工是一种现代化的埋设地下管线的施工方法，它在不扰动管外土层结构条件下，利用顶进、挤压等多种予力手段的予力技术原理，自控自支护平衡土压力，使管壁与原土层紧密结合，不会形成埋管回填土中的积水带及浮力区，可改变顶管沿线地下水的渗流作用，使顶管管线形成土体中的加筋体，与土体产生相互作用，改善沿线土层的变形性质。

3. 明挖法

明挖法指的是先将隧道部位的岩（土）体全部挖除，然后修建洞身、洞门，再进行回填的施工方法。明挖法是各国地下铁道施工的首选方法，在地面交通和环境允许的地方通常采用明挖法施工。浅埋地铁车站和区间隧道经常采用明挖法，明挖法施工属于深基坑工程技术。由于地铁工程一般位于建筑物密集的城区，因此深基坑工程的主要技术难点在于对基坑周围原状土的保护，防止地表沉降，减少对既有建筑物的影响。明挖法的优点是施工技术简单、快速、经济，常被作为首选方案。但其缺点也是明显的，如阻断交通时间较长，噪声与震动等对环境的影响。

明挖法施工程序一般可以分为 4 大步：维护结构施工→内部土方开挖→工程结构施工→管线恢复及覆土。

埋置较浅的工程，施工时先从地面挖基坑或堑壕，修筑衬砌之后再回填。

4. 盖挖法

（1）盖挖法简介。当地下工程明做时需要穿越公路、建筑等障碍物而采取的方法称为盖挖法（图 5.29），它是一种新型工程施工方法。在城市繁忙地带修建地铁车站时，往往占用道路，影响交通当地铁车站设在主干道上，而交通不能中断，且需要确保一定交通流量要求时，可选用盖挖法。

图 5.29　地下工程盖挖法

（2）设计与计算。盖挖法的设计与计算中，中间立柱在施工中具有相当的重要性，立柱的设计与计算成为盖挖法设计与计算的主要内容。其他可参考支挡结构的设计与计算。

（3）盖挖逆作法主要施工步骤。盖挖逆作法主要施工步骤如图 5.30 所示。

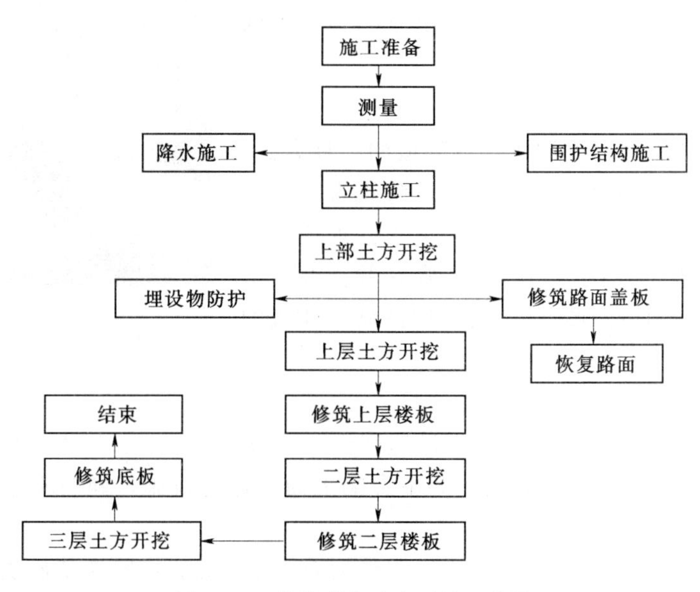

图 5.30　盖挖逆作法主要施工步骤

5. 掘进机法

岩石隧道掘进机简称TBM，是利用岩石隧道掘进机在岩石地层中暗挖隧道的一种施工方法。通常是利用回转刀盘又借助推进装置的作用力从而使刀盘上的滚刀切割（或破碎）岩面，以达到破岩开挖隧道（洞）的目的，如图5.31所示。

图5.31 掘进机法施工

（1）TBM法的优点：

1）掘进效率高。连续作业，能保证破岩、出渣、支护一条龙作业。特别在稳定的围岩中长距离施工时，尤其明显。

2）开挖施工质量好。超挖量少，内壁光滑，不存在凹凸现象，减少支护工程量，降低工程费用。

3）对岩石的扰动小。改善开挖面的施工条件。周围岩层稳定性较好，保证了施工人员的健康和安全。

4）施工安全。TBM可在防护棚内进行刀具的更换，密闭式操纵室和高性能的集尘机的采用，使安全性和作业环境有了较大的改善。

（2）TBM法的缺点：

1）适应性较差。对多变的地质条件（断层、破碎带、挤压带、涌水及坚硬岩石等）的适应性较差。近年来采用了盾构外壳保护型的掘进机，施工既可以在软弱和多变的地层中掘进又能在中硬岩层中开挖施工。

2）经济性问题。掘进机结构复杂，对材料、零部件的耐久性要求高，制造的价格较高，难用于短隧道。

3）开挖不同断面问题。施工途中不能改变开挖直径。断面的大小、形状变更难，在应用上受到一定的制约。

6. 盾构法

盾构法是在地下使用盾构机建造隧道的一种方法，利用盾构机械所特有的盾壳作为支护，防止岩土地层的崩坍和地下水的入侵，以保障在岩土等各种地层中以多种切削方式进行开挖，同时安装管片并注浆，从而形成质量完好的洞身。图5.32为盾构法施工建成的铁路隧道实例。

图5.32 盾构法施工

（1）盾构法的优缺点。

1）优点：①安全开挖和衬砌，掘进速度快；②盾构的推进、出土、拼装衬砌等全过程可实现自动化，施工劳动强度低；③不影响地面交通与设施，同时不影响地下管线等设施。

2）缺点：①断面尺寸多变的区段适应能力差；②新型盾构购置费昂贵，对施工区段短的工程不太经济。

(2) 浅埋暗挖法、明(盖)挖法及盾构法的关系。浅埋暗挖法既可作为独立的施工方法,也可以与其他施工方法结合使用,车站经常采用浅埋暗挖法与盖挖法相结合,区间隧道用盾构法与浅埋暗挖法结合施工。浅埋暗挖法与其他工法有很强的兼容性。三者的应用情况见表5.5。

表5.5　浅埋暗挖法、明(盖)挖法及盾构法的关系

工法	浅埋暗挖法	盾构法	明(盖)挖法
地质条件	有水需处理	各种地层	各种地层
地面拆迁	小	小	大
地下管线	无需拆迁	无需拆迁	需拆迁
断面尺寸	各种断面	不行	各种断面
施工现场	较小	一般	大
进 度	开工快,总工期偏慢	前期慢,总工期一般	总工期快
振动噪声	小	小	大
防 水	有一定难度	有一定难度	较易

7. 沉管法

在隧址以外的预制场制作管段,两端用封墙密封,制成后拖运到指定位置上,在已预先挖好的基槽沉放下去,通过水力压接法进行水下连接,再回填覆土,完成隧道。用这种方法修建的隧道又称为水下隧道或沉管隧道。

适合于沉管法施工的主要条件是水道河床稳定和水流并不过急。前者不仅便于顺利开挖沟槽,并能减少土方量;后者便于管段浮运、定位和沉放。沉管法施工的一般工艺流程如图5.33所示,其中管段制作、基槽浚挖、管段的沉放与水下连接、管段基础处理、回填覆盖是施工的主体。图5.34为预制好的管段。

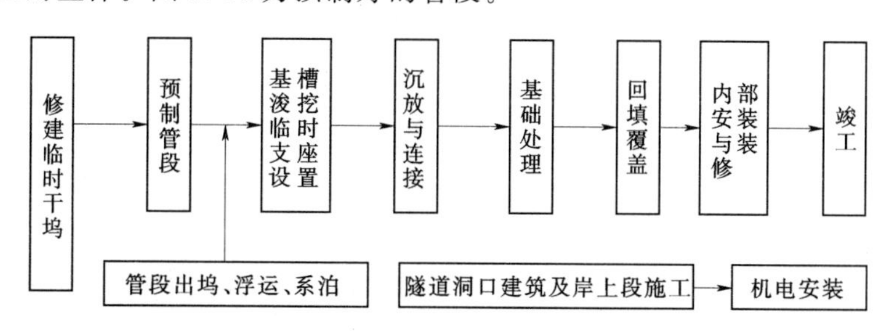

图5.33　沉管法施工一般工艺流程图

沉管法对地质水文条件适应性强,施工方法简单,沉管隧道不怕软弱地层,基本上不受地质条件的限制,对地基允许承载力的要求也很低,能适应各种地质条件。且施工工期短,对航运干扰最小,施工质量容易保证。管段在干坞中呈长段预制,沉放连接时间短,对航运干扰次数少、时间短。沉管隧道的主要工序可平行作业,各工序间干扰少,可缩短工期。沉管法工程造价较低。沉管隧道的埋深很浅,水底需要进行的土方工程量较小,沉管隧道的长度也相对缩短,造价也因而降低。有利于多车道和大断面布置。沉管隧道的断面既可做成圆形,也可做成矩形或其他形状,十分灵活。接头少、密实度高、隧道防渗效

图 5.34 预制管段

果好。由于沉管隧道的管节比较长、节数少，因而接头数量少，具有很强的抵抗战争破坏和抗自然灾害的能力。

项目6　土 木 工 程 施 工

【学习目标】 通过本项目的学习，能了解基础的分类、土方边坡的有关的知识，掌握地基处理的几种方法、土方工程中排水的施工形式以及具体的做法；了解脚手架的基本组成和一般构造、垂直运输设备的类型，掌握了脚手架的类型以及搭设要求，垂直运输设备的现场使用；了解钢筋种类以及钢筋加工的基本的知识，掌握混凝土的配料和浇筑，了解混凝土运输以及搅拌的有关内容；了解钢结构特点、应用及组成原理，熟悉钢结构的施工工艺。

6.1　基 础 工 程 施 工

基础（图 6.1）是将结构所承受的各种荷载传递到地基上的结构组成部分，是建筑地面以下的承重构件。地基（图 6.2）则是承受由基础传下的荷载的土体或岩体。建筑上部结构的荷载通过板梁柱最终传到基础上，基础再将荷载传到地基上（图 6.3）。基础工程是指采用工程措施，改变或改善基础的天然条件，使之符合设计要求的工程。随着建筑行业的不断发展，各种高层建筑层出不穷，对地基的要求也越来越高。地基基础作为建筑物承载的核心，是隐蔽工程的一部分，其质量的优劣直接决定了建筑物的质量及使用安全性，基础工程则是解决基础问题的关键性学科，在土木工程中有着重要地位。

图 6.1　基础

图 6.2　地基

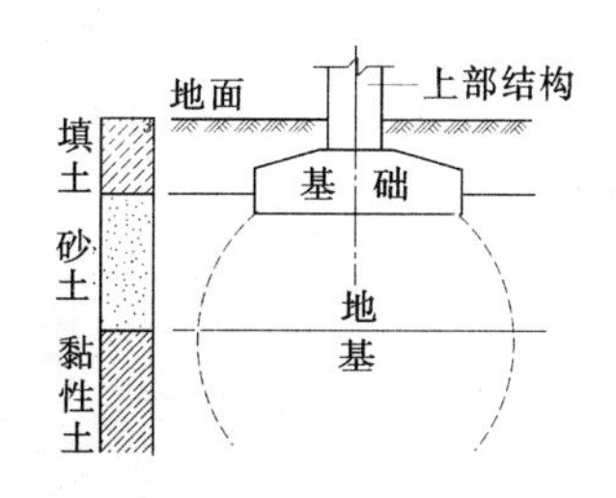

图 6.3　地基基础简图

现阶段，我国建筑工程施工中，存在着诸多的不合理性因素，如设计、施工期限、人员及费用等相关问题，这些可控和不可控因素对于建筑工程的施工产生了巨大的影响，尤其是地基基础的处理工作，更是不加重视，在以后的建筑工程施工过程中产生了严重的影响，导致工程质量存在着诸多的问题。地基基础的处理，它既是建筑工程施工的第一道程序，同时也是建筑工程施工的关键性环节，因而建筑工程的地基基础处理工作至关重要。基础指建筑底部与地基接触的承重构件，它的作用是把建筑上部的荷载传给地基。地基是指承托土木工程基础的这一部分很小的场地。因此地基必须坚固、稳定而可靠。

6.1.1 基础的分类

6.1.1.1 使用材料的性能分类

1. 刚性基础（无筋扩展基础）

刚性基础由素混凝土、砖、毛石、灰土和三合土等抗压性能好、而抗弯抗剪性能差的材料砌筑而成，通常由台阶的容许宽高比或刚性角控制设计。刚性基础有稳定性好，施工简便的特点，用于少于6层的民用建筑、荷载较小的桥梁基础以及涵洞等。当基础承受荷载较大时，则用料多，自重大，埋深也加大。

2. 柔性基础（扩展基础）

当刚性基础不能满足力学要求时，可以做成钢筋混凝土基础，称为扩展基础。柱下扩展基础和墙下扩展基础一般做成锥形和台阶形。对于墙下扩展基础，当地基不均匀时，还要考虑墙体纵向弯曲的影响。这种情况下，为了增加基础的整体性和加强基础纵向抗弯能力，墙下扩展基础可采用有肋的基础形式。

6.1.1.2 按埋置深度分类

按照埋置深度分为浅基础和深基础。一般而言，基础多埋置于地面以下，但诸如码头桩基础、桥梁基础、半地下室箱形基础等均有一部分在地表之上。浅基础指的是埋深在0.5～5m之间，只需挖槽、排水等普通施工程序即可建造的基础。基础埋深不得浅于0.5m。位于地基深处承载力较高的土层上，埋置深度大于5m或大于基础宽度的基础，称为深基础，如桩基、地下连续墙、墩基和沉井等。

6.1.1.3 按构造形式分类

1. 独立基础

独立基础也称单独基础，是柱下基础的主要类型，如图6.4所示。当建筑物承重体系为梁、柱组成的框架、排架或其他类似结构时，其柱下基础常采用的基础形式为独立基础。独立基础主要采用柔性基础。柱下独立基础主要分为阶梯形基础、锥形基础、杯形基础。

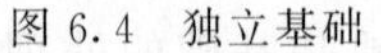
图6.4 独立基础

图6.5 条形基础

2. 条形基础

条形基础是指基础长度远远大于宽度的一种基础形式，如图6.5所示。按上部结构分为墙下条形基础和柱下条形基础。其特点是布置在一条轴线上且与两条以上轴线相交，有时也和独立基础相连，但截面尺寸与配筋不尽相同。另外横向配筋为主要受力钢筋，纵向

配筋为次要受力钢筋或分布钢筋。主要受力钢筋布置在下面。

3. 筏板基础

当柱子或墙传来的荷载很大，地基土较软弱，用单独基础或条形基础都不能满足地基承载力要求时，往往需要把整个房屋底面（或地下室部分）做成一片连续的钢筋混凝土板，作为房屋的基础，称为筏板基础，如图6.6所示。

4. 箱形基础

为了对筏板基础进行加强，增加基础板的刚度，以减小不均匀沉降，高层建筑往往把地下室的底板、顶板、侧墙及一定数量的内隔墙一起构成一个整体刚度很强的钢筋混凝土箱形结构，称为箱形基础，如图6.7所示。

图6.6 筏板基础

图6.7 箱形基础

5. 桩基础

桩基础是深基础中应用最多的一种基础形式，它由若干个沉入土中的桩和连接桩顶的承台或承台梁组成。桩的作用是将上部建筑物的荷载传递到深处承载力较强的土层上，或将软弱土层挤密实以提高地基土的承载能力和密实度。桩按施工方法分为预制桩和灌注桩。

灌注桩是在桩位处成孔，然后放入钢筋骨架，再浇筑混凝土而成的桩。灌注桩按成孔方法不同，有钻孔灌注桩、挖孔灌注桩、冲孔灌注桩、套管成孔灌注桩及爆扩成孔灌注桩等。

6.1.2 地基处理

地基处理的主要目的是指提高软弱地基的强度、保证地基的稳定性；降低软弱地基的压缩性、减少基础的沉降；防止地震时地基土的振动液化；消除特殊土的湿陷性、胀缩性和冻胀性。地基加固的原理是“将土质由松变实”“将土的含水量由高变低”，即可达到地基加固的目的。工程实践中各种加固方法，如机械碾压法、重锤夯实法、挤密桩法、化学加固法、预压固结法、深层搅拌法等均是从这一加固原理出发。换土垫层与原土相比，具有承载力高、刚度大、变形小等优点。

6.1.2.1 换填地基

换填地基就是将基础底面以下不太深的一定范围内的软弱土层挖去，然后以质地坚硬、强度较高、性能稳定、具有抗侵蚀性的砂、碎石、卵石、素土、灰土、煤渣、矿渣等材料分层充填，并同时以人工或机械方法分层压、夯、振动，使之达到要求的密实度，成

图 6.8 换填地基

为良好的人工地基。按换填材料的不同，将垫层分为砂垫层、砂卵石垫层、碎石垫层、灰土或素土垫层、煤渣垫层、矿渣垫层以及用其他性能稳定、无侵蚀性的材料做的垫层等，如图 6.8 所示。

换填法适用于浅层地基处理，包括淤泥、淤泥质土、松散素填土、杂填土、已完成自重固结的吹填土等地基处理以及暗塘、暗沟等浅层处理和低洼区域的填筑。换填法还适用于一些地域性特殊土的处理，用于膨胀土地基可消除地基土的胀缩作用，用于湿陷性黄土地基可消除黄土的湿陷性，用于山区地基可用于处理岩面倾斜、破碎、高低差，软硬不匀以及岩溶等，用于季节性冻土地基可消除冻胀力和防止冻胀损坏等。

1. 换填地基加固施工工艺流程

换填地基加固施工工艺流程如图 6.9 所示。

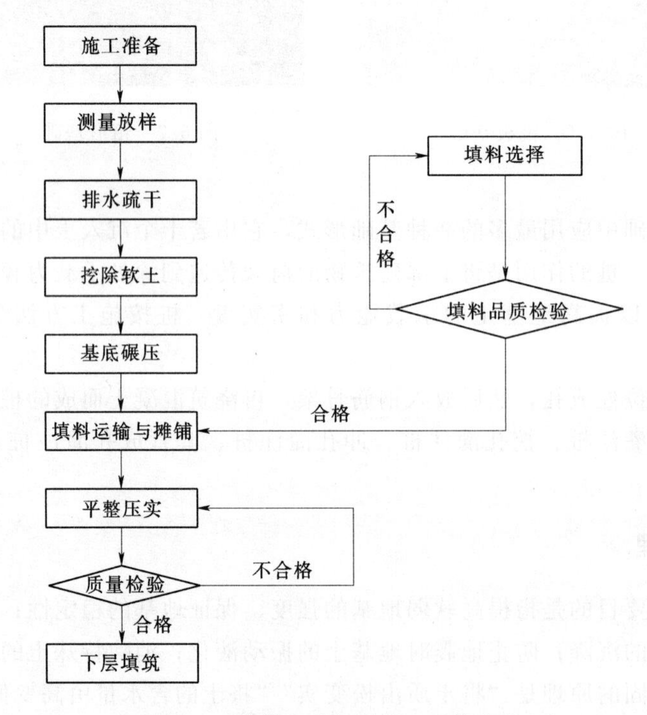

图 6.9 换填地基加固施工工艺流程

2. 换填地基施工方法

(1) 施工前先验槽、清松土、打底夯两遍。

(2) 分层铺填，厚度 200～300mm，灰土用机械打夯或碾压；砂土用振动碾压。

(3) 灰土垫层不得在柱基、墙角及承重窗间墙下接缝，上下缝距不得小于 500mm，接缝处夯实。灰土夯实后 3d 内不得泡水。

3. 质量检验

(1) 施工中检查分层铺设的厚度、上下两层的搭接长度、加水量、夯压遍数和压实系数。

(2) 用贯入仪检验垫层质量（现场压实系数与贯入度相对应），压实系数检验用环刀法，取样点在每层的 2/3 的深度处。

(3) 分层检验垫层的质量，当该层的压实系数符合设计要求后，铺填上层。

(4) 施工结束后，检查换填的垫层的地基承载力。

(5) 换填范围和深度必须满足设计要求，施工时应横向全断面，纵向分段、分层，逐层填筑，更根据换填范围大小划分卸料区、摊铺区、碾压区、检测区组织施工，下层检测不合格不得进入上层填筑。在无设计要求时，压实标准应符合表 6.1 要求。

表 6.1　　各类填料压实标准

换填材料类别	压实系数 K
碎石、卵石	0.94～0.97
砂夹石（其中碎石、卵石占全重的 30%～50%）	
土夹石（其中碎石、卵石占全重的 30%～51%）	
中砂、粗砂、砾砂、角砾、圆砾、石屑	
粉质黏土	
灰土	0.95

4. 换填地基施工的环境保护

(1) 挖除后的非使用材料（软土）必须运往指定的弃土场堆放、平整，并做好弃土场的防护、排水以及植被恢复工作。

(2) 取料场在施工完成后应根据当地土地利用、环保规划要求进行整治。

(3) 根据施工现场环境、气象条件，及时洒水养护施工便道，减少扬尘污染。

(4) 临时排水不得损毁农田、耕地，防止污染自然水源，也不得引起淤积和冲刷。

(5) 精心组织、合理安排。避免在人口密集地区夜间施工，以防噪声扰民。

6.1.2.2 强夯地基

强夯法又名动力固结法或动力压实法，是法国 Menard 技术公司于 1969 年首创的一种地基加固方法。它通过反复将很重的锤（一般 10～40t）提到高处使其自由落下（落距一般为 10～40m）给地基以冲击和振动，可提高地基土的强度、降低土的压缩性、改善砂土的抗液化条件、消除湿陷性黄土的湿陷性等。同时，夯击能还可提高土层的均匀程度，减少将来可能出现的差异沉降。

1. 强夯法设计

强夯法设计的主要内容是查明场地的工程地质条件、工程规模大小及重要性；确定加固目的与加固要求，初步计算夯击能量、夯击遍数、夯点间距、加固深度等施工参数；根据确定的参数，制定施工计划和施工说明；施工前试夯，现场确定加固效果，确定是否修改。

2. 强夯法的施工

(1) 施工机具及设备。主要的施工设备包括夯锤、起重机、脱钩装置三部分。

夯锤的选择与土层加固深度及落距有关。强夯的效果与夯锤底面积密切相关，夯锤底面积小，则强夯的效果越好，但夯锤底面积过小，易造成楔入土近而造成破坏。施工机械宜采用带有自动脱钩装置的履带式起重机或其他专用设备。采用履带式起重机时，可在臂杆端部设置辅助门架，或采取其他安全措施，防止落锤时机架倾覆。起吊夯锤，脱钩装置使夯锤自由下落。

(2) 施工要点：

1) 清理并平整施工场地。

2) 标出第一遍夯点位置，并测量场地高程。

3) 起重机就位，夯锤置于夯点位置。

4) 测量夯前锤顶高程。

5) 将夯锤吊到预定高度，开启脱钩装置，待夯锤脱钩自由下落后，放下吊钩，测量锤顶高程，若发现因坑底倾斜而造成夯锤歪斜时，应及时将坑底整平。

6) 重复步骤5)，按设计规定的夯击次数及控制标准，完成一个夯点的夯击。

7) 换夯点，重复步骤3) ～6) 步，完成第一遍全部夯点的夯击。

8) 用推土机将夯坑填平，并测量场地高程。

9) 在规定的时间间隔后，按上述步骤逐次完成全部夯击遍数，最后用低能量满夯，将场地表层松土夯实，并测量夯后场地高程。

(3) 施工注意事项：

1) 施工过程中应有专人负责下列监测工作。

2) 开夯前应检查夯锤质量和落距，以确保单击夯击能量符合设计要求。

3) 在每一遍夯击前，应对夯点放线进行复核，夯完后检查夯坑位置，发现偏差或落夯应及时纠正。

4) 按设计要求检查每个夯点的夯击次数和每击的夯沉量。

施工时控制质量的重要一环，今后发展的方向是信息化施工，即在施工现场对有关内容进行随时测试，并将其结果输入计算机处理得到加固地基的定量评价，并随时对施工参数作出修改。

6.1.2.3 其他常见的地基处理方法

1. 排水固结法

排水固结法是处理软黏土地基的有效方法之一。该法是对天然地基，或先在地基中设置砂井等竖向排水体，然后利用建筑物本身重量分级逐渐加载，或是在建筑物建造以前，在场地先行加载预压，使土体中的孔隙水排出，逐渐固结，地基发生沉降，同时强度逐步提高的方法。该法常用于解决软黏土地基的沉降和稳定问题，可使地基的沉降在加载预压期间基本完成或大部分完成，使建筑物在使用期间不致产生过大的沉降和沉降差。同时，可增加地基土的抗剪强度，从而提高地基的承载力和稳定性。

2. 深层水泥搅拌法

深层水泥搅拌法是利用水泥作为固化剂，通过深层搅拌机械在地基将软土或沙等和固

化剂强制拌和，使软基硬结而提高地基强度。该方法适用于软基处理，效果显著，处理后可成桩、墙等。深层水泥搅拌桩适用于处理淤泥、砂土、淤泥质土、泥炭土和粉土。当用于处理泥炭土或地下水具有侵蚀性时，应通过试验确定其适用性。冬季施工时应注意低温对处理效果的影响。根据固化剂掺入状态的不同，它可分为浆液搅拌和粉体喷射搅拌两种。前者是用浆液和地基土搅拌，后者是用粉体或石灰和地基土搅拌。深层水泥搅拌桩多用于软土层较厚的地基加固处理工程中，其工艺独特，施工方便、文明、造价低、无噪声、无振动、不排污、节约大量钢材，在软基处理中被广泛应用。

3. 高压喷射注浆法

高压喷射注浆法就是利用工程钻机钻孔至设计处理的深度后，用高压泥浆泵，通过安装在钻杆（喷杆）杆端置于孔底的特殊喷嘴，向周围土体高压喷射固化浆液（一般使用水泥浆液），同时钻杆（喷杆）以一定的速度边旋转边提升，高压射流使一定范围内的土体结构破坏，并强制与固化浆液混合，凝固后便在土体中形成具有一定性能和形状的固结体。

6.1.3 基坑工程施工

6.1.3.1 深基坑地下水的控制

高层建筑深基坑中经常会遇到地下水，由于地下水的存在，给深基坑施工带来很多问题，如基坑开挖，边坡稳定，基底隆起与突涌、浮力及防渗漏等。为了确保高层建筑深基坑工程施工正常进行，必须对地下水进行有效治理，若处理不当会发生严重的工程事故，造成极大的危害。因此，地下水的控制工作已越来越受到重视，成为深基坑施工中的重要组成部分。

在基坑工程施工中，对地下水的治理一般可从两个方面进行，一是降低地下水位；二是堵截地下水。降低地下水位的常用方法可分为集水明排和井点降水两类。在软土地区基坑开挖深度超过 3m，一般就要用井点降水。开挖深度浅时，亦可边开挖边用排水沟和集水井进行集水明排。地下水控制方法有多种，选择时根据土层情况、降水深度、周围环境、支护结构种类等综合考虑后优选。当因降水而危及基坑及周边环境安全时，宜采用截水或回灌方法。降低地下水的方法如下。

1. 集水明排法

在地下水位较高地区开挖基坑，会遇到地下水问题。如涌入基坑内的地下水不能及时排除，不但土方开挖困难，边坡易于塌方，而且会使地基被水浸泡，扰动地基土，造成竣工后的建筑物产生不均匀沉降。为此，在基坑开挖时要及时排除涌入的地下水。当基坑开挖深度不很大，基坑涌水量不大时，可采用集水明排法。

集水明排法属于重力式排水，它是在开挖基坑时沿坑底周围开挖排水沟，并每隔一定距离设置集水井，使基坑内挖土时渗出的水经排水沟流向集水井，然后用水泵将水抽出坑外。集水明排法是应用最广泛、最简单、经济的方法。

2. 井点降水法

井点降水法是将带有滤管的降水工具沉设到基坑四周的土中，利用各种抽水工具，在不扰动土的结构的情况下，将地下水抽出，使地下水位降低到坑底以下，保证基坑开挖能在较干燥的施工环境中进行。

井点降水法优点是不仅可避免大量涌水、冒泥、翻浆，而且在粉细砂、粉土层中开挖基坑中，可以有效防止流沙现象发生；同时由于土中水分排出后，动水压力减小或消除，大大提高边坡稳定性，边坡可放陡，可减少土方开挖量；此外由于渗流向下，动水压力方向与重力方向相同，增加土颗粒间的压力使坑底土层更为密实，改善土的性质；再者井点降水可大大改善施工条件，提高效率，缩短工期。但井点降水设备一次性投资较高，运转费用较大，施工中应合理布置和适当安排工期，以减少作业时间，降低排水费用。井点降水的负面影响为坑外地下水位下降，基坑周围土体固结下沉。

降水法有真空井点、喷射井点、管井法或深井泵法。

3. 截水和回灌技术

在软弱土层中开挖基坑进行井点降水，部分细微土粒会随水流带出，再加上降水后土体的含水量降低，使土壤产生固结，因而会引起周围地面的沉降，在建筑物密集地区进行降水施工，如因长时间降水引起过大的地面沉降，导致邻近建筑物产生下沉或开裂。

为防止或减少井点降水对邻近建筑物的影响，减少地下水流失，一般采取在降水区和原有建筑物之间土层设置一道抗渗屏幕。通常采用抗渗挡墙截水技术和采取补充地下水的回灌技术。

目前形成截水帷幕的施工方法主要有高压喷射注浆法、深层搅拌法、压力灌注法、射水成墙法、小孔钻孔灌注法等。具体选用施工方法、工艺和机具时，应根据水文地质条件及施工条件等因素综合确定。

6.1.3.2 支护结构施工

建筑的深基坑工程，一般都是在城市中进行开挖，由于受到施工场地的限制，很难进行放坡开挖，且基坑周围通常存在交通要道、已建建筑或管线等各种构筑物，这就涉及基坑开挖的一个很重要内容，即保护其周边构筑物的安全使用。如何安全、合理地选择合适的支护结构并根据基坑工程的特点进行科学的设计和施工是基坑工程要解决的主要内容。下面对常见的支护结构及施工要点作一简单介绍。

1. 水泥土墙

水泥土墙指的是用深层搅拌机就地将土和输入的水泥强制搅拌，形成连续搭接的水泥土柱状加固体维护墙。

（1）深层搅拌水泥土桩挡墙。深层搅拌水泥土桩挡墙在软土地区近年来应用较多，特别在上海地区广为应用且收到较好的效果。施工时用特制进入土深层的深层搅拌机将喷出的水泥浆固化剂与地基土进行原位强制拌和而制成水泥土桩，桩与桩相互搭接，硬化后即形成具有一定强度的壁状挡墙（有各种形式，计算确定），既可挡土又可形成隔水帷幕。对于平面呈任何形状、开挖深度不很深的基坑（一般认为不超过6m），皆可用作支护结构，比较经济。水泥土的物理力学性质，取决于水泥掺入比，多用12%左右。

深层搅拌水泥土桩挡墙，属重力式挡墙，深度大时可在水泥土中插入加筋杆件，形成加筋水泥土挡墙，必要时还可辅以内支撑等。

（2）高压旋喷桩挡墙。它是钻孔后将钻杆从地基土深处逐渐上提，同时利用插入钻杆端部的旋转喷嘴，将水泥浆固化剂喷入地基土中形成水泥土桩，桩体相连形成帷幕墙，可用作支护结构挡墙。在较狭窄地区亦可施工。它与深层搅拌水泥土桩一样，亦为重力式挡

墙，只是形成水泥土桩的工艺不同而已。在施工旋喷桩时，要控制好上提速度、喷射压力和喷射量，否则质量难以保证。

2. 钢板桩

钢板桩是一种带锁口或钳口的热轧（或冷弯）型钢，靠锁口或钳口相互连接咬合，形成连续的钢板桩墙，用来挡土和挡水；具有高强、轻型、施工快捷、环保、美观、可循环利用等优点，如图 6.10 所示。

(a) 拉森钢板桩

(b) 钢板桩支护

图 6.10　钢板桩

钢板桩在打入前应将桩尖处的凹槽口封闭，避免泥土挤入，锁口应涂以黄油或其他油脂。打入分为单独打入法和屏风式打入法两种。

单独打入法，是从板墙的一角开始，逐块（或两块为一组）打设，直至工程结束。其优点是施工简便、迅速、不需要其他辅助支架。其缺点是：易使板桩向一侧倾斜，且误差积累后不易纠正。因此，单独打入法只适用于板桩墙要求不高且板桩长度较小（如小于10m）的情况。

屏风式打入法，是将 10～20 根钢板桩成排插入导架内，呈屏风状，然后再分批施打。施打时先将屏风墙两端的钢板桩打至设计标高或一定深度，成为定位板桩，然后在中间按顺序分 1/3、1/2 板桩高度呈阶梯状打入。屏风式打入法的优点是：可以减少倾斜误差积累，防止过大的倾斜，而且易于实现封闭合拢，能保证板桩墙的施工质量。其缺点是：插桩的自立高度较大，要注意插桩的稳定和施工安全。

打桩时，开始打设的第一、二块钢板桩的打入位置和方向要确保精度，它可以起样板导向作用，一般每打入 1m 应测量一次。钢板桩的转角和封闭合拢施工可采用异形板桩、连接件法、骑缝搭接法和轴线调整法等。为确保安全施工，要注意观察和保护作业范围内的重要管线、高压电缆等。

常用的打桩机械有以下几种：

(1) 冲击打桩机械。有自由落锤、蒸汽锤、空气锤、液压锤、柴油锤等。

(2) 振动打桩机械。这类机械既可用于打桩还可用于拔桩，常用的是振动打拔桩锤。

(3) 振动冲击打桩机械。这种机械是在振动打桩机的机体与夹具间设置冲击机构，在激振机产生上下振动的同时，产生冲击力，使施工效率大大提高。

(4) 静力压桩机械。靠静力将板桩压入土中。

图 6.11 地下连续墙支护

3. 地下连续墙

地下连续墙已成为深基坑的主要支护结构挡墙之一，国内大城市深基坑工程利用此支护结构为多，常用厚度为600～1000mm，特别适用于地下水位高的软土地区，当基坑深度大且邻近的建（构）筑物、道路和地下管线相距甚近时，它往往是首先考虑的支护方案。上海地铁的多个车站施工中都采用地下连续墙。图 6.11 为一施工完成后的地下连续墙实例图片。

地下连续墙施工时，先用特制的挖槽机械在泥浆护壁下开挖一个单元槽的沟槽，清底后放入钢筋笼，用导管浇筑混凝土至设计标高，一个单元槽段即施工完毕。各单元槽段间用特制的接头连接，形成连续的钢筋混凝土墙体。工程开挖土方时，地下连续墙可用作支护结构，既挡土又挡水，还可同时用作建筑物的承重结构。

4. 土钉墙

土钉墙是一种利用土钉加固后的原位土体来维护基坑边坡土体稳定的支护方法。它由土钉、钢丝网喷射混凝土面板和加固后的原位土体三部分组成。图 6.12 为某工程土钉墙支护示意图。

施工时，基坑每挖深 1.5m，就在基坑侧壁上钻孔，插入土钉并灌浆，然后挂钢丝网，喷射50～100mm 厚的细石混凝土面层，依次进行直至基坑底部。该种支护结构简单、经济、施工方便，是一种较有前途的基坑边坡支护技术，适用于黏性土或密实性较好的砂土地层，基坑深度一般不大于 12m。

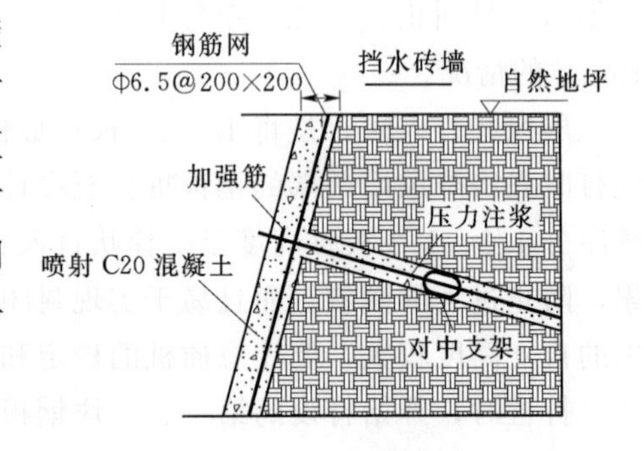

图 6.12 土钉墙支护

6.1.3.3 桩基础工程施工

一般多层建筑物当地基较好时多采用天然浅基础，它造价低、施工简便。如果天然浅土层较弱，可采用机械压实、强夯、堆载预压、深层搅拌、化学加固等方法进行人工加固，形成人工地基。如深部土层也软弱，或建（构）筑物的上部荷载较大，而且是对沉降有严格要求的高层建筑、地下建筑以及桥梁基础等，则需采用深基础。

桩基础是一种常用的深基础形式，它由桩和承台组成。桩按承载性状可分为摩擦型桩和端承型桩。按桩的制作方法可分为预制桩和灌注桩两类。预制桩是在工厂或施工现场制成的各种材料和形式的桩（如木桩、混凝土方桩、预应力混凝土管桩、钢管或型钢的钢桩等），用沉桩设备将桩打入、压入或振入土中，或有的用高压水冲沉入土中。灌注桩是在

施工现场的桩位上用机械或人工成孔，然后在孔内灌注混凝土而成。根据成孔方法的不同分为钻孔、挖孔、冲孔灌注桩，沉管灌注桩和爆扩桩。

1. 预制桩施工

预制桩施工前，将桩从制作处运到现场，并应根据打桩顺序随打随运以避免二次搬运。桩的运输方式，在运距不大时，可用起重机吊运；当运距较大时，可采用轻便轨道小平台车运输。堆放桩的地面必须平整、坚实，垫木间距应与吊点位置相同，各层垫木应位于同一垂直线上，堆放层数不宜超过4层。不同规格的桩，应分别堆放。

打桩顺序合理与否，影响打桩速度、打桩质量及周围环境。当桩的中心距小于4倍桩径时，打桩顺序尤为重要。打桩顺序影响挤土方向。打桩向哪个方向推进，则向哪个方向挤土。根据桩群的密集程度，可由一侧向单一方向进行[图6.13(a)]；自中间向两个方向对称进行[图6.13(b)]；自中间向四周进行[图6.13(c)]。第一种打桩顺序，打桩推进方向宜逐排改变，以免土朝一个方向挤压，而导致土壤挤压不均匀，对于同一排桩，必要时还可采用间隔跳打的方式。对于大面积的桩群，宜采用后两种打桩顺序，以免土壤受到严重挤压，使桩难以打入，或使先打入的桩受挤压而倾斜。大面积的桩群，宜分成几个区域，由多台打桩机采用合理的顺序同时进行打设。

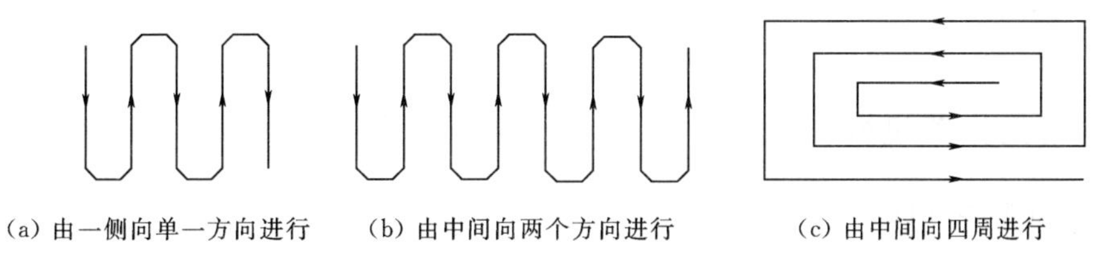

(a) 由一侧向单一方向进行　(b) 由中间向两个方向进行　(c) 由中间向四周进行

图6.13　打桩顺序图

打桩的质量检查包括桩的偏差、最后贯入度与沉桩标高，桩顶、桩身是否打坏以及对周围环境有无造成严重危害。桩的垂直偏差应控制在1%之内，平面位置的允许偏差，对于建筑物桩基，单排或双排桩的条形桩基，垂直于条形桩基纵轴线方向为100mm，平行于条形桩基纵轴线方向为150mm；桩数为1～3根桩基中的桩为100mm；桩数为4～16根桩基中的桩为1/3桩径或1/3边长；桩数大于16根桩基中的桩最外边的桩为1/3桩径或1/3边长，中间桩为1/2桩径或边长。打桩的控制，对于桩尖位于坚硬土层的端承型桩，以贯入度控制为主，桩尖进入持力层深度或桩尖标高可作参考。

2. 钢筋混凝土灌注桩施工

灌注桩是在施工现场的桩位上先成孔，然后在孔内灌注混凝土，或者加入钢筋后再灌注混凝土而形成。桩基础可以省去大量土方支撑和排水降水设施，施工方便，且一般均能获得良好的技术经济效果。泥浆护壁成孔灌注桩的原理利用原土自然造浆或人工造浆浆液进行护壁，通过循环泥浆将被钻头切下的土块带出孔外成孔，然后安放钢筋笼，水下灌注混凝土成桩。其适用范围地下水位较高的黏性土、粉土、砂土填土、碎石土及风化岩层。

若采用人工挖孔，则桩孔直径较大，一般在800mm以上，能够承载楼层较少且压力较大的结构主体，目前应用比较普遍。桩的上面设置承台，再用承台梁拉结、连系起来，使各个桩的受力均匀分布，用以支承整个建筑物。它适用于无地下水或地下水较少的黏土、粉质黏土，含少量砂、砂卵石、姜结石的黏土采用，特别适于黄土层采用，深度一般20m左右，可用于高层建筑、公共建筑。

人工挖孔桩施工时应按现行有关规范规程并结合该工程的实际情况采取有效的安全措施，确保桩基施工安全有序进行，深度大于10m的桩孔应有送风装置，每次开工前送风5min；桩孔挖掘前要认真研究地质资料，分析地质情况对可能出现的流沙、流泥及有害气体等情况，应制定针对性的安全。其施工工艺流程如图6.14所示。

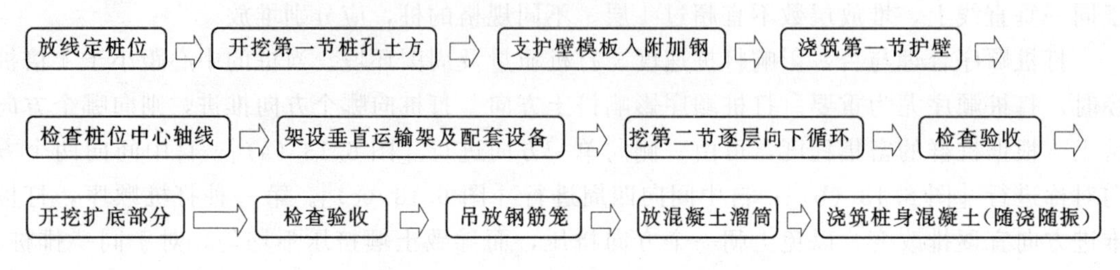

图6.14　人工挖孔桩施工工艺流程

6.2　钢筋混凝土结构施工

6.2.1　常用施工机械

6.2.1.1　塔吊起重机

1. 塔式起重机的构造

不论结构简单还是复杂的塔式起重机，其组成都有一个共同特点，它们都是由三大部分组成的，即金属结构、机构和控制系统，如图6.15所示。

图6.15　塔式起重机

塔式起重机金属结构是由金属材料轧成的型钢和钢板作为基本构件，采用铆接、焊接、螺栓连接、销轴连接等方法，按照一定的结构组成规则连接起来，能够承受载荷的结构物。这种结构又称为塔机的金属结构。塔式起重机金属结构作为塔式起重塔机的主要组成部分之一，其作用主要是用来承受来自于方方面面的各种载荷的，其中包括自重载荷。因此结构本身就必须具有足够的强度、刚度和稳定性。塔式起重机金属结构主要包括底架、塔身、爬升套架、起重臂、平衡臂、上下转台、旋转塔身、塔帽、附着装置等。此部分一般约占整机重量的70%的左右。

能使起重机发生某种动作的传动系统，统称为塔式起重机的机构。因起重运输作业的需要，起重机要能完成升降、旋转、变幅、爬升及行走等基本动作，而这些动作必然要由

相应的机构来完成。塔式起重机基本机构，是人们早已公认的四大基本机构——起升机构、变幅机构、回转机构、行走机构。除此之外如果是自升式塔机还应有液压顶升机构。起升机构将被吊物件由点变成线；接着变幅机构把线变为面；然后再由回转机构把面变为局部的圆柱体；再通过行走机构就把局部的圆柱体变为了任意体。可以看出通过以上各大机构的联合运行，就能实现被吊物件有效的空间转移。

塔式起重机各大机构能够有序的按照人的意愿安全运行，就必须依赖控制系统。此系统包括了电气控制柜、操纵台、当然也可以包括和电气控制相关的各安全保护装置。通过该系统确保了起重机运转动作的平稳、准确、安全可靠。安全保护装置中包含了起重量限制器、起重力矩限制器、起升高度限位器、幅度限位器、回转限制器、风速仪、大车行程限位器、各电气保护装置等。

2. 塔机的整机稳定性

一般塔式起重机的高度与其支承轮廓尺寸的比值都很大，属于高耸设备，就像一个细长杆，且重心较高，稍有差错，极易围绕底部支承轮廓外缘（倾覆边）发生倾覆，所以保证塔式起重机安装及使用当中的整机稳定是一个十分重要的问题，稳定性就是指塔机整机抵抗倾覆的一种能力。

塔机的稳定性可以用稳定系数来表示。就是塔机所有的抗倾覆作用力（如塔身自重、基础压重）对塔机倾覆边的力矩与所有倾覆作用力（如风力、吊重力、工作惯性力）对塔机倾覆边的力矩的比值。

$$\text{稳定系数 } K=\frac{\text{抗倾覆力矩}}{\text{倾覆力矩}}$$

影响稳定的主要有地基承载能力、基础施工制作、轨道坡度、风力、斜吊重物、平衡重配置、超载等因素，稳定系数越大越好，我国对稳定系数的要求是，考虑风力动载时 $K\geqslant1.15$，无风静载时 $K\geqslant1.4$。

3. 塔机基本参数及定义

塔机参数包括基本参数及主参数。基本参数共 11 项，其名称及定义见表 6.2。

表 6.2　　塔机基本参数表

参数名词	定　义
幅度	塔机空载时，塔机回转中心线至吊钩中心垂线的水平距离
起升高度	空载时，对轨道式塔机，是吊钩内最低点到轨顶面的距离；对其他型式起重机，则为吊钩内最低点到支承面的距离
额定起升载荷	在规定幅度时的最大起升载荷，包括物品、取物装置（吊梁、抓斗、起重电磁铁等）的重量
轴距	同一侧行走轮的轴心线或一组行走轮中心线之间的距离
轮距	同一轴心线左右两个行走轮或左右两侧行走轮组、轮胎或轮胎组中心径向平面间的距离
起重机重量	包括平衡重、压重和整机重
尾部回转半径	回转中心线至平衡重或平衡臂端部最大距离

续表

参数名词	定 义
额定回转速度	在额定起升载荷时，对于一定的卷筒卷绕外层钢丝绳中心直径、变速挡位、滑轮组倍率和电动机额定工况所能达到的最大稳定起升速度。如不指明钢丝绳在卷筒上的卷绕层数，既按最外层钢丝绳中心计算和测量
最低稳定速度	带着额定起升载荷回转时的最大稳定转速
最低稳定速度	为了起升载荷安装就位的需要，起重机起升机构所具备的最小速度
工作级别	分为 A1～A6

4. 起重作业的一般安全注意事项

在施工活动过程中，重物的搬移、吊运、装卸都是由起重作业来完成，起重工在整个作业过程中，既承担了对被搬移、吊运、装卸物体的司索、还承担了完成整个作业过程的指挥，可以说是整个作业过程中的核心人物，对能否安全合理完成任务起着关键性作用。

(1) 作业前，要对整个作业活动可能产生的危险因素进行识别，编制控制危险因素的安全技术和措施，并对相关人员进行交底，做到四个明确：工作任务明确、施工方法明确、吊装物体重量明确、作业中的安全注意事项明确。

(2) 吊装工作中，必须坚守工作岗位，做到思想集中，听从调配和指挥。

(3) 需要进入生产运行区域进行作业时，必须取得相关方的同意，并遵守相关方的管理制度和规定。

(4) 禁止在运行的管道、设备以及不坚固的构筑物上捆绑链条葫芦、滑车和卷扬机等作为起吊重物的承力点。

图 6.16 绳轮驱动式施工电梯

(5) 各种重物放置要稳妥，以防倾倒和滚动。

(6) 遵守安全规程，正确使用劳动保护用品、用具。

(7) 起重作业是一个多人配合完成的集体作业，必须培养团队精神，形成全员互保。

6.2.1.2 外用施工电梯

施工电梯是安装于高层建筑物外部，供运送施工人员和建筑器材的垂直提升机械。基础、立柱导轨井架、带有底笼的平面主框架、梯笼和附墙支撑是施工电梯主要部件。施工电梯主要有单笼式和双笼式。一般载重量1t，可乘12人；重型可载重2t，可乘24人。绳轮驱动式施工电梯如图6.16所示。

1. 施工电梯的类型

(1) 绳轮驱动式施工电梯。绳轮驱动式施工电梯常称为施工升降机，是利用卷扬机、滑轮组，通过钢丝绳悬吊吊厢升降，主要特点是采用三角断面钢管焊接格桁结构立柱，单吊厢，无平衡重，没有限速和机电联锁安全装置。附着装置比较简单。其结构比较轻巧，能自升接高，构造较简单，用钢量少，造价仅为齿轮齿条施工电梯的2/5，附着装置费用也比较省。适于建造20层以下的高层建筑使用。

(2) 齿轮驱动式施工电梯。齿轮驱动式施工电梯采用方形断面钢管焊接格桁结构塔架，刚度好，检查维修保养方便。高效限速装置安全性高，能自升接高，安装转移迅速，附着建筑物逐节升高。适于建造25层特别是30层以上的高层建筑。

施工电梯在运量达到高峰时，可以采用低层不停，高层间隔停的方法。此外，施工电梯使用时要注意夜间照明及与结构的连接。一台施工电梯的服务楼层面积约为600m^2。在配置施工电梯时可参考此数据并尽可能选用双吊厢式施工电梯。

2. 外用施工电梯使用时注意事项

(1) 为使施工电梯充分发挥效能，其安装位置应满足：便于施工人员和物料的集散；便于安装和设置附墙装置；靠近电源，有良好的夜间照明。

(2) 严格对人货电梯运输的组织与管理。采取施工楼层相对集中，增加作业班次，白天运送人员为主、晚上以运送材料为主等措施，缓解高峰时的运输矛盾。

3. 施工电梯安全控制

工作中应从以下几个部分进行日常监督检查和控制。

(1) 施工电梯基础的监督检查控制：

1) 地基应浇制混凝土基础，其承载能力应大于150kPa，基础表面平整度允许偏差为10mm，基础排水应畅通（防止水浸泡而造成基础不均匀下沉）。

2) 当施工电梯基础位于回填土上时，应对基础进行分层夯实或采取其他措施确保基础符合要求。

(2) 导轨架及附着监督检查控制：

1) 电梯标准节螺栓应按规定扭力紧固，不得过多超过规定扭矩，日常检查应检查其有无松动。

2) 施工电梯垂直度控制，从两个方向进行测量校准，其垂直度允许偏差为高度的0.5/1000。

3) 附墙应严格按说明书进行，附墙系统不得与外架相连，运动部件与建筑物和固定设备之间的间距不得小于0.25m。日常检查重点检查附墙螺栓是否松动，主立杆连接处有无缝隙（可据此判断基础有无下沉现象）。

4) 加节及附墙过程，电梯应采取笼顶操作，且启动前应鸣笛示警。过程重点检查有无交叉作业，有无警戒隔离区，有无安全技术交底以及天气情况（六级风不允许作业）。

(3) 施工电梯安全装置、安全防护监督检查控制：

1) 限位开关系统（上下限位、极限限位、单开门限位、双开门限位、护栏门限位、翻板门限位、松绳保护限位）。

2) 防坠安全器，重点检查其是否在检定合格有效期以及动力部门坠落试验记录（每三个月一次坠落试验）。

3) 电梯护栏、电梯防护棚、电梯安全门、电梯进出楼层通道、梯笼运行通道。

平常应与项目动力负责人或作业人员一道对各个安全装置、防护设施进行检查，试验其灵敏度和可靠性，确保施工电梯安全装置处于正常状态。

6.2.1.3　泵送混凝土施工机械

1. 混凝土搅拌运输车

混凝土搅拌运输车或称搅拌车（图6.17），是用来运送建筑用预拌混凝土的专用卡车；由于它的外形，也常被称为田螺车。卡车上装有圆筒形搅拌筒用以运载混合后的混凝土，在运输过程中会始终保持搅拌筒转动，以保证所运载的混凝土不会凝固。运送完混凝土后，通常都会用水冲洗搅拌筒内部，防止硬化的混凝土占用空间。

图6.17　混凝土搅拌运输车

混凝土搅拌运输车由底盘系统、上装小传动轴及液压系统、搅拌罐体、出料系统、清洗系统、副车架系统、操纵系统、托轮系统、进料系统、上装电器系统及随车工具、材料十一个部分组成。

2. 混凝土泵车

(1) 泵车的结构。泵车在结构上可大致分为底盘、臂架系统、泵送系统、液压系统及电控系统等五个组成部分。泵送系统是混凝土泵车的执行机构，用于将混凝土沿输送管道连续输送到浇筑现场。泵送系统由料斗总成、泵送机构、输送管道和润滑系统组成。臂架系统是由布料杆和转塔组成。其中布料杆又由多节臂架、连杆、油缸、连接件和输送管组成，转塔由转台、回转机构、固定转塔（连接架）和支腿支撑组成，如图6.18所示。

泵车电控系统由电控箱、操作面板、遥控器等组成。其中操作面板由近控操作面板、遥控操作面板和驾驶室控制面板三部分组成。

图6.18　混凝土泵车

(2) 泵车的优点及局限性。自泵车带臂架进行布料，辅助时间短；布料方便快捷，泵送速度快，工作效率高；自动化程度高，可由一人操作，配备遥控，操作方便；机动性能好，设备利用率高。但泵车泵送高度受臂架长度限制，施工所需场地较大且对混凝土的要求比拖泵高。

(3) 泵送混凝土的可泵性。泵送混凝土是适应于在混凝土泵的压力推动下，混凝土沿水平或垂直管道被输送到浇筑地点进行浇筑的混凝土。泵送混凝土须满足强度和耐久性等要求。满足泵送工艺要求，即要求混凝土有较好的可泵性。混凝土在泵送过程中具有良好的流动性、阻力小、不离析、不易泌水、不堵塞管道等性质。可泵性主要表现为流动性和内聚性，流动性是能够泵送的主要性能，内聚性是抵抗分层离析的能力，即使在振动状态下和在压力条件下也不容易发生水与骨料的分离。

影响混凝土可泵性的原材料因素如下：

1) 水泥。混凝土拌和物中石子本身并无流动性，它必须均匀分散在水泥浆体中通过水泥浆体带动一起向前移动，石子随浆体的移动受的阻力与浆体在拌和物中的充盈度有关，在拌和物中，水泥浆填充骨料颗粒间的空隙并包裹着骨料，在骨料表面形成浆体层，浆体层的厚度越大（前提是浆体与骨料不易分离），则骨料移动的阻力就会越小，同时，浆体量大，骨料相对减少，混凝土流动性增大，在泵送管道内壁形成的薄浆层可起到润滑层的作用，使泵送阻力降低，便于泵送。

2）骨料。出于成本和混凝土性能的考虑，通常施工的混凝土一般都骨料含量最大而又能满足施工的混合料，泵送混凝土除了浆体以外，其余的就是骨料，骨料占的体积最大，其特性对混合料的可泵性影响很大，包括级配、颗粒形状、表面状态、最大粒径、吸水性能等。

3）外加剂。由于泵送工艺的需要，为了满足适当的浆体含量和适宜的流动性，泵送混凝土用水量通常较大，而从混凝土性能考虑，则需要控制水胶比，需借助外加剂的功效来解决其中的矛盾，降低用水量、改善和易性、增大浆体的流动性。

4）水和细粉。水是混凝土拌和物各组成材料间的联络相，也是泵送压力传递的关键介质，主宰混凝土泵送的全过程，但水加得太多，浆体过分稀释不利于泵送而且对混凝土强度及耐久性不利。

如果混凝土中细粉料（胶凝材料和 0.3mm 以下的细料）对水没有足够的吸附能力和阻力，一部分水在泵送压力下从固体颗粒间的空隙流向阻力较小的区域，造成输送管道内压力传递不均，使水先流失、骨料与浆体分离。

6.2.2 脚手架工程

“脚手架”原意是为施工作业需要所搭设的架子，随着脚手架品种和多功能用途的发展，现在已扩展为使用脚手架材料（杆件、构件和配件）所搭设的、用于施工要求的各种临设性构架。从广义上说：在我国一般将临时架设在建造中的建筑物或结构物周围，为方便施工人员结构施工或外墙装饰作业以及为在操作时堆放建筑材料的辅助施工设施，或在混凝土浇筑过程中为固定模板而架设的临时支撑系统，统称为施工脚手架系统。而狭义上一般指前者，如图 6.19 所示。

图 6.19 脚手架

钢脚手架大致可分为固定式组合脚手架、移动式脚手架和吊脚手架三大类，其中固定式组合脚手架又包括钢管脚手架和框式脚手架两大类。钢管脚手架（又称单管脚手架），是各国应用最广泛的脚手架之一。根据其连接方式的不同，又可分为扣件式、承插式等多种钢管脚手架。框式脚手架有门形、梯形、三角形等多种形式，其中门形脚手架在欧美、日本等国使用量最多，约占各类脚手架的 50%左右。下面介绍目前我国使用较多及正在开发和推广应用几种新型脚手架。

6.2.2.1 扣件式钢管脚手架

这种脚手架由钢管和扣件组成、具有加工简便、搬运方便、通用性强等特点，已成为当前我国使用量最大、应用最普遍的一种脚手架，占脚手架使用总量的 70%左右，在今后较长时间内，这种脚手架仍占主导地位。近年来，有相当一部分施工单位在高层建筑施工中，成功地采用扣件式脚手架作为外脚手架，其施工方法主要有以下三种：

（1）双管立杆脚手架。将双排落地式脚手架的每根立杆处均增加一根立杆，采用双立杆来承受施工架体荷载。

（2）悬挑式脚手架。将外脚手架分段悬挑搭设，每隔一定高度，在建筑物四周布置支承架，脚手架和施工荷载均由悬挑支承架承担。

（3）悬吊式脚手架。将落地式脚手架采用分段卸荷的办法，即每一定高度设1道吊件，吊件的上端吊在建筑物预埋的吊环上，下端吊在立杆与大、小横杆的交点处，通过吊杆将吊点以上的脚手架自重和施工荷载分段传至建筑物。

6.2.2.2 承插式脚手架

承插式脚手架是单管脚手架的一种形式，其构造与扣件式钢管脚手架基本相似，主要由主杆、横杆、斜杆、可调底座等组成，只是主杆与横杆、斜撑之间的连接不是用扣件，而是在主杆上焊接插座，横杆和斜杆上焊接插头，将插头插入插座，即可拼装成各种尺寸的脚手架。由于各国对插座和插头的结构设计不同，形成了各种形式的承插式脚手架。下面介绍我国已使用或正在开发应用的几种承插式脚手架。

1. 碗扣式脚手架

这种脚手架的插座由上、下碗和限位销组成，在直径48mm的主杆上，每隔一定间距设置1组碗式插座，组装时将横杆两端的插头插入下碗，扣紧和旋转上碗，用限位销压紧上碗螺旋面，每个节点可同时连接4个横杆。

2. 楔紧式脚手架

这种脚手架的构造与碗扣式脚手架基本相仿，插座也是由上、下碗和限位销组成，只是下碗和横杆插头的构造作了改进，每个节点可以同时插入6个不同方向的横杆。

3. 圆盘式脚手架

这种脚手架的插座为直径120mm，厚18mm的圆盘，圆盘上开设8个插孔，横杆和斜杆上的插头构造设计先进。组装时，将插头先卡紧圆盘，再将楔板插入插孔内，压紧楔板即可固定横杆。

4. 轮扣式脚手架

这种脚手架的插座为轮扣形的钢板，四边凸出部分开设矩形孔。横杆两端各焊接一只长形插头。组装时，将插头插入轮扣上相应的孔内，用铁锤敲打插头即可锁紧，每个轮扣上可同时插入4根横杆。拆卸时只要敲击插头松开，就能拿下横杆。

6.2.2.3 门式脚手架

门式脚手架主要由立柜、横框、交叉斜撑、脚手板、可调底座等组成。它具有装拆简单、承载性能好、使用安全可靠等特点。它不但能用作建筑施工的内外脚手架，又能用作模板支架和移动式脚手架，具有多种功能，所以又称多功能脚手架。

6.2.2.4 方塔式脚手架

方塔式脚手架主要由标准架、交叉斜撑、连接棒、可调底座、顶托等组成。该脚手架由德国首先开发应用，目前已在西欧各国广泛应用。20世纪90年代初，我国在大亚湾核电站和二滩水电站工程中，使用这种脚手架效果良好。

6.2.2.5 三角框塔式脚手架

三角框塔式脚手架主要由三角框、横杆、对角杆、可调底座、顶托等组成。该脚手架在英国、法国开发较早，目前在西欧各国已得到推广应用，日本在20世纪70年代也已开始批量生产和大量应用。

6.2.2.6 附着式升降脚手架

附着式升降脚手架也称爬架，主要由架体结构、提升设备、附着支撑结构和防倾、防坠装置等组成。它用少量不落地的附墙脚手架，以墙体为支承点，利用提升设备沿建筑物的外墙面上下移动。这种脚手架吸收了吊脚手和挂脚手的优点，不但可以附墙升降，而且可以节省大量材料和人工。近几年，在各地施工工程中，出现了各种形式的爬架。钢管扣件式脚手架，是当前我国使用量最大、应用最普遍的一种脚手架，占脚手架使用总的70%左右，在今后较长时间内，这种脚手架仍占主导地位。

脚手架的拆除作业应按与搭设相反的程序由上而下逐层进行，严禁上下同时作业。每层连墙件的拆除，必须在其上全部可拆除杆件均已拆除以后进行，严禁先松开连墙件，再拆除上部杆件。凡已松开连接的杆件必须及时取出、放下，以免作业人员误扶、误靠，引起危险。分段拆除时，高差应不大于2步；如高差大于2步，应增设连墙件加固。拆下的杆件、扣件和脚手板应及时吊运至地面，禁止自架上向下抛掷。当有六级及六级以上大风和雾、雨、雪天气时，应停止脚手架拆除作业。

6.2.3 模板工程

模板工程是指支承新浇筑混凝土的整个系统，是由模板、支撑及紧固件等组成。模板是使新浇筑混凝土成型并养护，使之达到一定强度以承受自重的临时性结构并能拆除的模型板。支撑是保证模板形状和位置并承受模板、钢筋、新浇混凝土的自重以及施工荷载的结构。

6.2.3.1 模板工程材料

模板工程材料的种类很多，木、钢、复合材、塑料、铝，甚至混凝土本身都可作为模板工程材料。模板工程材料的选用应在保证混凝土结构质量和施工安全性的条件下，以考虑经济性和混凝土表面装饰要求为主。

1. 木模板

木模板选用的木材主要为红松、白松、落叶松和杉木。木模板的基本元件为拼板，由板条与拼条钉成。板条的厚度一般为25～50mm，宽度不宜大于200mm，以免受潮翘曲。木模板由于重复利用率低，成本高，在施工中应尽量少用。

2. 钢模板

钢模板一般均为具有一定形状和尺寸的定型模板，由钢板和型钢焊成。组合钢模板由钢模、角模以及配件组成，配件包括支承和连接件。

3. 胶合板模板

胶合板模板通常由5、7、9、11等奇数层单板（薄木板）经热压固化而胶合成型，相邻层的纹理方向相互垂直。胶合板具有幅面大、自重较轻、锯截方便、不翘曲、不开裂、开洞容易等优点，是我国今后具有发展前途的一种新型模板。

胶合板常用的幅面尺寸有915mm×1830mm、1220mm×2440mm等，厚度为12mm、15mm、18mm、21mm等，表面常覆有树脂面膜。以胶合板为面板，钢框架为背楞，可组装成钢框胶合板模板。

4. 脱模剂

脱模剂涂在模板面板上起润滑和隔离作用，拆模时使混凝土顺利脱离模板，并保持混凝土形状完整。脱模剂应具有脱模、成模、无毒等基本性能。

脱模剂按其主要原材料及性能可分为油类、蜡类、石油基、化学活性类以及树类等。脱模剂的选用要综合考虑模板材质、混凝土表面质量及装饰要求、施工条件以及成本等因素，提倡使用水溶性脱模剂。

6.2.3.2 模板工程基本构件的模板构造

1. 柱、墙模板

柱和墙均为竖向构件，模板工程应能保持自身稳定，并能承受浇筑混凝土时产生的侧向压力。

柱模板主要由侧模（包括加劲肋）、柱箍、底部固定框、清理孔四个部分组成。柱的断面较小，混凝土浇筑速度快，柱侧模上所受的新浇筑混凝土压力较大，特别要求柱模拼缝严密、底部固定牢靠，柱箍间距适当，并保证其垂直度。此外，对高的柱，为便于浇筑混凝土，沿柱高度每隔 2m 开设浇筑孔。

墙模板对墙模板的要求与柱模相似，主要保证其垂直度以及抵抗新浇筑混凝土的侧压力。墙模板由五个基本部分组成：

（1）侧模（面板）：维持新浇混凝土直至硬化。

（2）内楞：支承侧模。

（3）外楞：支承内楞和加强模板。

（4）斜撑：保证模板垂直和支承施工荷载及风荷载等。

（5）对拉螺栓及撑块：混凝土侧压力作用到侧模上时，保持两片侧模间的距离。

墙模板的侧模可采用胶合板模板、组合钢模板、钢框胶合板模板等。内外楞可采用方木、内卷边槽钢、圆形或矩形钢管等。

2. 梁、板模板

梁与板均为横向构件，其模板工程主要承受竖向荷载。现浇混凝土楼面结构多为梁板结构，梁和板的模板通常一块拼装。梁模板由底模及侧模组成。底模承受竖向荷载，刚度较大，下设支撑；侧模承受混凝土侧压力，其底部用夹条夹住，顶部由支承模板的小楞顶住或斜撑顶住。

3. 梁、楼板的胶合板模板系统

楼板模板优先采用幅面较大的整张胶合板，以加快模板装拆速度，提高楼面板底面平整度。结合施工单位实际条件，也可以采用组合钢模板等。

6.2.3.3 模板工程支撑系统

模板工程的支撑系统广义地来说包括了竖支撑、斜撑以及连接件等，其中竖向支撑用来支承梁和板等横向构件，直至构件混凝土达到足够的自承重强度；横向支撑用来抵抗模板所承受的侧压力，支撑模板跨越较大的施工空间或减少竖向支撑的数量。

梁和楼板模板的竖向支撑可选用木支柱、可调式钢支柱、扣件式钢管支架以及框式钢支架等。楼板模板的横向支撑主要有小楞、大楞和桁架等。小楞支撑模板，大楞支撑小楞。

6.2.3.4 模板工程安装与拆除

1. 模板及支撑安装

模板及支撑应按模板设计施工图进行安装。竖向构件的模板在安装前根据楼地面上轴线控制网，分别用墨线弹出竖向构件的中线及连线，依据边线安装模板。安装后的模板要保持垂直，斜撑牢靠，以防在混凝土侧压力作用下发生“胀模”。

横向构件的模板在安装前定出构件的轴线位置及模板的安装高度，依据模板下支撑顶面高度安装模板。当梁的跨度不小于4m时，梁底模应考虑起拱，如设计无要求时，起拱高度宜为结构跨度的1/1000～3/1000。

在多层或高层建筑施工中，安装上层的竖向支撑时，应注意保证在相同的垂直线位置上，以确保支撑间力的竖向传递。支撑间用斜撑或水平撑拉牢，以增强整体稳定性。

2. 模板支撑拆除

为了加快模板支撑的周转使用，模板支撑应尽量早拆除，但拆除时间应取决于模板内混凝土强度的大小。

对于侧模，只要混凝土强度能保证结构表面及棱角不因拆除模板而受损伤时，即可拆除。

对于底模，应在结构同条件养护中试件达到规定强度后，方可拆除。

6.2.4 钢筋工程

6.2.4.1 钢筋的种类及性能

1. 按化学成分来分

混凝土结构用的普通钢筋按生产工艺可分为热轧钢筋和冷加工钢筋两大类。热轧钢筋具有软钢的性质，为最常用的一类钢筋，有热轧光圆钢筋（HPB）、热轧带肋钢筋（HRB）和余热处理钢筋（RRB）三种，其强度等级按屈服强度（MPa）分为300级、335级、400级和500级。

钢筋按化学成分可分为：碳素钢钢筋和普通低合金钢钢筋。普通低合金钢钢筋是在低碳钢和中碳钢的成分中加入少量合金元素，能获得强度高和综合性能好的钢种。

2. 按外形来分

按外形来分钢筋可分为光面钢筋和变形钢筋（螺纹、人字纹、月牙纹）。

3. 生产工艺

按生产工艺来分可分为热轧钢筋、冷拔钢丝、热处理钢筋、碳素钢丝、刻痕钢丝和钢绞线。

6.2.4.2 钢筋工程的施工要点

钢筋工程施工程序包括：进场检验→加工（冷加工、接长）→成型→绑扎安装→质量检查。

6.2.4.3 钢筋的三种连接方式

钢筋的连接有焊接、机械连接和搭接连接三种方法。

1. 焊接连接

钢筋焊接（图6.20）可代替绑扎，能节约钢材，且受力好功效高成本低。焊接方法包括对焊，电弧焊，点焊和电渣压力焊。

2. 机械连接

机械连接（图6.21）包括挤压连接、锥螺纹连接和直螺纹连接。机械连接是将一个钢套筒套在两根带肋钢筋的端部，用超高压液压设备（挤压钳）沿钢套筒径向挤压钢套管，在挤压钳挤压力作用下，钢套筒产生塑性变形与钢筋紧密结合，通过钢套筒与钢筋横肋的咬合，将两根钢筋牢固连接在一起。其特点是接头强度高，性能可靠，能够承受高应力反复拉压载荷及疲劳载荷。由于机械连接操作简便、施工速度快、节约能源和材料、综合经济效益好，该方法已在工程中大量应用。

3. 搭接连接

钢筋搭接（图6.22）是指两根钢筋相互有一定的重叠长度，用扎丝绑扎的连接方法，适用于较小直径的钢筋连接。钢筋绑扎搭接和安装前，应先熟悉图纸，核对钢筋配料单和料牌，研究与有关工程的配合，确定施工方法。搭接绑扎形式复杂的结构部位时，应先研究逐根钢筋穿插就位的顺序，并与模板安装配合，减少绑扎困难。在同一截面内，绑扎搭接接头的钢筋面积在受压区中不大于50%，在受拉区中不大于25%；不在同一截面中的绑扎接头，中距不得小于搭接长度。

图6.20　钢筋焊接

图6.21　钢筋机械连接

图6.22　钢筋搭接

6.2.4.4 钢筋加工

受力钢筋的弯钩和弯折应符合下列规定：

（1）HPB300级钢筋末端应做180°弯钩，其弯弧内直径不应小于钢筋直径的2.5倍，弯钩的弯后平直部分长度不应小于钢筋直径的3倍。

（2）当设计要求钢筋末端需做135°弯钩时，HRB335级、HRB400级钢筋的弯弧内直径不应小于钢筋直径的4倍，弯钩的弯后平直部分长度应符合设计要求。

（3）钢筋作不大于90°的弯折时，弯折处的弯弧内直径不应小于钢筋直径的5倍。

除焊接封闭式箍筋外，箍筋的末端应作弯钩，弯钩形式应符合设计要求；当设计无具体要求时，应符合下列规定：

1）箍筋弯钩的弯弧内直径除应不小于受力钢筋直径。

2）箍筋弯钩的弯折角度：对一般结构，不应小于90°；对有抗震等要求的结构，应为135°。

3）箍筋弯后平直部分长度：对一般结构，不宜小于箍筋直径的5倍；对有抗震等要求的结构，不应小于箍筋直径的10倍。

对各种级别普通钢筋弯钩、弯折和箍筋的弯弧内直径、弯折角度、弯后平直部分长度分别提出了要求。受力钢筋弯钩、弯折的形状和尺寸，对于保证钢筋与混凝土协同受力非

常重要。根据构件受力性能的不同要求，合理配置箍筋有利于保证混凝土构件的承载力，特别是对配筋率较高的柱、受扭的梁和有抗震设防要求的结构构件更为重要。

钢筋调直宜采用机械方法，也可采用冷拉方法。当采用冷拉方法调直钢筋时，HPB235 级的钢筋的冷拉率不宜大于 4%，HRB335 级、HRB400 级和 RRB400 级钢筋的冷拉率不宜大于 1%。

钢筋加工的形状、尺寸应符合设计要求，其偏差应符合表 6.3 的规定。

表 6.3　　钢筋加工的允许偏差

项　　目	允许偏差/mm
受力钢筋顺长度方向全长的净尺寸	±10
弯起钢筋的弯折位置	±20
箍筋内净尺寸	±5

6.2.5　混凝土工程

6.2.5.1　混凝土的原材料

1. 水泥

水泥的品种和成分不同，其凝结时间、早期强度、水化热和吸水性等性能也不相同，应按适用范围选用。

在普通气候环境或干燥环境下的混凝土、严寒地区的露天混凝土应优先选用普通硅酸盐水泥；高强混凝土（大于 C40）、要求快硬的混凝土、有耐磨要求的混凝土应优先选用硅酸盐水泥；高温环境或水下混凝土应优先选用矿渣硅酸盐水泥；厚大体积的混凝土应优先选用粉煤灰硅酸盐水泥或矿渣硅酸盐水泥；有抗渗要求的混凝土应优先选用普通硅酸盐水泥或火山灰质硅酸盐水泥；有耐磨要求的混凝土应优先选用普通硅酸盐水泥或硅酸盐水泥。

水泥进场应对其品种、级别、包装、出厂日期等进行检查，并对强度、安定性等指标进行复检，其质量必须符合国家标准。

检查数量：按同一生产厂家、同一等级、同一品种、同一批号且连续进场的水泥，袋装不超过 200t 为一批，散装不超过 500t 为一批，每批抽样不少于一次。

检查方法：检查产品合格证、出厂检验报告和进场复验报告。

重新检验：当使用中对水泥质量有怀疑或水泥出厂超过三个月（快硬硅酸盐水泥超过一个月）应视为过期水泥，使用时须重新检验、确定标号。

入库的水泥应按品种、标号、出厂日期分别堆放、并挂牌标识；做到先进先用，不同品种的水泥不得混掺使用。

2. 砂

混凝土用砂以细度模数为 2.5～3.5 的中粗砂最为合适；当混凝土强度等级高于或等于 C30 时（或有抗冻、抗渗要求），含泥量不大于 3%；当混凝土强度等级低于 C30 时，含泥量不大于 5%。

3. 石子

常用石子有卵石和碎石。卵石混凝土水泥用量少，强度偏低；碎石混凝土水泥用量大，强度较高。

石子的级配越好，其空隙率及总表面积越小，不仅节约水泥，混凝土的和易性、密实性和强度也较高。碎石和卵石的颗粒级配应优先采用连续级配。石子的含泥量：混凝土强度等级不小于C30时，含泥量不大于1.0%；混凝土强度等级低于C30时，含泥量不大于2.0%（泥块含量按重量计）。石子的最大粒径：在级配合适的情况下，石子的粒径越大，对节约水泥、提高混凝土强度和密实性都有好处。但由于结构断面、钢筋间距及施工条件的限制，石子的最大粒径不得超过结构截面最小尺寸的1/4，且不超过钢筋最小净距的3/4；对混凝土实心板不超过板厚的1/3，且最大不超过40mm（机拌）；任何情况下石子的最大粒径机械拌制不超过150mm，人工拌制不超过80mm。

4. 水

饮用水都可用来拌制和养护混凝土，污水、工艺废水不得用于混凝土中。海水不得用来拌制配筋结构的混凝土。

5. 外加剂

为改善混凝土的性能，提高其经济效果，以适应新结构、新技术的需要，外加剂已经成为混凝土的第五组分，主要如下：

（1）减水剂。一种表面活性材料，能显著减少拌和用水量，降低水灰比，改善和易性，增加流动性，节约水泥，有利于混凝土强度的增长及物理性能的改善，尤其适合大体积混凝土、防水混凝土、泵送混凝土等。

（2）早强剂。加速混凝土的硬化过程，提高早期强度，加快工程进度。三乙醇胺及其复合早强剂的应用较为普遍。有的早强剂（氯盐）对钢筋有锈蚀作用，在配筋结构中使用时其掺量不大于水泥重量的1%，并禁止用于预应力结构和大体积混凝土。

（3）速凝剂。加速水泥的凝结硬化作用，用于快速施工、堵漏、喷射混凝土等。

（4）缓凝剂。延长混凝土从塑性状态转化到固体状态所需的时间，并对后期强度无影响。主要用于大体积混凝土、气候炎热地区的混凝土工程和长距离输送的混凝土。

（5）膨胀剂。使混凝土在水化过程中产生一定的体积膨胀。膨胀剂可配制补偿收缩混凝土、填充用膨胀混凝土、自应力混凝土。

（6）防水剂。配制防水混凝土的方法之一。用水玻璃配制的混凝土不但能防水，还有很大的黏结力和速凝作用，用于修补工程和堵塞漏水很有效果。

（7）抗冻剂。在一定负温条件下，保持混凝土水分不受冻结，并促使其凝结、硬化。如亚硝酸钠与硫酸盐复合剂，能适用于−100℃环境下施工。

（8）加气剂。在混凝土中掺入加气剂，能产生大量微小、密闭的气泡，既改善混凝土的和易性、减小用水量、提高抗渗、抗冻性能，又能减轻自重，增加保温隔热性能，是现代建筑常用的隔热、隔声墙体材料。

（9）外掺料。采用硅酸盐水泥或普通硅酸盐水泥拌制混凝土时，为节约水泥和改善混凝土的工作性能，可掺用一定的混合材料，外掺料一般为当地的工业废料或廉价地方材料。外掺料质量应符合国家现行标准的规定，其掺量应经试验确定。

6.2.5.2 混凝土的和易性

和易性是指混凝土在搅拌、运输、浇筑等施工过程中保持成分均匀、不分层离析，成型后混凝土密实均匀的性能。它包括流动性、黏聚性和保水性三方面的性能。

和易性好的混凝土，易于搅拌均匀；运输和浇筑时，不发生离析泌水现象；捣实时，流动性大，易于捣实，成型后混凝土内部质地均匀密实，有利于保证混凝土的强度与耐久性。和易性不好的混凝土，施工操作困难，质量难以保证。

6.2.5.3 混凝土的搅拌及运输

混凝土的制备方法，除零星分散且用于非重要部位的可采用人工拌制外，均应采用机械搅拌。混凝土搅拌机按其搅拌原理分为自落式和强制式两类。自落式搅拌机的工作原理是混凝土拌和料在鼓筒内作自由落体式翻转搅拌，适宜搅拌塑性混凝土和低流动性混凝土。搅拌力量小、动力消耗大、效率低，正日益被强制式搅拌机所取代。混凝土拌和料搅拌作用强烈，适宜搅拌干硬性混凝土和轻骨料混凝土。搅拌质量好、速度快、生产效率高、操作简便安全，但机件磨损较严重。强制式搅拌机有立轴和卧轴之分，立轴式不宜用于搅拌流动性大的混凝土。卧轴式搅拌机具有适用范围广、搅拌时间短、搅拌质量好等优点，是大力推广的机型。

1. 混凝土运输的基本要求

（1）保证混凝土的浇筑量。在不允许留施工缝的情况下，混凝土运输须保证浇筑工作能连续进行，应按混凝土的最大浇筑量来选择混凝土运输方法及运输设备的型号和数量。

（2）应保证混凝土在初凝前浇筑完毕：应以最短的时间和最少的转换次数将混凝土从搅拌地点运至浇筑地点，混凝土从搅拌机卸出后到振捣完毕的延续时间见表6.4。

表6.4　混凝土从搅拌机卸出后到浇筑完毕的延续时间　单位：min

混凝土强度等级	气候	
	≤25℃	＞25℃
≤C30	120	90
＞C30	90	60

（3）保证混凝土在运输过程中的均匀性：避免产生分层离析、水泥浆流失、坍落度变化以及产生初凝现象。

2. 混凝土运输的注意事项

（1）尽可能使运输线路短直、道路平坦，车辆行驶平稳，减少运输时的振荡；避免运输的时间和距离过长、转运次数过多。

（2）混凝土容器应平整光洁、不吸水、不漏浆，装料前用水湿润，炎热气候或风雨天气宜加盖，防止水分蒸发或进水，冬季考虑保温措施。

（3）运至浇筑地点的混凝土发现有离析和初凝现象需二次搅拌均匀后方可入模，已凝结的混凝土应报废，不得用于工程中。

6.3 钢结构施工

钢结构是由钢板或各类型钢通过必要的连接组成构件，再通过一定的安装连接而形成的整体结构物。钢结构的形式与应用范围是非常广泛的，既可应用于高度达400多m以上的高层建筑，跨度达200多m的空间结构，又可应用于几米跨度的建筑结构。由于钢结构自重轻、强度高、抗震性能好，符合经济持续健康发展的要求，故在高层建筑、大型工厂（图6.23）、大跨度空间结构、轻钢结构住宅建筑中更能发挥其优势。近年来，我国建筑钢结构行业获得了巨大的发展，涌现出一批优秀的钢结构建筑，如中国国家体育馆（图6.24）、上海世博会中国馆、首都机场等。钢结构与混凝土结构相比，具有强度高、自重轻、塑性和韧性好、装配化程度高、施工周期短、建筑垃圾少、环境污染小等优点。钢结构有耐热但不耐火和钢材耐腐蚀性能差，维护费用高的缺点。

图6.23 钢结构工业厂房

图6.24 中国国家体育馆

6.3.1 钢结构的加工制作

1. 钢结构制作特点

（1）钢结构工厂制作有恒定的工作环境；有刚度大、平整度高的钢平台作基准；有高效、精确的设备及工装夹具。作业条件优越，易于保证质量。

（2）钢结构工厂制作的工艺标准较详尽严格。

（3）钢结构工厂制作利于实现机械化、自动化，生产效率高，劳动力成本低。

（4）钢结构工厂制作不占用工地有效工期，有利于加快工程进度，提高投资效益。

2. 钢结构制作流程

钢结构制作流程如图6.25所示。

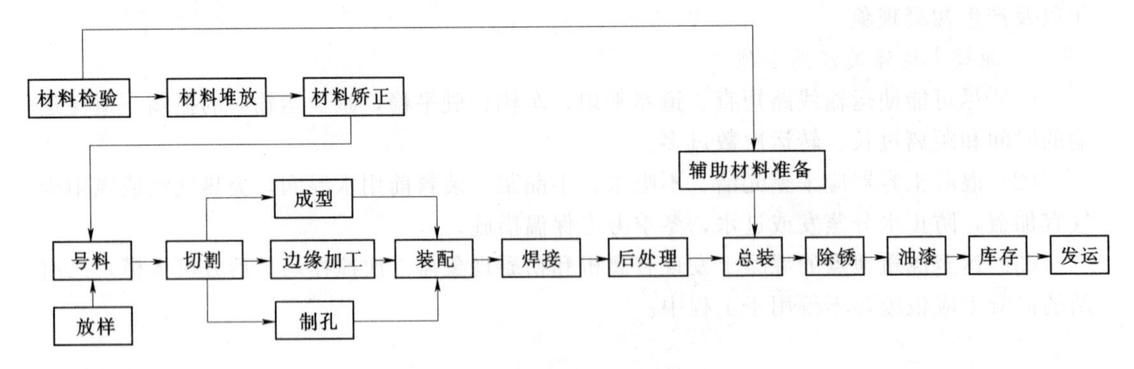

图6.25 钢结构制作流程图

3. 钢结构制作时质量控制

(1) 应保证钢材的屈服强度、抗拉强度、伸长率、截面收缩率和硫、磷等有害元素的极限含量，对焊接结构还应保证碳的极限含量，必要时，尚应保证冷弯试验合格。

(2) 要严格控制钢材切割质量，切割前应清除切割区内铁锈、油污，切割后断口处不得有裂纹和大于1.0mm的缺棱，并应清除边缘熔瘤、飞溅物和毛刺等。

(3) 要观察检查构件外观，以构件正面无明显凹面和损伤为合格。

(4) 各种结构构件组装时顶紧面贴紧不少于75%，且边缘最大间隙不超过0.8mm。

(5) 构件制作允许偏差均应符合《建筑工程施工质量验收统一标准》(GB 50300—2013)。

6.3.2 钢结构的连接

钢结构构件由型钢、钢板等通过安装连接架构成整个结构。在进行连接设计时，必须遵循安全可靠、传力明确、构造简单、制作方便和节约钢材的原则。钢结构的连接方法可分为焊接连接、螺栓连接等方法。

6.3.2.1 钢结构构件的焊接

1. 钢结构构件常用的焊接方法

焊接结构根据对象和用途大致可分为建筑焊接结构、贮罐和容器焊接结构、管道焊接结构、导电性焊接结构。主要焊接方法：手工电弧焊（图6.26）、气体保护焊、自动电弧焊（图6.27）等。

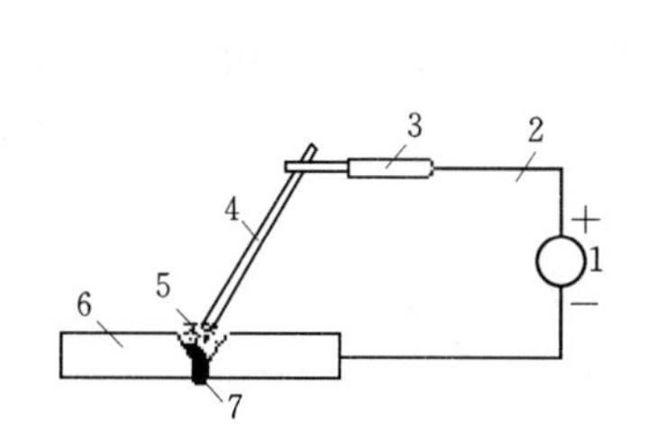

图6.26 手工电弧焊

1—电源；2—导线；3—夹具；4—焊条；5—电弧；6—焊件；7—焊缝

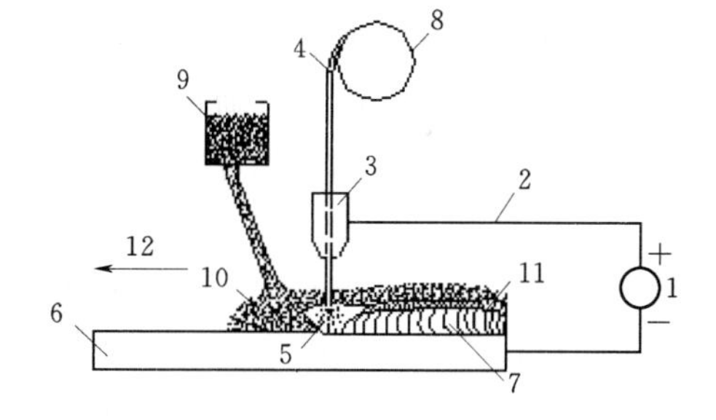

图6.27 自动电弧焊

1—电源；2—导线；3—夹具；4—焊条；5—电弧；6—焊件；7—焊缝；8—转盘；9—漏斗；10—熔剂；11—熔化的熔剂；12—移动方向

2. 钢结构焊接时的质量控制

(1) 焊条、焊剂和施焊用的保护气体等必须符合设计要求和钢结构焊接的专门规定。

(2) 焊工必须经考试合格，取得相应施焊条件的合格证书。

(3) 承受拉力或压力且要求与母材等强度的焊缝必须经超声波、X射线探伤检验符合国家有关规定。

(4) 焊缝表面严禁有裂纹、夹渣、焊瘤、弧坑、针状气孔和熔合性飞溅物等缺陷。气孔、咬边必须符合施工规范规定。

(5) 焊缝的外观应进行质量检查，要求焊波较均匀，明显处的焊渣和飞溅物应清除干净。焊缝尺寸的允许偏差和检验方法均应符合规范要求。

6.3.2.2 紧固件连接工程

螺栓作为钢结构连接紧固件，通常用于构件间的连接、固定、定位等。螺栓的排列有并列和错列两种形式，如图 6.28 和图 6.29 所示。并列比较简单整齐连接板尺寸小，但对构件截面削弱较大，错列可以减小螺栓孔对截面的削弱，但螺栓孔排列不如并列紧凑连接板尺寸较大。钢结构中的连接螺栓一般分普通螺栓和高强度螺栓两种。普通螺栓或高强度螺栓而不施加紧固力，该连接即为普通螺栓连接；高强度螺栓并对螺栓施加紧固力，该连接称高强度螺栓连接。

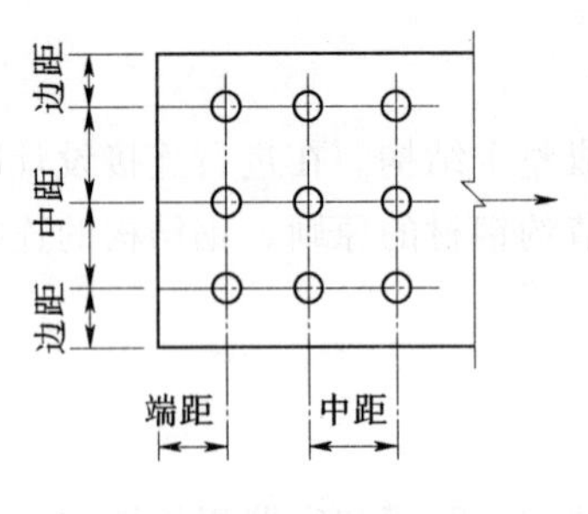

图 6.28 并列连接

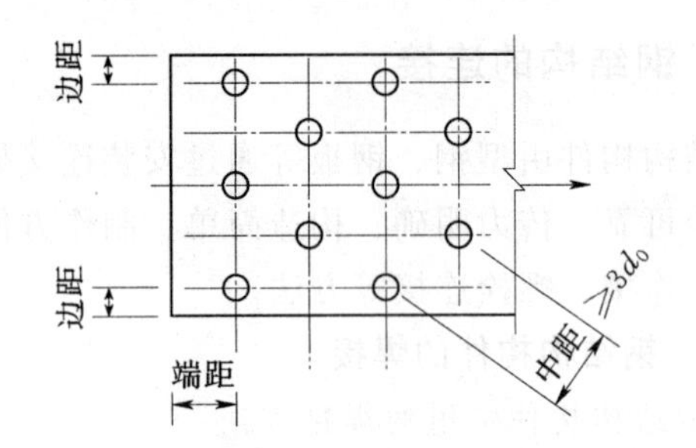

图 6.29 错列连接

1. 普通螺栓

钢结构普通螺栓连接即将普通螺栓、螺母、垫圈机械地和连接件连接在一起形成的一种连接形式，主要用于受弯、受拉的节点。螺栓以受拉为主。加适当预应力后，也大量用于输电塔等结构抗剪连接中。普通螺栓拧紧后，外露丝扣须不少于 2～3 扣。普通螺栓应有防松措施，如双螺母或扣紧螺母防松。螺栓孔错位较小者可用铰刀或锉刀修孔，不得用气割修孔。

普通螺栓的形式为六角头型。其代号用 M 和公称直径数表示。如 M16、M20 等。建筑结构常用螺栓直径为 10mm、12mm、14mm、16mm、18mm、20mm、22mm、24mm 等。

普通螺栓分为 A 级、B 级和 C 级三种。

A 级和 B 级为精制螺栓，螺杆、螺孔加工精度高，制作安装复杂，螺栓等级为 5.6 级、8.8 级，现很少用，已被高强度螺栓代替。C 级为粗制螺栓，螺杆表面粗糙，螺孔直径比螺杆大 1.5～2mm，制作安装方便。螺栓等级为 4.6 级、4.8 级。C 级螺栓变形大，多用于围护结构或次要结构连接。

2. 高强度螺栓

高强度螺栓连接已经发展成为与焊接并举的钢结构主要连接形式之一，一般用于直接承受动力荷载的重要结构中。它具有受力性能好、耐疲劳、抗震性能好、连接刚度高，施工简便等优点，被广泛地应用在建筑钢结构和桥梁钢结构的工地连接中。高强螺栓连接其主要特点是通过接触面的摩擦来传递剪力。所以在高强螺栓安装时，摩擦面的做法及粗糙度必须按规范要求加工。其次还要进行摩擦系数和扭矩系数试验。在安装时要测定螺栓的初拧扭矩和终拧扭矩。

高强度螺栓连接按其受力状况，可分为摩擦型连接、摩擦一承压型连接、承压型连接和张拉型连接等几种类型，其中摩擦型连接是目前广泛采用的基本连接形式。

（1）高强度六角头螺栓。钢结构用高强度大六角头螺栓，分为8.8和10.9两种等级，一个连接副为一个螺栓、一个螺母和两个垫圈。高强度螺栓连接副应同批制造。

（2）扭剪型高强度螺栓。钢结构用扭剪型高强度螺栓一个螺栓连接副为一个螺栓、一个螺母和一个垫圈，它适用于摩擦型连接的钢结构。扭剪型高强度螺栓连接副紧固施工比大六角头高强度螺栓连接副紧固施工要简便得多，正常的情况采用专用的电动扳手进行终拧，梅花头拧掉标志着螺栓终拧的结束。

6.3.2.3 普通螺栓和高强螺栓的区别

1. 原材料

高强螺栓的螺杆、螺帽和垫圈都由高强钢材制作，普通螺栓常用Q235钢制造。

2. 强度等级

高强螺栓强度等级高，普通螺栓强度等级要低。

3. 受力特点

高强度螺栓施加预拉力和靠摩擦力传递外力，高强螺栓又分为摩擦型高强螺栓和承压型高强螺栓。普通螺栓连接靠栓杆抗剪和孔壁承压来传递剪力。普通螺栓拧紧螺帽时产生预拉力很小，其影响可以忽略不计，而高强螺栓除了其材料强度很高之外，还给螺栓施加很大预拉力，使连接构件间产生挤压力，从而使连接构件接触面上产生很大摩擦力。

4. 使用

建筑结构主构件的螺栓连接，一般均采用高强螺栓连接。普通螺栓抗剪性能差，可在次要结构部位使用。普通螺栓只需拧紧即可，可重复使用；高强螺栓是预应力螺栓，不可重复使用。

6.3.3 钢结构安装工程

要防止钢结构的事故，必须对钢结构的制作，焊接、高强螺栓的连接、安装、防腐等进行严格的质量控制。

6.3.3.1 钢结构构件安装前的准备工作

（1）钢结构安装前，应按构件明细表核对进场的构件，核查质量证明书，设计变更文件、加工制作图、设计文件、构件交工时所提交的技术资料。

（2）进一步落实和深化施工组织设计，对起吊设备、安装工艺作出明确规定，对稳定性较差的物件，起吊前应进行稳定性验算，必要时应进行临时加固。大型构件和细长构件的吊点位置和吊环构造应符合设计或施工组织设计的要求，对大型或特殊的构件吊装前应进行试吊，确认无误后方可正式起吊。确定现场焊接的保护措施。

（3）应掌握安装前后外界环境，如风力、温度、风雪、日照等资料，做到胸中有数。

（4）钢结构安装前，应对钢结构设计图、钢结构加工制作图、基础图、钢结构施工详图及其他必要的图纸和技术文件进行自审和会审。

应使项目管理组的主要成员、质保体系的主要人员、监理公司的主要人员，都熟悉图纸，掌握设计内容，发现和解决设计文件中影响构件安装的问题，同时提出与土建和其他专业工程的配合要求。特别要十分有把握地确认，土建基础轴线，预埋件位置标高、楼房、檐口标高和钢结构施工图中的轴线、标高、檐高要一致。一般情况下，钢结构柱与基础的预埋件是由钢结构安装单位来制作、安装、监督、浇筑混凝土的。因此，一方面吃透图纸制作好预埋件，同时委派将来进行构件安装的技术负责人到现场指挥安放预埋件，至少做到两点：安装的埋件在浇筑混凝土时不会由于碰撞而跑动；外锚栓的外露部分，用设计要求的钢夹板夹固。

（5）基础验收。基础混凝土强度达到设计强度的75%以上；基础周围回填完毕，同时有较好的密实性，吊车行走不会塌陷；基础的轴线、标高、编号等都以设计图标注在基础面上；基础顶面平整，如不平，要事先修补，预留孔应清洁，地脚螺栓应完好，二次浇灌处的基础表面应凿毛。基础顶面标高应低于柱底面安装标高40～60mm；支承面、地脚螺栓（锚栓）预留孔的允许偏差应符合规范要求。

（6）垫板的设置原则。垫板要进行加工，有一定的精度；垫板应设置在靠近地脚螺栓（锚栓）的柱脚底板加劲板或柱肢下，每根地脚螺栓（锚栓）侧应设1～2组垫板；垫板与基础面接触应平整、紧密。二次浇灌混凝土前垫板组间应点焊固定；每组垫板板叠不宜超过5块，同时宜外露出柱底板10～30mm；垫板与基础面应紧贴、平稳，其面积大小应根据基础的抗压强度和柱脚底板二次浇灌前，柱底承受的荷载及地脚螺栓（锚栓）的紧固手拉力计算确定。每块垫板间应贴合紧密，每组垫板都应承受压力，使用成对斜垫板时，两块垫板斜度应相同，且重合长度不应少于垫板长度的2/3；采用坐浆垫板时，其允许偏差应符合规范要求。采用杯口基础时，杯口尺寸的允许偏差应符合底面标高0.0～5.0mm，杯口深度$H\pm5.0$mm、杯口垂直度$H/100$，且不应大于10.0mm，位置10.0mm。

图6.30 单层工业厂房

6.3.3.2 单层钢结构安装工程

钢结构单层工业厂房（图6.30）一般由柱、柱间支撑、吊车梁、制动梁（桁架）屋架、天窗架、上下支撑、檩条及墙体骨架等构件组成。柱基通常采用钢筋混凝土阶梯或独立基础。单层钢结构安装工程可按变形缝或空间刚度单元等划分成一个或若干个检验批。地下钢结构可按不同地下层划分检验批。钢结构安装检验批应在进场验收和焊接连接、紧固件连接、制作等分项工程验收合格的基础上进行验收。

安装的测量校正、高强度螺栓安装、负温度下施工及焊接工艺等，应在安装前进行工艺试验或评定，并应在此基础上制定相应的施工工艺或方案。安装偏差的检测，应在结构形成空间刚度单元并连接固定后进行。安装时，必须控制屋面、楼面、平台等的施工荷载，施工荷载和冰雪荷载等严禁超过梁、桁架、楼面板、屋面板、平台辅板等的承载能力。

在形成空间刚度单元后，应及时对柱底板和基础顶面的空隙进行细石混凝土、灌浆料等二次浇灌。吊车梁或直接承受动力荷载的梁其受拉翼缘、吊车桁架或直接承受动力荷载的桁架其受拉弦杆上不得焊接悬挂物和卡具等。

6.3.3.3 多层及高层钢结构安装工程

用于钢结构高层建筑的体系有：框架结构、框架-剪力墙结构、框筒结构、组合筒体系及交错钢桁架体系等。钢结构具有强度高、抗震性能好、施工速度快的优点，所以在高层建筑中得到广泛应用。但同时对钢量大、造价高、防火要求高多层及高层钢结构安装工程可按楼层或施工段等划分为一个或若干个检验批。地下钢结构可按不同地下层划分检验批。多层及高层钢结构安装中，建筑物的高度可以按相对标高控制，也可按设计标高控制，在安装前要先决定哪一种方法。

钢结构安装检验批应在进场验收和焊接连接、紧固件连接、制作等分项工程验收合格的基础上进行验收。多层及高层钢结构的柱与柱、主梁与柱的接头，一般用焊接方法连接，焊缝的收缩值以及荷载对柱的压缩变形，对建筑物的外形尺寸有一定的影响。因此，柱与主梁的制作长度要作如下考虑：柱要考虑荷载对柱的压缩变形值和接头焊缝的收缩变形值；梁要考虑焊缝的收缩变形值。

1. 安装前的准备工作

（1）检查并标注定位轴线及标高的位置。

（2）检查钢柱基础，包括基础的中心线、标高、地角螺栓等。

（3）确定流水方向，划分施工段。

（4）安排钢构件在现场的堆放位置。

（5）选择起重机械。

（6）选择吊装方法：分件吊装、综合吊装等。

（7）轴线、标高、螺栓允许偏差应符合相应规定。

2. 安装与校正

（1）钢柱的吊装与校正：

1）钢柱吊装：选用双机抬吊（递送法）或单机抬吊（旋转法），并做好保护。

2）钢柱校正：对垂直度、轴线、牛腿面标高进行初验，柱间间距用液压千斤顶与钢楔或倒链与钢丝绳校正。

3）柱底灌浆：先在柱脚四周立模板、将基础上表面清除干净，用高强聚合砂浆从一侧自由灌入至密实。

（2）钢梁的吊装与校正：

1）钢梁吊装前，应于柱子牛腿处检查标高和柱子间距，并应在梁上装好扶手和扶手绳，以便待主梁吊装就位后，将扶手绳与钢柱系牢，以保证施工人员的安全。钢梁一般可在钢梁的翼缘处开孔为吊点，其位置取决于钢梁的跨度。

2）为减少高空作业，保证质量，并加快吊装进度，可将梁、柱在地面组装成排架后进行整体吊装。

3）要反复校正，符合要求。

（3）构件间的连接：

1）钢柱间的连接常采用坡口焊连接，主梁与钢柱的连接一般上、下翼缘用坡口焊连接，而腹板用高强螺栓连接。次梁与主梁的连接基本上是在腹板处用高强螺栓连接，少量再在上、下翼缘处用坡口焊连接。

2）柱与梁的焊接顺序，先焊接顶部柱、梁节点，再焊接底部柱、梁节点，最后焊接中间部分的柱、梁节点。

3）高强螺栓连接两个连接构件的紧固顺序是：先主要构件，后次要构件。

4）工字形构件的紧固顺序是：上翼缘、下翼缘、腹板。

5）同一节柱上各梁柱节点的紧固顺序：柱子上部的梁柱节点、柱子下部的梁柱节点、柱子中部的梁柱节点。

6.3.3.4 钢网架结构安装工程

网架结构是由多根杆件按照一定的规律布置，通过节点连接而成的网格状杆系结构。网架结构的整体性好，能有效地承受各种非对称荷载、集中荷载、动力荷载。其构件和节点可定型化，适用于工厂成批生产，现场拼装。钢网架结构安装检验批应在进场验收和焊接连接、紧固件连接、制作等分项工程验收合格的基础上进行验收。钢网架结构安装工程可按变形缝、施工段或空间刚度单元划分成一个或若干检验批。

网架结构安装方法：高空拼装法、整体安装法、高空滑移法。

1. 高空拼装法

先在地面上搭设拼装支架，然后用起重机把网架构件分件或分块吊至空中的设计位置，在支架上进行拼装的方法。

网架的总的拼装顺序是从建筑物的一端开始向另一端以两个三角形同时推进，待两个三角形相反后，则按人字形逐渐向前推进，最后在另一端的正中闭合。每榀块体的安装顺序，在开始的两个三角形部分是由屋脊部分开始分别向两边拼装，两个三角形相交后，则由交点开始同时向两边推进。

2. 整体安装法

（1）多机抬吊法。准备工作简单，安装快速方便，适用于跨度40m左右、高度在25m左右的中小型网架屋盖吊装。

（2）提升机提升法。在结构柱上安装升板工程用的电动穿心式提升机，将地面正位拼装的网架直接整体提升到柱顶横梁就位。本方法不需大型吊装设备，机具和安装工艺简单，提升平稳，劳动强度低，工效高，施工安全，但准备工作量大。适用于跨度50～70m左右、高度在40m以上、重复较大的大、中型周边支承网架屋盖吊装。

（3）桅杆提升法。网架在地面错位拼装，用多根独脚桅杆将其整体提升到柱顶以上，然后进行空中旋转和移位，落下就位安装，本法起重量大，可达1000～2000kN，桅杆高度可达50～60m，但所需设备数量大、准备工作的操作较复杂，适用于安装高、重、大（跨度80～100m）的大型网架屋盖吊装。

（4）千斤顶顶升法。是利用支承结构和千斤顶将网架整体顶升到设计位置。其设备简单，不用大型吊装设备；顶升支承结构可利用永久性支承，拼装网架不需要搭设拼装支架，可节省费用，降低施工成本，操作简便安全。但顶升速度较慢，且对结构顶升的误差控制要求严格，以防失稳。适用于安装多支点支承的各种四角锥网架屋盖。

3. 高空滑移法

高空滑移法不需大型设备；可与室内其他工种作业平等进行，缩短总工期；用工省，减少高空作业；施工速度快。适用于场地狭小或跨越其他结构、起重机无法进入网架安装

区域的中小型网架。

6.3.3.5 钢结构安装质量控制

构件必须符合设计要求和施工规范规定，由于运输、堆放和吊装造成的构件变形必须矫正。垫铁规格、位量更正确，与柱底面和基础接触紧贴平稳，点焊牢固。坐浆垫铁的砂浆强度必须符合规定。构件中心，标高基准点等必须符合规定。结构外观表面干净，结构大面无焊疤、油污和泥沙。磨光顶紧的构件安装面要求顶紧面紧贴不少于70%，边缘最大间隙不超过0.8mm。安装的允许偏差和检验方法均应按国家的有关规范执行。

项目7　土木工程中的景观设计

【学习目标】 通过本项目的学习，了解景观设计的概念、在土木工程中的作用，了解景观设计的方法和步骤等。

7.1　景观设计的概念

7.1.1　景观与风景园林的概念

在欧洲，景观一词最早出现在希伯来文的《圣经》旧约全书中，景观的含义同汉语的“风景”“景致”“景色”相一致，等同于英语的“scenery”，都是视觉美学意义上的概念。

地理学家把景观作为一个科学名词，定义为地表景象，综合自然地理区，或是一种类型单位的通称，如城市景观、森林景观等。

艺术家把景观作为表现与再现的对象，等同于风景；生态学家把景观定义为生态系统；旅游学家把景观当做资源；建筑师把景观作为建筑物的配景或背景。

综合来说，景观设计是通过对自然环境、历史环境、人文环境的分析，结合现代社会生活和特定功能的特点，运用适当的技术手段，融汇美学的原理，为人们创造安全、舒适、优雅的生活环境，达到人与自然环境、人工环境的高度协调，从而提高人们的生活质量，促进社会的进步与发展，保护地域文化的目的。

景观与风景园林专业名都是“landscape”，只是侧重的重点有点不同。

景观设计侧重于硬质景观设计，如铺装、园林建筑设计等硬质景观；风景园林更多地侧重于植物配置以及大型风景区，但实际上两者是差不多的。

景观设计：（又称景观建筑学）是指在建筑设计或规划设计的过程中，对周围环境要素的整体考虑和设计包括自然要素和人工要素。使得建筑（群）与自然环境产生呼应关系，使其使用更方便，更舒适，提高其整体的艺术价值。景观设计包括：会展展览设计、艺术景观设计、空间道具设计、节日气氛设计。

风景园林：是综合利用科学和艺术手段营造人类美好的室外生活境域的一个行业和一门学科。是以“生物、生态学科”为主，并与其他非生物学科（例如土木、建筑、城市规划）、哲学、历史和文学艺术等学科相结合的综合学科。

现代景观设计已经不是传统意义上的园林学，也不是仅仅局限于公共绿化的初级概念。它是一个综合的、宽泛的概念。其宗旨是通过科学理性的分析、规划布局、设计改造、管理、保护和恢复的方法得以实现，核心内容是协调人与自然的关系。现阶段景观设计已经成为地域文化的外延，是室内空间的外延，是人文元素和人们价值观的体现方式之一。

7.1.2 园林景观的分类和组成元素

7.1.2.1 园林景观的分类

园林景观有很多种分类方法，如以区域划分，景观可分为：居住区景观、工业区景观、商业区景观、度假区景观等。从设计风格划分又可分为：中式古典园林景观，泛指东南亚风格中的泰式风格、巴厘岛风情景观，日式枯山水园林景观、现代构成要素景观，欧式风格中的意大利古典式、英式自然园林式、法式豪华皇家景观等。

通常情况下从功能上划分，景观设计常分为公园景观、广场景观、居住区景观、市政道路景观、滨水景观（含水利工程景观）、办公景观、科技园景观、校园景观等类型。本项目内容主要介绍居住区景观、道路景观、滨水景观等最常见的景观类型。

图 7.1 及图 7.2 分别为新世界住宅小区广场平面图和广场透视图。

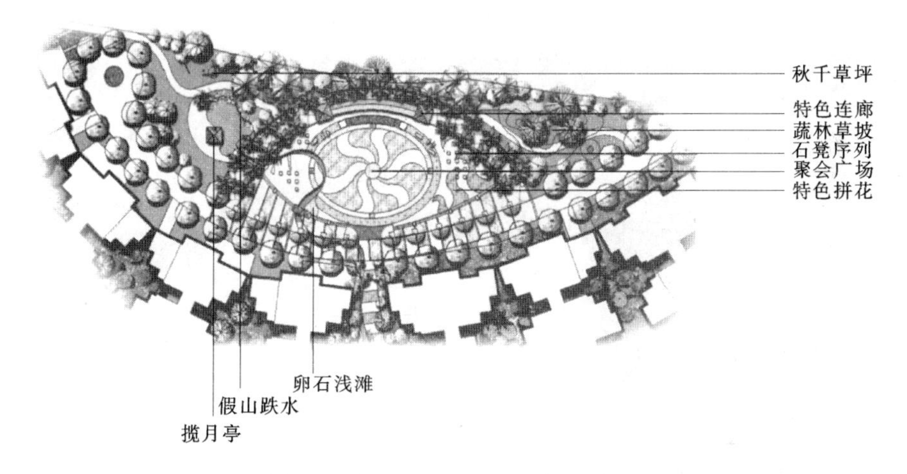

图 7.1 新世界住宅小区广场平面图

图 7.2 新世界住宅小区广场透视图

1. 居住区景观

居住区是指城市主要道路所包围的独立生活居住地段。在居住区内需设有比较完整的日常性和经常性的生活服务设施，这些设施能满足居民的基本物质和文化生活要求。居住区景观是其中最重要的部分。

早期居住区的景观设计往往被简单地理解为绿化设计，景观布置也以园艺绿化为主，景观规划设计在居住区规划设计中往往成为建筑设计的附属，常常是轻描淡写一笔带过，未经深入设计的环境效果难免不尽如人意。如今，居住区的景观环境越来越受房地产发展商和居民的重视，环境景观在居住区中逐渐发挥着重要的作用，城市人大约有2/3的时间花费在住区中，居住区环境景观质量已经直接影响到人们的心理、生理以及精神生活。

图7.3为金碧海岸别墅庭院景观平面图。

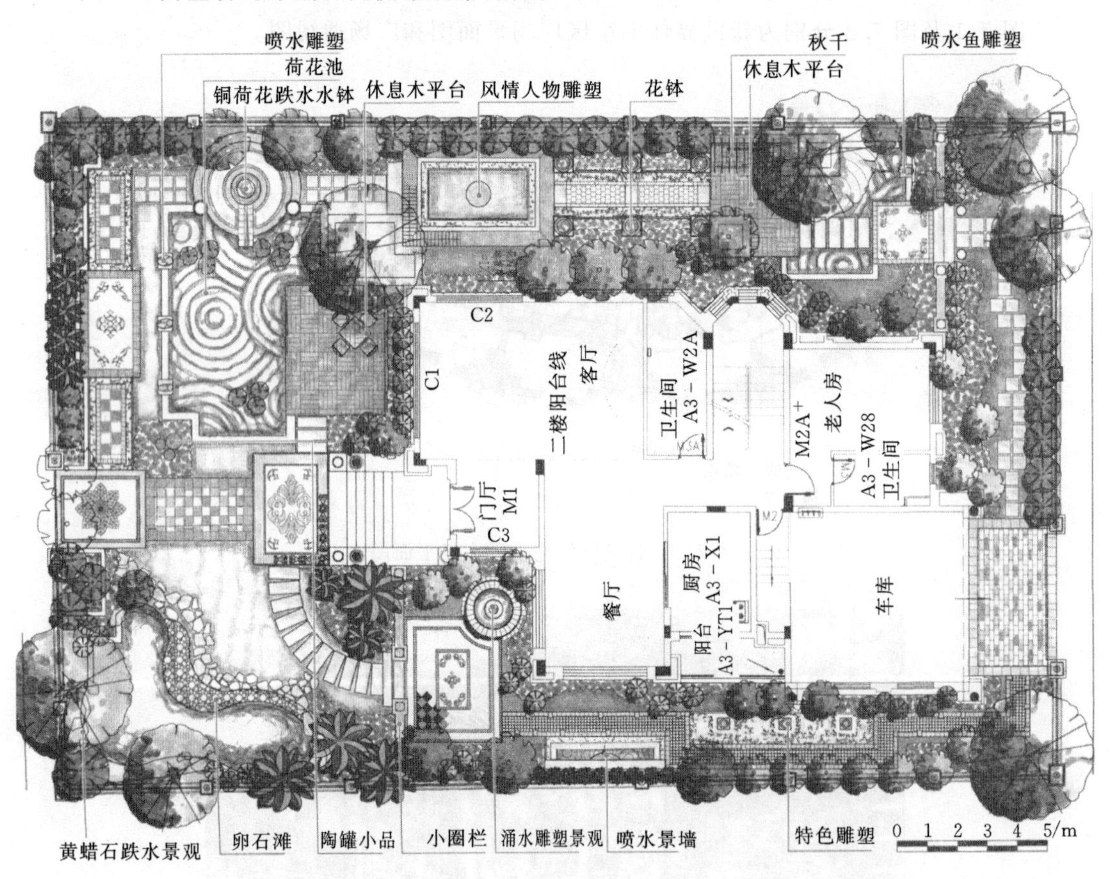

图7.3 金碧海岸别墅庭院景观平面图

2. 市政道路景观

道路景观即指：展现在行车者视野中的公路线形、公路构筑物和周围环境组成的图景。行车者的视野是随着运行的车辆不断向前移动的，所以公路景观是一种动景观。这种景观对行车的安全和乘员的舒适影响很大。道路景观一方面展示城市风貌，另一方面是人们认识城市的重要视觉、感觉场所，是城市综合实力的直接体现者，也是城市发展历程的

忠实记录者，它总是及时、直观地反映着城市当时的政治、经济、文化总体水平以及城市的特色，代表了城市的形象。图 7.4 为广州大道拓宽工程绿化景观设计平面图。

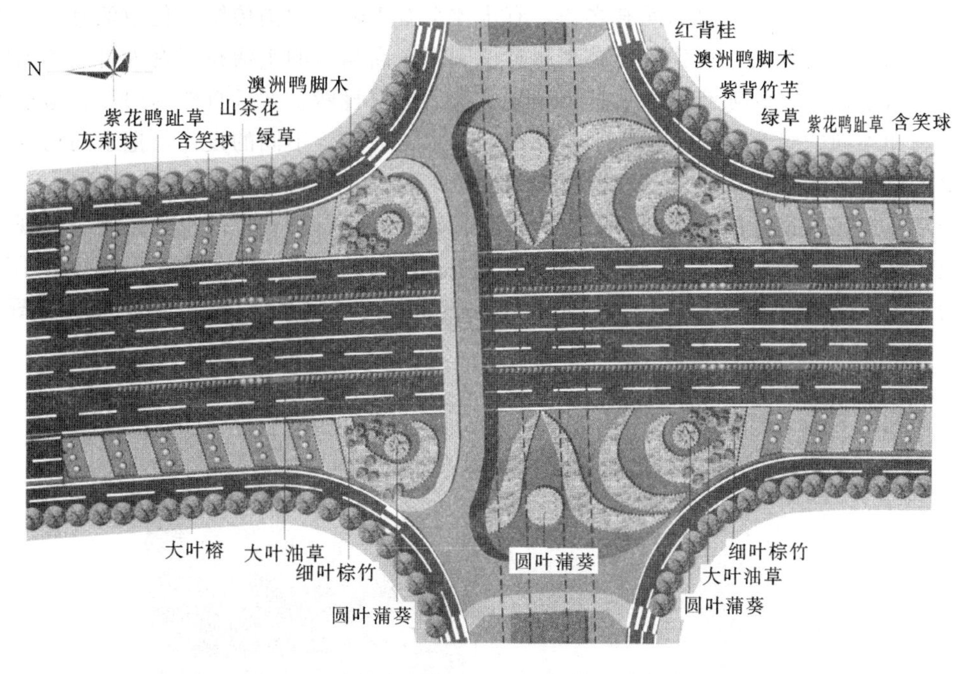

图 7.4　广州大道拓宽工程绿化景观设计平面图

3. 滨水景观

滨水景观一般指在城市中同海、湖、江、河等水域濒临的陆地建设而成的具有较强观赏性和使用功能的一种城市公共绿地的边缘地带。滨水景观的创建有着两个层面的需求，其一，随着水利旅游业的发展，滨水环境的视觉艺术效果和旅游观光价值越来越被人们重视起来。其二，在保护生态环境及可持续发展思想指导下，水利工程越来越注重从生态学的角度提出了植物修复、重构系统食物链、重建缓冲带及滨水绿化、实施生态护岸、增加物种重建群落等一系列生态保护措施，滨水景观承载着生态保护的作用。图 7.5 为昆山花桥滨水带景观平面图。

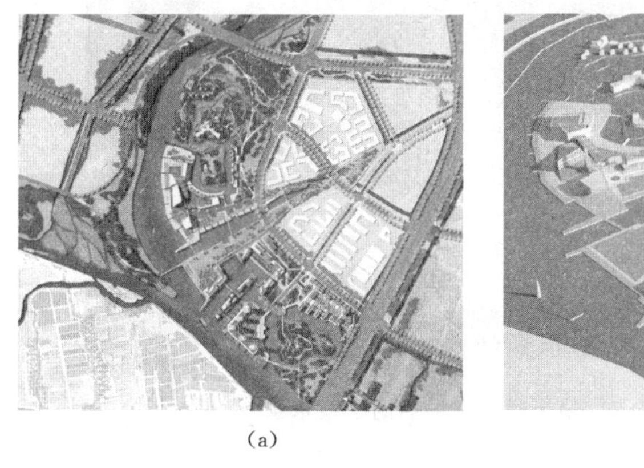

(a)

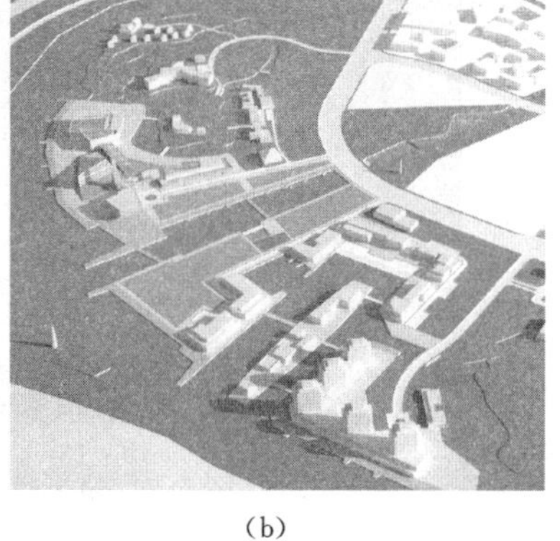

(b)

图 7.5　昆山花桥滨水带景观设计

7.1.2.2　园林景观的组成元素

1. 水景

水是生态景观中很重要的元素之一，有水才会有生命。中国传统文化中就有“仁者乐山，智者乐水”的说法。现代人也越来越意识到真正高品质的生活在于融入自然和谐的生态环境。水景住宅以其独有的慑人魅力满足了人们追求自然、亲近自然的向往。通过各种设计手法和不同的组合方式，如静水、动水、落水、喷水等不同的设计，把水的精神做出来，给人以良好的视觉享受，达到丰富变幻的效果。

静水有着比较良好的倒影效果，给人诗意、轻盈、浮游和幻象的视觉感受。在现代建筑环境中这种手法运用较多，通过挖湖堆山，布置江河湖沼，辟径筑路，形成住宅小区大面积的水面，给人以宁静至美的风景，可以取得丰富环境的效果，如图7.6和图7.7所示。

图7.6　强调生态区自然风光的水景

图7.7　瑞士联邦广场前的旱喷水景

2. 绿化

绿化具有调节光、温度、湿度，改善气候，美化环境，消除身心疲惫，有益居者身心健康的功能。尤其是在当前绿色住宅、生态住宅呼声日益高涨，住宅小区的绿化设计，更应兼具观赏性和实用性。在绿化系统中形成开放性格局，布置文化娱乐设施，使休闲运动交流等人性化空间与设施融合在景观中，营造有利于发展人际的公共空间。同时充分考虑绿化的系统性、生物发展的多样性、以植物造景为主题，达到平面上的系统性、空间上的层次性、时间上的相关性，从而发挥最佳的生态效益。

在植物的选择上应注重配置组合，倡导以乡土植物为主，还可适当选取一些适应性强、观赏价值高的外地植物，尽量选用叶面积系数大，释放有益离子多的植物，构成人工生态植物群落。做到主次分明和疏朗有序，讲求乔木、灌木、花草的科学搭配，要合理应用植物围合空间，根据不同的地形，不同的组团绿地选用不同的空间围合。如街道，人行道两边，可用封闭性空间，与外界的嘈杂声、灰尘等相隔离，闹中取静，形成一个宁静和谐的休憩场所，要特别强调人性化设计，做到景为人用，富有人情味；要善于运用透视变形几何错觉原理进行植物造景，充分考虑树木的立体感和树形轮廓，通过里外错落的种植，及对曲折起伏的地形的合理应用，使林缘线（树冠垂直投影在平面上的线）、林冠线（树冠与天空交接的线）有高低起伏的变化韵律，形成景观的韵律美，植物种植景观如图 7.8 所示。

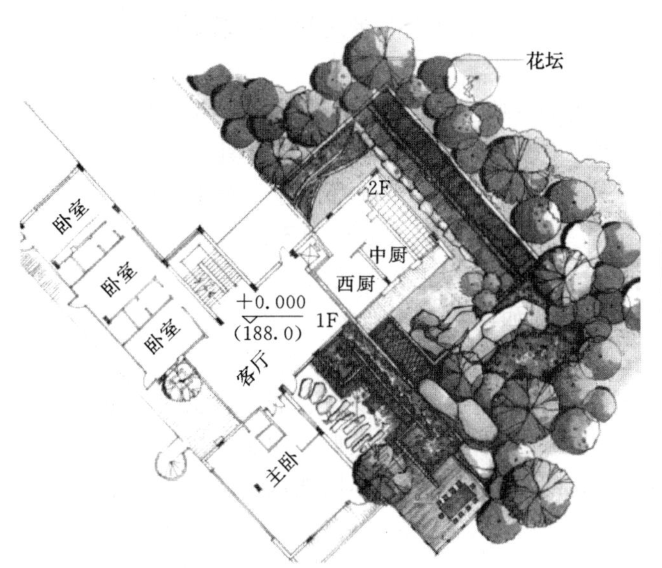

图例表

序号	图例	名称	规格
1		小叶榕树	h=2～2.5m,ϕ5～6cm
2		棕榈树	h=2.5～3m,ϕ12～15cm
3		苏铁	ϕ12～15cm
4		毛叶丁香球	冠 80～90cm
5		桂花树	h=3～4m,ϕ12～15cm
6		垂柳	h=2～2.5m,ϕ6～8cm
7		叶子花桩景	h=3～4m,ϕ50～60cm
8		日本樱花树	h=2～2.5m,ϕ3～5cm
9		加拿利海藻	h=1.5～1.8cm
10		香樟树	h=2～2.8m,ϕ5～8cm
11		美人蕉	h=2m,ϕ5cm
12		叶子花球	冠 80cm×80cm
13		景观石	
14		红花檵木桩景	h=1.5～2m
15		紫藤	L=120～150cm
16		黄金叶密植	冠 20cm
17		白玉兰	h=2～2.5m,ϕ6cm
18		杜鹃密植	冠 25～30cm

图 7.8　植物种植景观

3. 道路

道路是居住区的构成框架，一方面它起到了疏导居住区交通、组织居住区空间的功能；另一方面，好的道路设计本身也构成居住区的一道靓丽风景线。按使用功能划分，居住区道路一般分为车行道和宅间人行道；按铺装材质划分，居住区道路又可分为混凝土路、沥青路以及各种石材仿石材铺装路等。居住区道路尤其是宅间路，其往往和路牙、路边的块石、休闲坐椅、植物配置、灯具等，共同构成居住区最基本的景观线。因此，在进行居住区道路设计时，有必要对道路的平曲线、竖曲线、宽窄和分幅、铺装材质、绿化装饰等进行综合考虑，以赋予道路美的形式。如区内干路可能较为顺直，由混凝土、沥青等耐压材料铺装；而宅间路则富于变化，由石板、装饰混凝土、卵石等自然和类自然材料铺装而成。世纪公园内不同形式的道路如图 7.9 所示。

图 7.9　世纪公园内不同形式的道路

4. 环境设施

环境设施设计是环境的进一步细化设计，是一个具有多项功能的综合服务系统，它为满足人的生活需求，方便人的行动，调节人、环境、社会三者之间的关系具有不可忽视的作用。在这个系统中，包含有硬件和软件两方面内容。

硬件设施是人们在日常生活中经常使用的一些基础设施，包含四个系统：信息交流系统（如小区示意图、公共标识、阅报栏等）、交通安全系统（如照明灯具、交通信号、停车场、消防栓等）、休闲娱乐系统（如公共厕所、垃圾箱、健身设施、游乐设施、景观小品等）、无障碍系统（如建筑、交通、通信系统中供残疾人或行动不便者使用的有关设施或工具）。软件设施主要是指为了使硬件设施能够协调工作，为社区居民更好的服务而与之配套的智能化管理系统，如安全防范系统（如闭路电视监控，可视对讲、出入口管理等），信息网络系统（如电话与闭路电视、宽带数据网及宽带光纤接入网等）。

任何环境设施都是个别和一般、个性和共性的统一体，安全、舒适、识别、和谐、文化是住宅环境设施的共性。但由于环境、地域、文化、使用人群、功能、技术、材料等因素的不同，环境设施的设计更应体现多样化的个性，例如，不同地域之间气候的差异性也会影响环境设施的设计。

5. 铺地

广场铺地在居住区中是人们通过和逗留的场所，是人流集中的地方。在规划设计中，通过它的地坪高差、材质、颜色、肌理、图案的变化创造出富有魅力的路面和场地景观。目前在居住区中铺地材料有几种，如广场砖、石材、混凝土砌块、装饰混凝土、卵石、木材等。优秀的硬地铺装往往别具匠心，极富装饰美感。如某小区中的装饰混凝土广场中嵌入孩童脚印，具有强烈的方向感和趣味性。值得一提的是现代园林中源于日本的“枯山水”手法，用石英砂、鹅卵石、块石等营造类似溪水的形象，颇具写意韵味，是一种较新的铺装手法。不同地面铺装的景观地材如图 7.10 所示。

图 7.10 不同地面铺装的景观地材

6. 景观小品

小品在居住区硬质景观中具有举足轻重的作用，精心设计的小品往往成为人们视觉的焦点和小区的标识。

（1）雕塑小品。雕塑小品又可分为抽象雕塑和具象雕塑，使用的材料有石雕、钢雕、铜雕、木雕、玻璃钢雕。雕塑设计要同基地环境和居住区风格主题相协调，优秀的雕塑小品往往起到画龙点睛、活跃空间气氛的功效。同样值得一提的是现在广为使用的“情景雕塑”，表现的是人们日常生活中动人的一瞬，耐人寻味。

（2）园艺小品。园艺小品是构成绿化景观不可或缺的组成部分。苏州古典园林中，芭蕉、太湖石、花窗、石桌椅、楹联、曲径小桥等，是古典园艺的构成元素。当今的居住区园艺绿化中，园艺小品则更趋向多样化，一堵景墙、一座小亭、一片旱池、一处花架、一堆块石、一个花盆、一张充满现代韵味的座椅，都可成为现代园艺中绝妙的配景，其中有的是供观赏的装饰品，有的则是供休闲使用的“小区家具”。

（3）设施小品。在居住区中有许多方便人们使用的公共设施，如路灯、指示牌、垃圾桶、公告栏、自行车棚等。比如居住区灯具就有路灯、广场灯、草坪灯、门灯等，仅路灯又有主干道灯和庭院灯之分。上述小品如经过精心设计也能成为居住区环境中的闪光点，体现出“于细微处见精神”的设计。

7. 地形

地形是一切室外活动的基础。地形在户外空间的主要功能有生态学功能、美学功能和使用功能。地形在空间中起到构成空间的作用、同时起到观景作用等，如图 7.11 所示，地形元素是重要的视觉要素。

7.1.3 传统中西方园林景观的区别

7.1.3.1 传统中式园林景观的特点

中国古典园林类型，按照园林基址的选择和开发方式分类可以分为人工山水园、自然山水园；按照园林隶属关系分类可以分为皇家园林、私家园林、寺观园林。中国传统园林的特点在于：“本于自然，高于自然”，强调建筑美与自然美的融糅、诗画的情趣和意境的蕴涵以及在叠山和织物配置上有显著特点。具有代表性的江南一带的古典园林强调的是“虽由人造、宛若天开”，追求自然美是中国传统园林景观的最具代表性的特点。

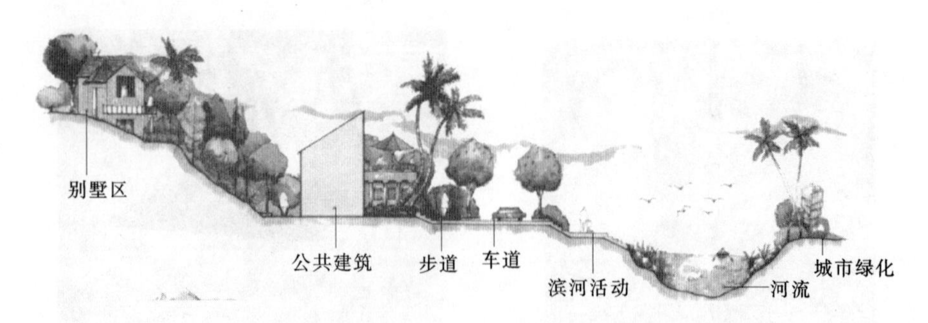

图 7.11 地形元素

同时，以中国为代表的东方园林规划多以尊崇道家、佛法的自然观、清净观来进行设计。无论是私家园林还是皇家园林，都在体现自然、秩序、吉祥等方面下工夫。在造园理念上，一是讲求静、净、朴素、深远的美学特色，手法上强调因地制宜，小中见大，动中取静；二是在建筑规划中蕴涵伦理道德思想，比如各种吉祥的装饰手法和名称，比如讲究方圆和谐、长幼尊卑有序等儒家的伦理道德思想。其中，私家建筑的代表是苏州园林，皇家园林的代表是北京颐和园（图 7.12 和图 7.13）等。

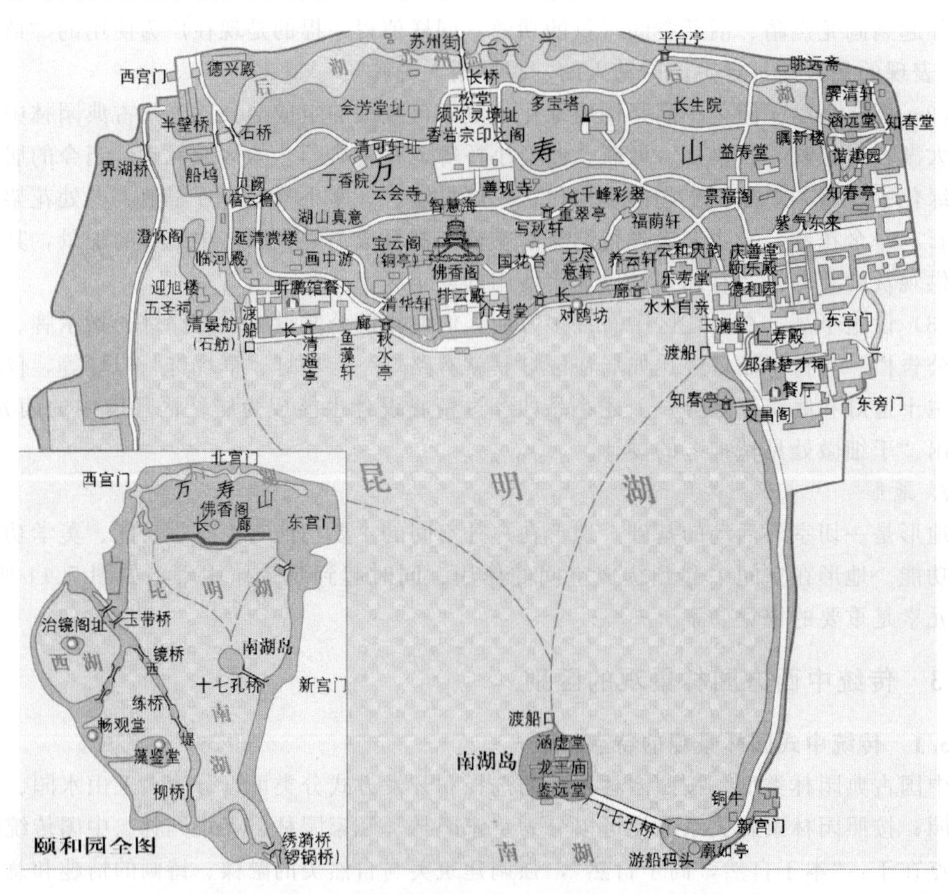

图 7.12 中国古典皇家园林——颐和园的平面图

图 7.13 颐和园佛香阁景观鸟瞰图

7.1.3.2 传统西方园林景观的特点

西方园林与中国园林一样，有着悠久的历史和光荣的传统，是世界园林艺术中的瑰宝。西方园林通常分两大类，一是宫殿与园林的巧妙和谐，比如法国、俄国等国的皇家园林，建筑在皇宫和皇家别墅附近，有巨大的园艺和水力装饰，显现皇家的权威和富贵。二是以英国为代表的自然园林，一般多不做修饰，重自然的状态，而后在其中建立城堡、别墅等。西方传统园林中比较有影响力的有意大利园林、法国园林、英国园林等。

1. 意大利园林

意大利园林，通常以 15 世纪中叶到 17 世纪中叶，即以文艺复兴时期和巴洛克时期的意大利园林为代表。意大利的台地园被认为是欧洲园林体系的鼻祖，对西方古典园林风格的形成起到重要的作用。意大利园林一般附属于郊外别墅，与别墅一起由建筑师设计，布局统一，但别墅不起统率作用。它继承了古罗马花园的特点，采用规则式布局而不突出轴线。园林分两部分：紧挨着主要建筑物的部分是花园，花园之外是林园。意大利境内多丘陵，花园别墅造在斜坡上，花园顺地形分成几层台地，在台地上按中轴线对称布置几何形的水池和用黄杨或柏树组成花纹图案的剪树植坛，很少用花。重视水的处理。借地形修渠道将山泉水引下，层层下跌，叮咚作响。或用管道引水到平台上，因水压形成喷泉。跌水和喷泉是花园里很活跃的景观。外围的林园是天然景色，树木茂密。别墅的主建筑物通常在较高或最高层的台地上，可以俯瞰全园景色和观赏四周的自然风光。图 7.14 为意大利兰特庄园台地园林图。

2. 法国园林

文艺复兴时期，法国全面学习意大利台园造园艺术，并在借鉴中世纪园林某些积极因素的基础上，结合本国的地形、植被等条件，促进了本国园林的发展。这一时期，法国园林主要有城堡花园、城堡庄园和府邸花园三种类型。法国园林在学习意大利园林同时，结合本国特点，创作出一些独特的风格。其一，运用适应法国平原地区布局法，用一条道路将刺绣花坛分割为对称的两大块，有时图案采用阿拉伯式的装饰花纹与几何图形相结合。其二，用花草图形模仿衣服和刺绣花边，形成一种新的园林装饰艺术，称为“摩尔式”或“阿拉伯式”装饰。绿色植坛划分成小方格花坛，用黄杨做花纹，除保留花草外，使用彩色页岩细粒或砂子作为底衬，以提高装饰效果。其三，花坛是法国园林中最重要的构成因素之一。从把整个花园简单地划分成方格形花坛，到把花园当做一个整体，按图案来布置刺绣花坛，形成与宏伟建筑相匹配的整体构图效果。图 7.15 为法国传统园林景观。

图 7.14　意大利台地园林——兰特庄园

图 7.15　法国传统园林景观

3. 英国园林

英国园林的发展主要经历了以下 3 个时期：

(1)“庄园园林化”(18 世纪 20—80 年代)，造园艺术对自然美的追求，主要具有以下特点：一是因地制宜，努力在景观营造中找寻“当地的魂灵”，改变古典主义园林千篇一律的形象；二是抛弃围墙，改用兼具灌溉和泄洪作用的干沟来分隔花园，林园、牧场，把自

然景观引进了花园，加强了视线的渗透和空间的流动；三是结合兼具生产性的牧场和庄园进行景观设计，把园林景观从纯观赏性的封建贵族艺术转变为兼具实利性的资产阶级艺术。

（2）“画意式园林”时期随着18世纪中叶浪漫主义在欧洲艺术领域中的风行，出现了以钱伯斯为代表的画意式自然风致园林。它具有以下几个特点：一是缅怀中世纪的田园风光，喜欢建造哥特式的小建筑和模仿中世纪风格的废墟、残迹；二是喜用茅屋、村舍、山洞和瀑布等更具野性的景观作为造园元素，使园林具有粗犷、变化和不规则的美；三是大胆采用异域情调的景观元素，如丘园的中国式塔以及其他画意式园林中喜用的中国式山洞。

（3）“园艺派”时期是19世纪的主要流派“自然风致园的园艺派”。这种造园流派在自然风致园林原有面貌下有了一些新特点：如增加了具有时代特点的玻璃温室，种植各地的名木异卉和奇花异草；此外，常在草地上设置不规则的花坛，以各种鲜花密植在一起，花期、颜色和株形均经过仔细的搭配；树木也注意其高矮、冠型、姿态和四季的变化，巧加搭配。这一种园林，因为更具商业性和折中性，符合商业时代的需求，逐渐成为19世纪的主流，并直接影响到20世纪的世界园林艺术。图7.16为英国传统园林温莎城堡周边园林。

图7.16 英国传统园林景观

7.1.3.3 中西方园林景观的不同特点

以中国为代表的东方园林景观以自省、含蓄、蕴藉、内秀、恬静、淡泊、循矩、守拙为美，重在情感上的感受和精神上的领悟。哲学上追求的是一种混沌无象、清静无为、天人合一和阴阳调和，与自然之间保持着和谐的、相互依存的融洽关系。对自然物的各种客观的形式属性如线条、形状、比例、组合，在审美意识中不占主要地位，却以对自然的主观把握为主。空间上循环往复，峰回路转，无穷无尽，以含蓄的藏的境界为上。是一种摹拟自然，追寻自然的封闭式园林，也是一种“独乐园”。将禅宗的修悟渗入到一草一木，一花一石之中，使其达到佛教所追求的悟境，即所谓的“一花一世界，一树一菩提”，其抽象意味的浓重已达到了一种超出五感的直接与自然相溶的默契，把人引向内省幽玄的神秘境界。东方的古典园林富有诗情画意，叠山要造成嵯峨如泰山雄峰的气势，造水要达到浩荡似河湖的韵致。这是为了表现接近自然，返璞归真的隐士生活环境，同时也是为了寄托传统的“仁者乐山，智者乐水”的理念。仿造自然，但又不能过分矫揉造作。在这样的

园林中，可以达到“身心尘外远，岁月坐中忘”的境界，追求的是“抱琴看鹤去，枕面待之归”的生活以及“野坐苔生席，高眠挂竹衣”的趣味。东方园林景观的石有情，水有情，花木也有情味意趣。窗外路出树木一角，便是折枝尺幅，山涧古树几株，修竹一丛，乃是模拟枯木竹石图。东方园林妙在含蓄和掩藏，所以有“庭院深深深几许”；东方园林精在曲折幽深，小中见大，因而有“遥知杨柳是门外，似隔芙蓉无路通”。图 7.17 为传统的中国园林景观。

(a)

(b)

图 7.17　随形就势、突出自然的中式传统园林景观

西方在造园方面则重人工造景。因此园林植被多是各种修剪有序的景观，各种精巧的喷水池、游廊、园艺。秉承的是人文特色宗教特色，一切神话题材和宗教装饰都是为人的力量在服务。这里其实主要是受宗教观的影响，体现了基督教思想中上帝授予人处理地上一切事物的权力，所以非常重视人在其中的表现和作用。因此在手法上多机关、多人工处理、讲求技术创造。

西方造园艺术的发展轨迹，虽然其风格是多变的，但总体风格一直是规则几何型，崇尚理性主义，以形式的先验的和谐为美的本质；这是西方古典园林的主流，表现了以人为中心、以人力胜自然的思想理念，如图 7.18 所示。

图 7.18　强调几何形体组合美的欧式传统园林景观

与西方不同，中国古典园林生成以来，一直沿着“崇尚自然”的道路一直走到封建社会结束。中国园林在这条道路上不断发展、完善，终于形成了形成自然写意山水园的独特风格，体现了人与自然的和谐、协调。

“智者乐水，仁者乐山”这句话包含了中国园林的精髓；与自然关系密切，力求变化；对永久性的表现。与中国风景画一样，概括为“山水”，中国园林试图接近并以象征的方式展示自然的本质。这并非自然的翻版，而是“追求自然的本质”。而“追求自然的本质”恰好是中国园林艺术的精髓所在。而若说中国园林的精髓是“诗情画意”，那么则不能体现中国园林的本质。因为，西方园林也是具有“诗情画意”的。西方造园家们在设计、创造园林时，也将自己的情感和思想渗入到他们所创作的园林艺术中去。

西方传统的园林艺术精髓与理想大概是一回事，很少例外。西方园林追求传达一种秩序与控制的意识，有时与自然界的“杂乱无章”形成对照。通常，这类园林或包括花木、喷泉、精心制作的雕塑等要素，以传达一种快乐、华美或奢侈的附加意识。

总而言之，中国园林的精髓是追求“自然的本质”。西方几何规则式园林则强调“秩序和控制”。

7.1.4 景观设计的功能、造景方法与价值

7.1.4.1 景观设计的主要功能

1. 合理安排市民的活动场所

景观设计能起到合理规划市民活动场所，为市民创建功能合理、环境优美、生态环保的室外活动场所的作用。合理的景观规划不仅能为市民创造空间合理、便捷、舒适的室外活动空间，同时也起到美化市民活动场所的作用。

2. 协调城市功能与市民生活的关系

景观设计为完善城市功能起到积极作用，对提升市民的生活品质有着巨大的帮助。缺失景观环境的城市是不完整的城市环境，不仅生态环境不完整，城市建设不科学，也会导致人们的室外活动受到极大的限制，失去正常的生活起居和室外活动必需的空间。

3. 促进文化进步

景观的文化价值能为市民提高精神层面享受有重要的不可替代的作用。景观环境中的植物品种、设计理念、文化特征等地域性文脉要素能勾起市民广泛的归属感和认同感。

4. 改善生态环境

利用阳光、气候、动植物、土壤、水体等自然元素构筑的景观环境对城市嘈杂的空间环境、混凝土构筑的城市环境有提升生态环境的积极作用，也为生活在城市里的人们提供一个生态环保、亲近自然的场所。

5. 美化室外生活环境

景观设计对城市气质的塑造有着不可取代的作用。景观中精心设计的喷泉、叠水、地被草坪、花卉、铺装有序的硬质地面、高低起伏的地形、绿树成荫的树木、小品和雕塑以及更高层面的文化要素、场所精神等都为人们的室外活动的环境增加了丰富的视觉元素，美化了我们的生活环境。

7.1.4.2 景观设计的造景方法

景观要素的组合原则：

(1) 多样与统一。

(2) 对比与调和。

(3) 平衡与紧张、节奏与韵律、比例与尺度。

(4) 节奏与韵律：节奏是指同一要素有规律地重复再现，韵律是在节奏的基础上形成的既富于情调有规律的属性。

1) 静态韵律。

2) 动态韵律：①渐变韵律；②交错韵律；③拟态韵律；④起伏曲折韵律。

(5) 比例与尺度：比例有黄金分割比率、平方根比、等差数列比、等比数列比、费波纳齐数列比、调和数列比；尺度是指与人有关的物体的实际大小与人印象中的大小之间的关系。

(6) 主从与重点：景观中的主从关系。

1) 主景升高或降低法。

2) 在轴线和风景视线的焦点处安排主景。

3) 在动势向心处安排主景。

4) 在构图中心安排主景。

(7) 风格与风俗。

7.2 景观设计与土木工程的联系

土木工程包含的范围广泛。建造一项工程设施一般要经过勘察、设计和施工三个阶段，需要运用工程地质勘察、水文地质勘察、工程测量、土力学、工程力学、工程设计、建筑材料、建筑设备、工程机械、建筑经济等学科和施工技术、施工组织等领域的知识，以及电子计算机和力学测试等技术。因而土木工程是一门范围广阔的综合性学科。随着科学技术的进步和工程实践的发展，土木工程这个学科也已发展成为内涵广泛、门类众多、结构复杂的综合体系。

景观专业（Landscape）是一门建立在广泛的自然科学和人文艺术学科基础上的应用学科，核心是协调人与自然的关系。它通过对有关土地及一切人类户外空间的问题，进行科学理性的分析，找到规划设计问题的解决方案和解决途径，监理规划设计的实施，并对大地景观进行维护和管理。他不单单要考虑到建筑、道路、广场这类硬景观的要求，还要考虑到这些英制景观与周边自然环境之间的关系，培植相应的植物、水体等软景观。

因此，景观专业是包含在土木工程专业中的重要一环，是解决室外空间环境的一门重要学科。土木工程专业在解决了建筑物、构筑物、市政道路等主体工程后，景观成为解决户外活动空间、创造生态环境、衬托建筑主体、美化室外视觉的最佳方法。

7.2.1 住宅与居住区景观设计

7.2.1.1 概念

随着城市经济的不断发展，人们对居住环境的要求越来越高，优美、舒适的居住环境

已成为房地产市场竞争的热点之一，居住区园林景观质量也成为评判一个楼盘整体水平的一项重要标准。

7.2.1.2　居住环境景观设计原则

1. 基本原则

居住环境是城市环境的一个重要组成部分，体现在自然景观、人工景观、人文景观三个层面上，必须遵循一些基本原则。

（1）满足行为的需求。户外休息、娱乐、邻里交往等，这些不同的活动需要配置相应的环境设施来满足对环境景观的功能性要求。随着汽车越来越多的进入家庭，人车分行将形成新的景观，考虑到老龄化，残疾人的需求，设施必须安全，满足无障碍设计的要求。

（2）满足心理的需求。居民对居住环境的基本心理需求包括私密性、舒适性和归属性，环境设计要提供相应的环境气氛，可以通过形式、色彩、质感等满足不同的心理需求。

（3）组织优美景观。居住环境景观之美，是居民高层次的需求，对环境各要素的组合时，不光要注重形式产生的自然美，还有注重深层之美，让人在景观环境中得到精神的愉悦和心理的满足。

（4）贴近自然环境。居住环境景观设施在满足功能和美观要求的同时，应当充分利用自然环境，保护和利用现有的地形、地貌、水体、绿化等自然生态条件。如在多山的地方，就应随坡气势，筑台逐层，重叠跌落，创造山地居住环境，在滨水地区，应充分利用水的特色，布局形成对水的向心性，增加水的亲和力。

（5）保持文化特色。居住环境的文化特色是通过空间和空间界面表达出来的，并且通过象征性体现文化的内涵。在居住环境中可以适当引入国外住区环境景观的一些特点，但是如果把他们的文化照搬就会不伦不类，应当结合当地的地形、气候条件、居民生活方式来创造适宜的居住环境。

2. 组织原则

居住小区景观设计是将其构成要素有机组合在一起的过程。由于居住人员背景不同，对各种要素的感觉也不一样，因此要创造出多种多样的形式，同时这些要素的组合又要满足以下的组织原则：

（1）统一性。统一能把单个的设计元素联系在一起使人从整体上把握事物，它可以是对线条、形体、质地或颜色的重复。在小区景观设计中，把一组相似的元素连接成一个线性排列的整体时，这种方法最为有用。

（2）趣味性。趣味性是设计成功与否的关键 居住小区景观设计中可以通过使用不同形状、尺度、质地、颜色的元素以及变换方向、运动轨迹、声音、光质等手段来产生趣味性。

（3）强调。强调是指在景观设计中突出某一种元素，它要求一种布局要突出一种元素或一个小区域，使之具有吸引力和影响力，并能使人消除视觉疲劳，帮助组织方向。强调主要通过对比来实现，如在无形的背景下布置一个有形的实体，在暗色调中布置明亮的色彩，在精细的质地中布置粗糙的质感。框景和聚焦是强调的另一种表现，它需要有一定的外围景观相配合。

（4）尺度和比例。尺度和比例涉及高度、长度、面积、数量和体积之间的相互比较，微型尺寸的物体或空间大小接近或小于人自身的尺寸时，使人感觉比较亲切，巨型尺寸的物体或者空间超出人身体尺寸的数倍时，则令人不易理解，但能引起新奇之感，在这两种尺寸之间就是适合人体的比例。

（5）顺序。顺序同运动有关，静止的观景点，如平台，座椅或一片开敞的空间是重要的间隔点，在外部空间设计时可精心布置一个起始点，连接各种空间和重要节点，并以一个主要的展示强烈位置感的间歇点来结束。设计的顺序应当要使游人能不断地产生新发现，如一开始景致掩藏，一条缝隙能使远处若隐若现，一个拐角隐藏连接的空间和重要的景点等，不断的新发现能够增加游园的乐趣。

7.2.1.3　组成元素

居住区景观的构成要素分为两种类型，一种是物质的构成，一种是精神文化的构成。这两大构成是密不可分的。

1. 总体环境

小区总体环境景观的设计应当尊重场地的基本条件、地形地貌、土质水文、气候条件、动植物生长状况和市政配套设施等内容，并依据小区的规模和建筑形态，从平面和空间两个方面入手设计，通过借景、组景、分景、添景等多种手法，使内外环境协调，达到公共空间与私密空间的优化和小区整体意境及风格塑造的和谐。

2. 光环境

小区景观设计应当充分注意光环境的营造，利用日光产生的光影变化来形成外部空间的独特景观。小区的休闲空间应具备良好的采光环境，以助于居民的户外活动。在气候炎热地区需考虑足够的荫庇构筑物，以方便居民交往活动。在满足基本照度要求的前提下，小区夜间室外照明也应营造出舒适、温和、安静、优雅的生活气氛，不宜盲目强调灯光亮度。

3. 声环境

在城市中，居住小区的白天噪声允许值宜不大于45dB，夜间噪声允许值宜于不大于40dB。在进行小区声环境营造时可以通过设置隔音墙、人工筑坡、建筑屏障等手段防止噪声。同时，通过植物种植和水景造型来模拟自然界的生环境，如林间鸟鸣、席间流水等，还可以适当选用优美轻快的背景音乐来增强居住环境的情趣。

4. 视觉环境

以视觉特征来控制环境景观是一个重要而有效的设计方法。在小区景观设计采用对景、寸景、框景等设置景观视廊的设计手法都会产生特殊的视觉效果，同时，多种色彩宜人，质感亲切的视觉景观元素通过合理搭配组合，也能达到动态观赏和静态观赏的双重效果，由此提升小区环境的景观价值。

5. 嗅觉环境

小区内部环境应当体现出舒适性和健康性的原则，在感官上给人的感觉应是比较轻松安逸的，整体环境氛围应安静，空气清新，可以适当引进一些芳香类植物，以排斥散发异味、臭味和引起过敏的植物，同时应当避免废异物对环境造成的不良影响，防止垃圾及卫

生设备气味的排放，营造一个舒适宜人的嗅觉环境。

6. 人文环境

保持地域原有的人文环境特征，是提升小区整体环境质量的一个重要手段。应重视保护当地的文物古迹，发挥其文化价值和景观价值；重视对古树名树的保护，提倡就地保护，避免异地移植，也不提倡从居住区外大量移入名贵树种，造成树木存活率降低。通过挖掘原有场所的人文精神，发扬优秀的民间习俗，从中提炼代表性设计元素，创造出新的景观场景，从而引导新的居住模式。

7.2.1.4 某住宅小区景观设计赏析

某住宅小区景观设计赏析如图 7.19～图 7.21 所示。

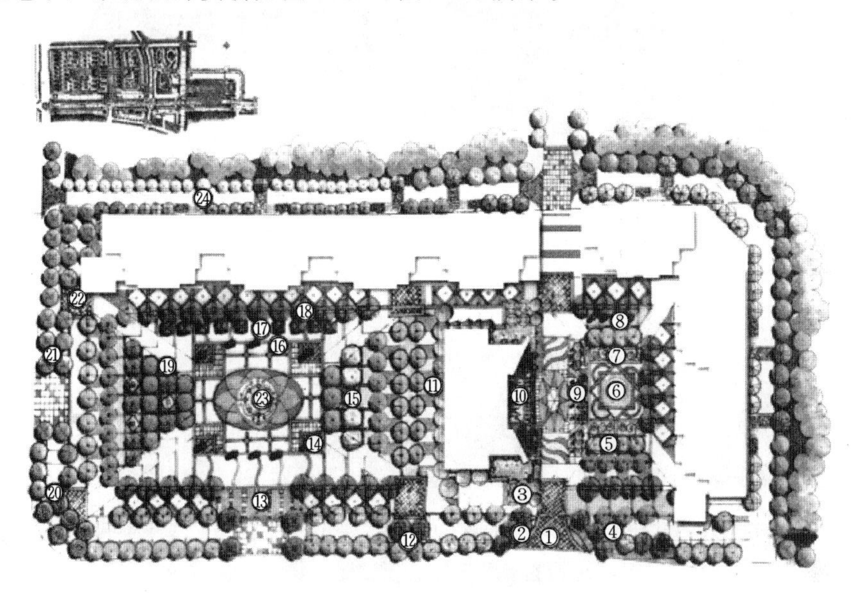

图 7.19 小区平面布置图

1—入口特色铺装；2—景墙水景；3—特色水景树阵；4—生态停车位；5—休闲树阵；6—特色雕塑水景；7—特色铺装；8—雕塑小品；9—特色水量；10—售楼中心入口；11—室外停车位；12—对景小品；13—特色铺装；14—主题小品；15—特色水景小品；16—特色雕塑景柱；17—室外休闲茶座；18—休闲树池；19—林荫树池；20—小入口树阵；21—小入口特色铺装；22—景观树阵；23—中心水量；24—入口特色铺装

7.2.2 市政道路景观绿化设计

市政道路景观设计主要以绿化带的园艺设计为主，在十字交叉路口较宽阔的拐角地带往往会设置小型广场或者三岔路口设置岛式广场等。市道路的景观设计首先要服从交通安全的需要，能有效地协助组织主流、人流的集散。同时也起到改善城市生态环境及美化的作用。现代化城市中除必备的人行道、慢车道、快车道、立交桥、高速公路外，有时还有林荫道、滨河路、滨海路等。由这些道路的植物配植，组成了车行道分隔绿带、行道树绿带、人行道绿带等，如图 7.22 所示。

7.2.2.1 高速公路及立交桥的植物配植

随着我国第一条沈阳到大连的高速公路通车，京津塘高速公路也随的通车，证明我国到了高速公路建设的时代。沈大高速公路符合国际高速公路的标准，具有上、下行 4 条以上的车道，中间3m的分隔带虽然稍窄些，但仍然可以种植低矮的花灌木、草皮及宿根花卉。一般较宽的分隔带可种植自然式的树址。路肩外侧及高速公路两旁则视环境进行专门的植物配植。

(a)

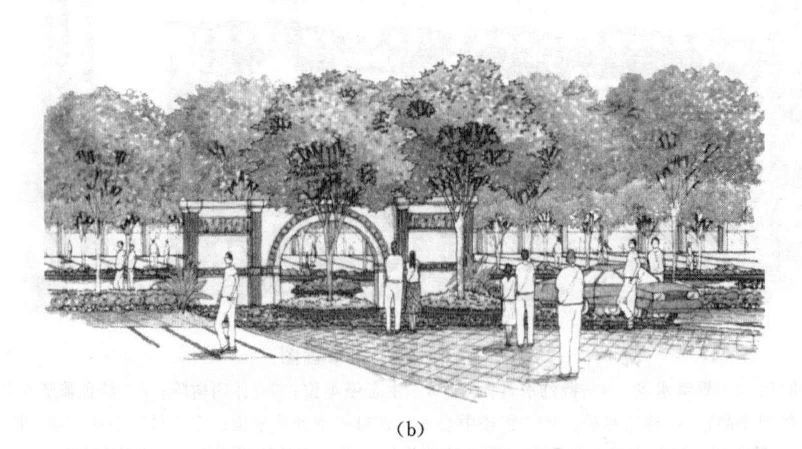

(b)

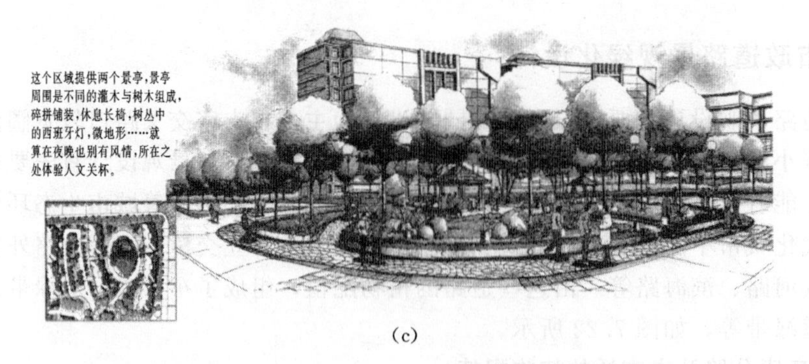
这个区域提供两个景亭，景亭
周围是不同的灌木与树木组成，
碎拼铺装，休息长椅，树丛中
的西班牙灯，微地形……就
算在夜晚也别有风情，所在之
处体验人文关杯。

(c)

图7.20　小区场景透视效果图

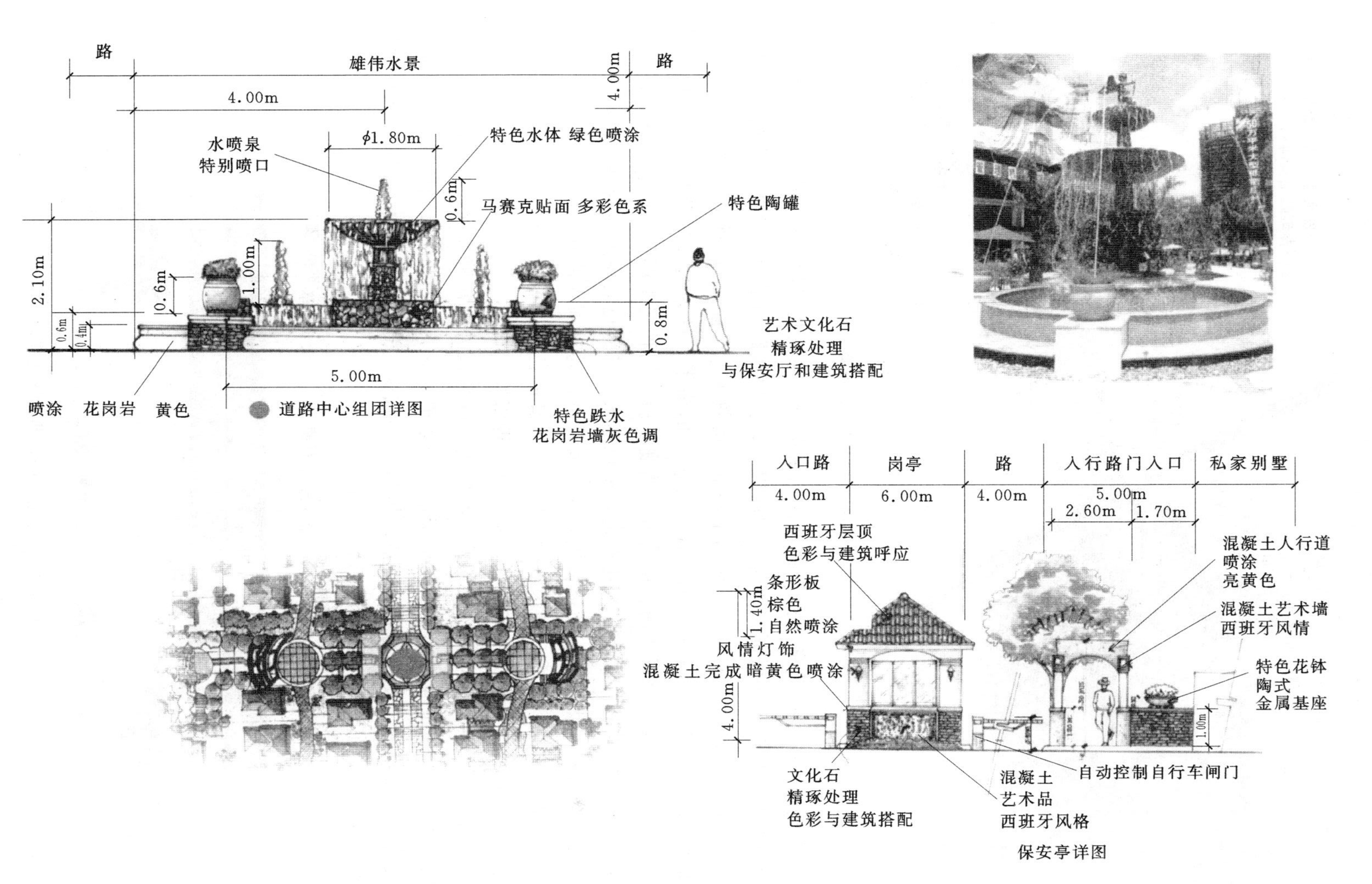
路
雄伟水景
4.00m
路
4.00m
水喷泉
特别喷口
φ1.80m
特色水体 绿色喷涂
0.6m
马赛克贴面 多彩色系
特色陶罐
2.10m
1.00m
0.6m
0.8m
0.6m
0.4m
艺术文化石
精琢处理
与保安厅和建筑搭配
5.00m
喷涂 花岗岩 黄色
道路中心组团详图
特色跌水
花岗岩墙灰色调
入口路
岗亭
路
人行路门入口
私家别墅
4.00m
6.00m
4.00m
5.00m
2.60m
1.70m
西班牙层顶
色彩与建筑呼应
条形板
棕色
自然喷涂
1.40m
风情灯饰
混凝土完成暗黄色喷涂
4.00m
混凝土人行道
喷涂
亮黄色
混凝土艺术墙
西班牙风情
特色花钵
陶式
金属基座
1.00m
自动控制自行车闸门
文化石
精琢处理
色彩与建筑搭配
混凝土
艺术品
西班牙风格
保安亭详图

图 7.21 细节设计

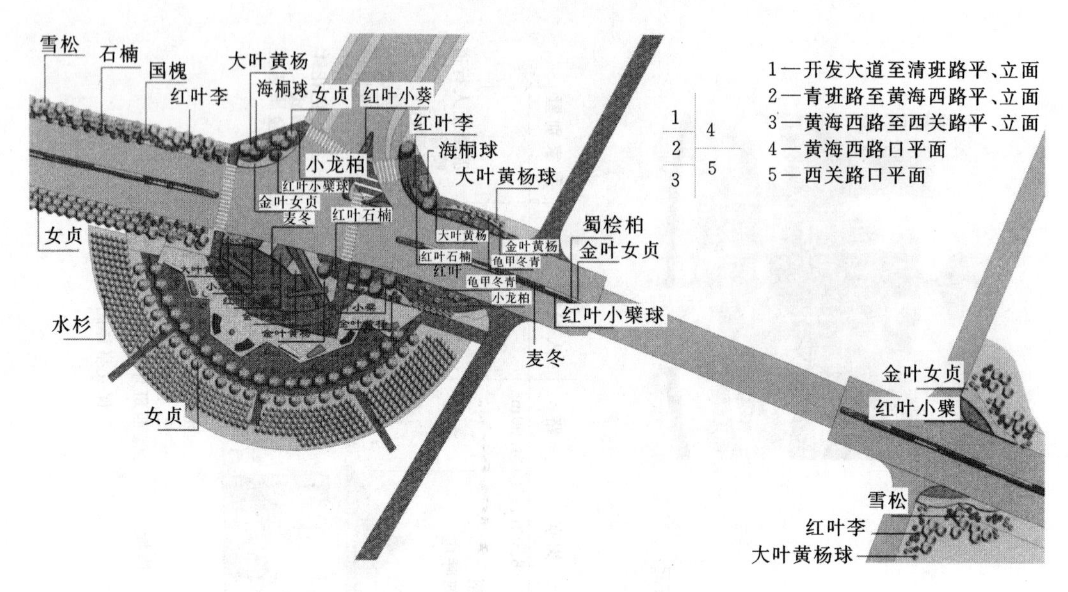

图 7.22　某道路设计平面方案

英国高速公路的线路常先由园林设计师来选定。忌讳长距离笔直的线路，以免驾驶员感到单调而易疲劳，在保证交通安全的前提下，公路线路的平面设计曲折流畅，左转右拐时，前方时时出现优美的景观，达到车移景异的效果。公路两旁的植物配植在有条件的情况下喜欢配植宽 20m 以上乔、灌、草复层混交的绿带，认为这种绿带具有自然保护的意义，至少可以成为当地野生动、植物最好的庇护所。树种视土壤条件而定，在酸性土上常用桦木、花锹、荚迷等种类，有花有果，秋色迷人，其次也有用单纯的乔木植在大片草地上，管理容易，费用不大。在坡度较大处，大片草地易遭雨水冲刷破坏，改植大片平枝栒子，匍匐地面，一到秋季，红果红叶构成大片火红的色块，非常壮观，因此驾车在高速公路上，欣赏着前方不断变换的景色，实在是一种很好的享受。

高速公路及一般公路立体交叉处的植物配植，在弯道外侧常植数行乔木，以利引导行车方向，使驾驶员有安全感。在二条道交汇到一条道上的交接处及中央隔离带上，只能种植低矮的灌木及草坪，便于驾驶员看清周围行车，减少交通事故，立体交叉较大的面积，可按街心花园进行植物配植，如图 7.23 所示。

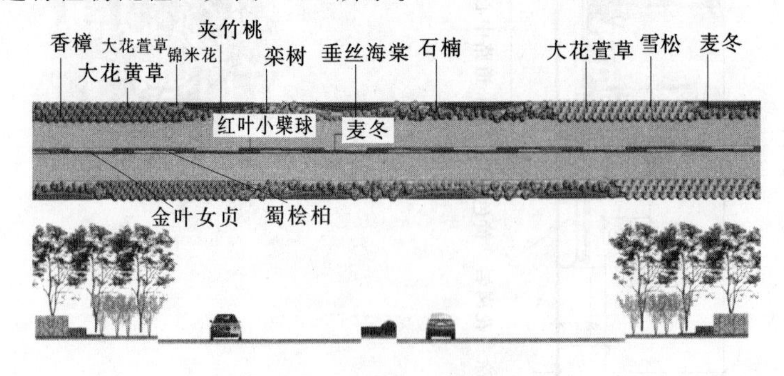

图 7.23　道路中间及两侧绿化带

7.2.2.2 车行道分隔绿带

指车行道之间的绿带。具有快、慢车道共三块路面者有两条分隔绿带；具有上、下行车道两块路面者一条分隔绿带，绿带的宽度国内外都很不一致，窄者仅1m，宽可10m余，在分隔绿带上的植物配植除考虑到增添街景外，首先，要满足交通安全的要求，不能妨碍司机及行人的视线，一般窄的分隔绿带上仅种低矮的灌木及草皮和成枝下高较高的乔木。如日本大阪选择低矮的石楠。春、秋二季叶色红艳，低矮、修剪整齐的杜鹃花篱，早春开花如火如荼，衬在嫩绿的草坪上，既不妨碍视线，又增添景色。随着宽度的增加，分隔绿带上的植物配植形式多样，可规则式，也可自然式。最简单的规则式配植为等距离的一层乔木。也可在乔木下配植耐阴的灌木及草坪，自然夭的植物配植则极为丰富，利用植物不同的地姿、线条、色彩，将常绿，落叶的乔木、灌木、花卉及草坪地被配植成高低错落、层次参差的树丛、树冠饱满或色彩艳丽的孤立树、花地、岩石小品等各种植物景观，以达到四季有景，富于变化的水平。在暖温带、温带地区，冬天寒冷，为增添街景色彩，可多选用些常绿乔木，如雪松、华山松、白度松、油松、樟子松、云杉、桧柏、杜松，地面可用砂地柏、匍地柏及耐阴的藤本地被植物地锦、五叶地锦、扶芳藤、金银花等，为增加层次，也可选用耐阴的丁香、珍珠梅、金银木、连翘、天目琼花、海仙花、枸杞等作为下木。鸢尾类、百合类、地被菊、金鸡菊、荷包牡丹，野棉花等，以及自播繁衍能力强的二月兰、孔雀草、波斯菊等可与草坪配植成缀花草地。还有很多双色叶树种如银白杨、新疆杨以及秋色叶树种如银杏、紫叶李、紫叶小檗、栾树、黄连木、黄栌、五角枫、红瑞木、火炬树等都可配植在分隔绿带上。我国亚热带地区地域辽阔，城市集中，树种更为丰富，可配植出更为迷人的街景。落叶乔木如枫香、无患子、鹅掌楸等作为上层乔木，下面可配植常绿低矮的灌木及常绿草本地被。对于一些土质瘠薄，不宜种植乔木处，可配植草坪、花卉或抗性强的灌木，如平枝栒子、金露梅（又称金老梅）等。无论何种植物配植形式，都需处理好交通与植物景观的关系。如在道路尽头或人行横道、车辆拐弯处不宜配植妨碍视线的乔灌木，只能种植草坪、花卉及低矮灌木。

7.2.2.3 行道树绿带

行道树绿带是指车行道与人行道之间种植行道树的绿带。其功能主要为行人蔽荫，同时美化街景。我国从南到北，夏季炎热，深知“大树底下好乘凉”。南京、武汉、重庆三大火炉城市都喜欢用冠大荫浓的悬铃木、小叶榕等。吐鲁番某些地段在人行道上搭起了葡萄棚。夏威夷喜欢用花大色艳的凤凰木、火烧花、大花紫薇等，树冠下为蕨类地被，一派热带风光。青海西宁用落叶松及宿根花卉地被，呈现温带、高山景观。目前行道树的配植已逐渐向乔、灌、草复层混交发展，大大提高环境效益。但应注意的是，在较窄的、没有车行道分隔绿带的道路两旁的行道地下，不宜配植较高的常绿灌木或小乔木，一旦高空树冠郁闭，汽车尾气扩散不掉，使道路空间变成一条废气污染严重的绿色烟筒。

行道树绿带的立地条件是城市中最差的。由于土地面积受到限制，故绿带宽度往往很窄，常在1～1.5m。行道树上方常与各种架空电线发生矛盾，地下又有各种电缆、上下水、煤气。热力管道，真可谓天罗地网。更由于土质差，人流践踏频繁，故根系不深，容易造成风倒。种植时，在行道树四周常设置树池，以便养护管理及少被践踏，在有条件的情况下，可在树池内盖上用铸铁或钢筋混凝土制作的树池篦子，除了尽量避开天罗地网外，应选择耐修剪、抗瘠薄、根系较浅的行道树种。

7.2.2.4　人行道绿带

人行道绿带指车行道边缘至建筑红线之间的绿化带，包括行道树绿带、步行道绿带及建筑基础绿带。此绿带既起到与嘈杂的车行道的分隔作用，也为行人提供安静、优美、蔽荫的环境。由于绿带宽度不一，因此，植物配植各异，基础绿带国内常见用地绵等藤本植物作墙面垂直绿化，用直立的桧柏、珊瑚树或女贞等植于墙前作为分隔，如绿带宽些，则以此绿色屏障作为背景，前面配植花灌木、宿根花卉及草坪，但在外缘常用绿篱分隔，以防行人践踏破坏。国外极为注意基础绿带，尤其是一些夏日气候凉爽，无需行道树蔽荫的城市，则以各式各样的基础栽植来构成街景。墙面上除有藤本植物外，在墙上还挂上栽有很多应时花卉的花篮，外窗台上长方形的塑料盒中栽满鲜花，墙基配植多种矮生、匍地的裸子植物、平枝栒子、阴绣球以及宿根、球根花卉，甚至还有配植成微型的岩石园。绿带宽度超过10m者，可用规则的林带式配植或培植成花园林荫道。

7.2.2.5　梅河高速公路景观设计赏析

梅河高速公路景观设计赏析，如图7.24～图7.27所示。

图7.24　目标设计道路总概况

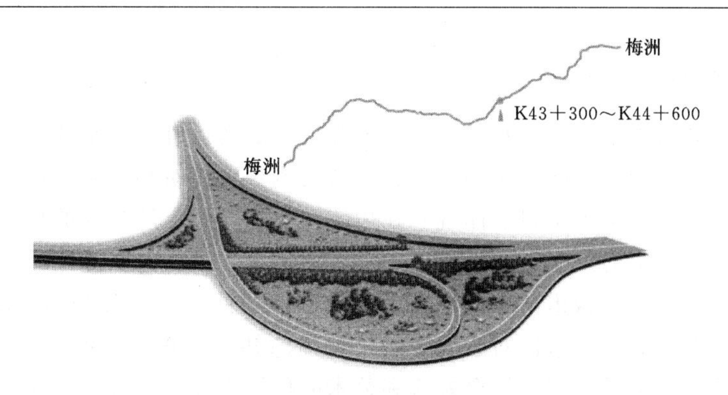

图 7.25 途经的交通枢纽周边绿化设计

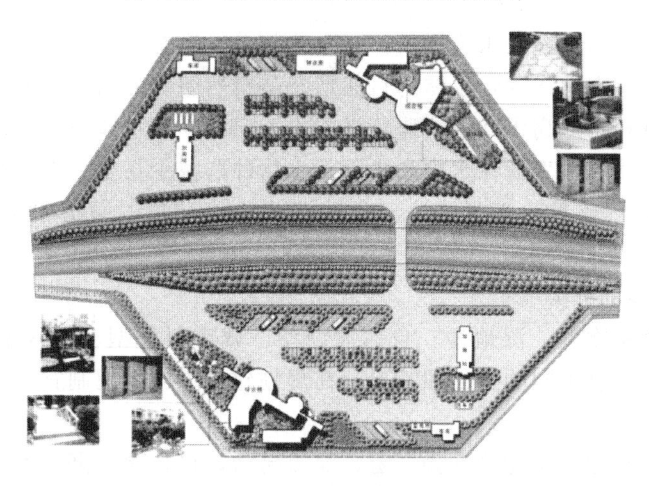

图 7.26 途经的服务区周边的绿化设计

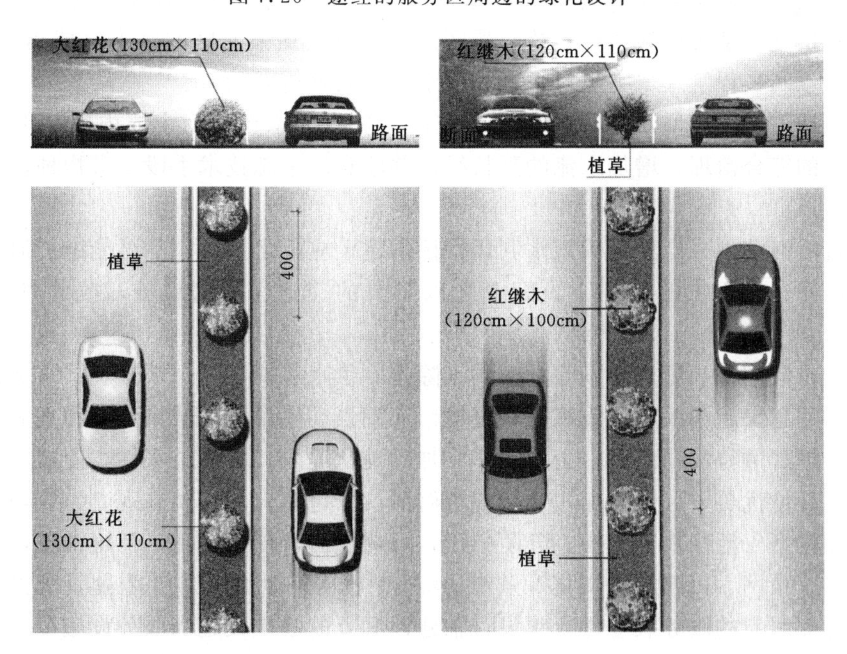

图 7.27 中间隔离带绿化设计

7.2.3　滨水景观

滨水空间是城市中重要的景观要素，是人类向往的居住胜境。水的亲和与城市中人工建筑的硬实形成了鲜明的对比。水的动感、平滑又能令人兴奋和平和，水是人与自然之间情结的纽带，是城市中富于生机的体现。在生态层面上，城市滨水区的自然因素使得人与环境间达到和谐、平衡的发展；在经济层面上，城市滨水区具有高品质的游憩、旅游的资源潜质；在社会层面上，城市滨水区提高了城市的可居性，为各种社会活动提供了舞台；在都市形态层面上，城市滨水区对于一个城市整体感知意义重大。滨水空间的规划设计，必须考虑生态效应、美学效应、社会效应和艺术品位等方面的综合，做到人与大自然、城市与大自然和谐共处。

创造良好的水生态环境及水边风景，与水体的自然形态、水岸、水质、水量和自然植被密切相关。景观生态学认为，水体的自然形态是自然演变的结果，人工对水体的渠道化和裁弯取直虽然有利于提高汛期的快速行洪能力，但减少了水体边缘的进退变化，改变了水流速度和状态，使原本生长在水中和水际的生物种群减少甚至消失。通过景观建设，保护和恢复水体的自然或半自然形态，对于改善水生态环境，营造水边的自然风景十分重要。

7.2.3.1　滨水景观的分类

滨水景观分为水库型、湿地型、自然河湖型、城市河湖型、灌区型和水土保持型六类。不同类型的景区有不同的条件和情况，在规划建设中应因地制宜，注意突出特点，形成特色。

（1）水库型。水库工程建筑气势恢宏，泄流磅礴，科技含量高，人文景观丰富，观赏性强。景区建设可以结合工程建设和改造，绿化、美化工程设施，改善交通、通信、供水、供电、供气等基础设施条件。核心景区建设应重点加强景区的水土保持和生态修复，同时，结合水利工程管理，突出对水科技、水文化的宣传展示。

（2）湿地型。湿地型水利风景区建设应以保护水生态环境为主要内容，重点进行水源、水环境的综合治理，增加水流的延长线，并注意以生态技术手段丰富物种，增强生物多样性。

（3）自然河湖型。自然河湖型水利风景区的建设应慎之又慎，尽可能维护河湖的自然特点，可以在有效保护的前提下，配置之以必要的交通、通信设施，改善景区的可进入性。

（4）城市河湖型。城市河湖除具防洪、除涝、供水等功能外，水景观、水文化、水生态的功能作用越来越为人们所重视。应将城市河湖景观建设纳入城市建设和发展的统一规划，综合治理，进行河湖清淤，生态护岸，加固美化堤防，增强亲水性，使城市河湖成为水清岸绿，环境优美，风景秀丽，文化特色鲜明，景色宜人的休闲、观光、娱乐区。

（5）灌区型。灌区水渠纵横，阡陌桑田，绿树成荫，鸟啼蛙鸣，环境幽雅，是典型的工程、自然、渠网、田园、水文化等景观的综合体。景区可结合生态农业、观光农业、现代农业和近年兴起的服务农业进行建设，辅建以必要的基础设施和服务设施。

（6）水土保持型。可以在国家水土流失重点防治区内的预防保护、重点监督和重点治

理等修复范围内进行，亦可与水保大示范区和科技示范园区结合开展。

7.2.3.2 浑河北滩湿地公园规划设计文本滨水景观设计赏析

浑河北滩湿地公园规划设计文本滨水景观设计赏析如图 7.28～图 7.34 所示。

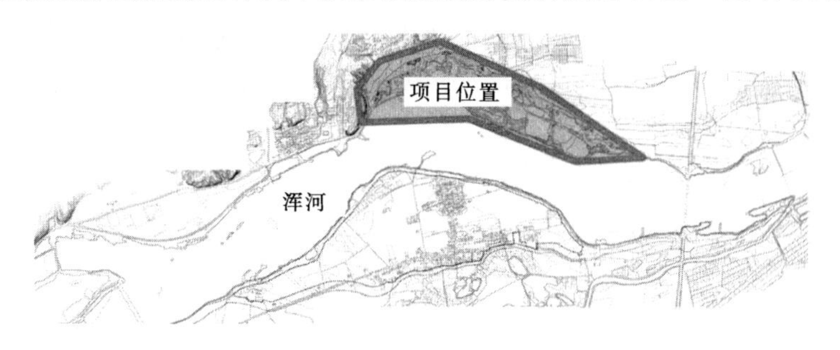

图 7.28 目标设计区域

图 7.29 场地现状调研

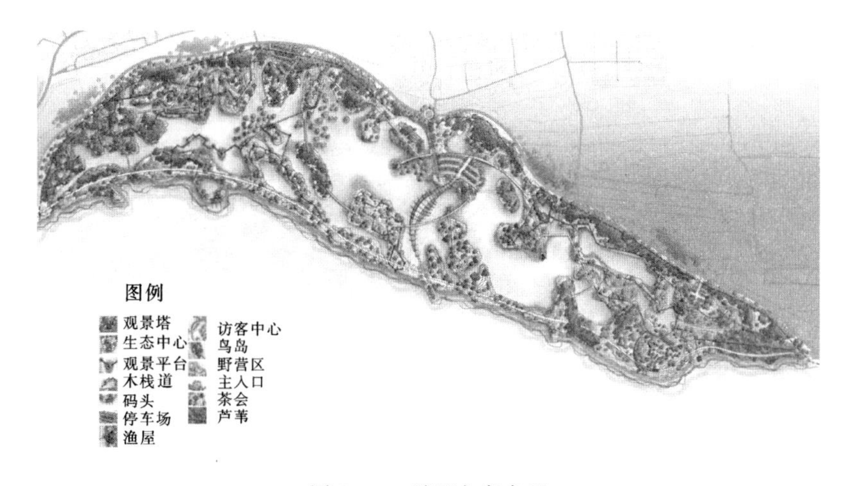

图 7.30 平面方案布置

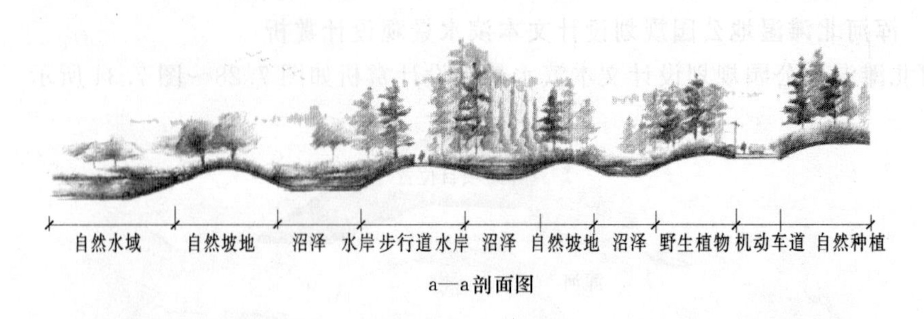

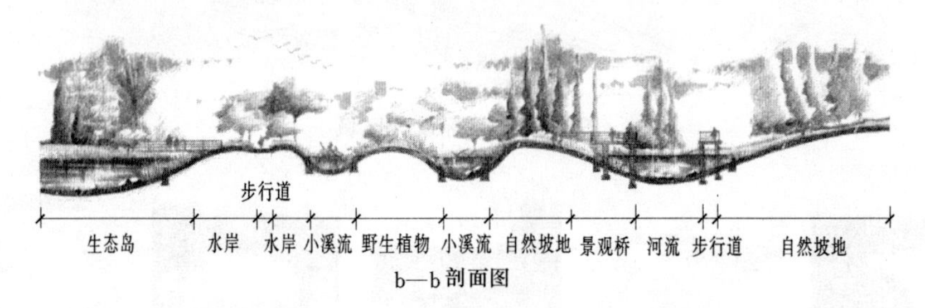

图 7.31 竖向方案示意图

图 7.32 局部手绘效果图

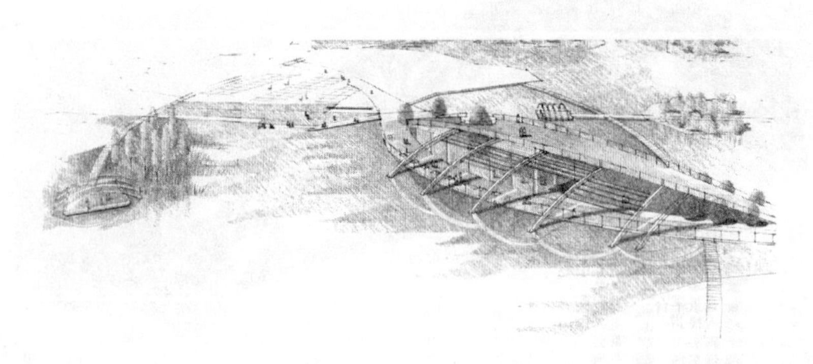

图 7.33 局部俯瞰效果图

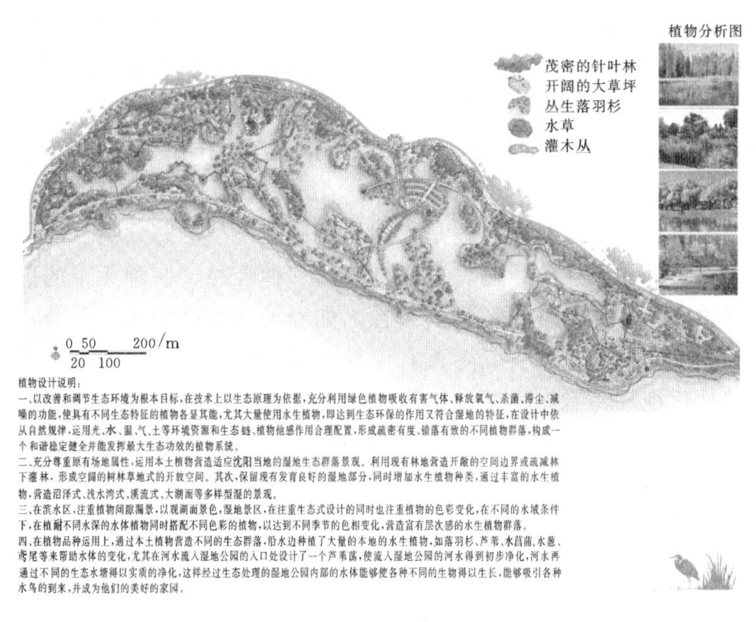

植物分析图
茂密的针叶林
开阔的大草坪
丛生落羽杉
水草
灌木丛
0 50 200/m
20 100
植物设计说明：
一、以改善和调节生态环境为根本目标，在技术上以生态原理为依据，充分利用绿色植物吸收有害气体、释放氧气、杀菌、滞尘、减噪的功能，使具有不同生态特征的植物各显其能，尤其大量使用水生植物，即达到生态环保的作用又符合湿地的特征，在设计中依从自然规律，运用光、水、温、气、土等环境资源和生态链、植物他感作用合理配置，形成疏密有度、错落有致的不同植物群落，构成一个和谐稳定健全并能发挥最大生态功效的植物系统。
二、充分尊重原有场地属性，运用本土植物营造适应沈阳当地的湿地生态群落景观。利用现有林地营造开敞的空间边界或疏减林下灌林，形成空阔的树林草地式的开放空间。其次，保留现有发育良好的湿地部分，同时增加水生植物种类，通过丰富的水生植物，营造沼泽式、浅水湾式、溪流式、大湖面等多样型湿的景观。
三、在滨水区，注重植物间隙漏景，以观湖面景色，湿地景区，在注重生态式设计的同时也注重植物的色彩变化，在不同的水域条件下，在植耐不同水深的水体植物同时搭配不同色彩的植物，以达到不同季节的色相变化，营造富有层次感的水生植物群落。
四、在植物品种运用上，通过本土植物营造不同的生态群落，沿水边种植了大量的本地的水生植物，如落羽杉、芦苇、水菖蒲、水葱、鸢尾等来帮助水体的变化，尤其在河水流入湿地公园的入口处设计了一个芦苇荡，使流入湿地公园的河水得到初步净化，河水再通过不同的生态水塘得以实质的净化，这样经过生态处理的湿地公园内部的水体能够使各种不同的生物得以生长，能够吸引各种水鸟的到来，并成为他们的美好的家园。

图 7.34 植物分析、种植图

7.3 景观设计的发展过程

7.3.1 中国古典园林的发展历程

中国古典园林按照园林基址的选择和开发方式的不同可以分为人工山水园和天然山水园两大类型。按照园林的隶属关系来分，可分为皇家园林、私家园林、寺观园林这三个主要类型。中国古典园林的生成期处于殷、周、秦、汉时期，出现了囿（yòu）和苑（yuàn）等形式的早期园林。发展期处于魏、晋、南北朝时期，这一时期出现了私家园林和寺观园林等园林形式。到了隋、唐时期，中国古典园林进入了全盛期，其中主要的园林形式有山水建筑宫苑、自然园林式别业山居、写意山水园等。到了两宋、元、明、清时期，中国古典园林已经发展至全盛阶段。这一阶段最突出的园林形式就是山水宫苑、山水园林等。

中国古典园林艺术在审美上的最大特点就是有意境。意境既是中国古典园林的内涵、传统风格和特色的核心，也是中国古典园林艺术的最高境界。

中国历代园林的设计者和建造者，因地制宜、别出心裁地营造了许多园林，虽然各不相同，却有一个共同点：游览者无论站在园林中的哪个点上，眼前总是一幅完美的图面。中国古典园林十分讲究近景远景的层次、亭台轩榭的布局、假山池沼的配合、花草树木的映衬，也正是为了营造诗情画意的意境。要充分领略园林“入诗”“入画”的意味，不仅要熟悉中国古典园林的常见手法和布局，还要用心体会风景背后博大精深的文化内涵。

园林意境的产生，离不开具体而真实的景物。这些景物由建筑、山石、水体、花木构成，是有形、有限、有比例的，是给人直接感知的空间；而由景所产生的人的想象空间，却是无形、无限、无比例的。园林意境的产生，同样离不开人的思想感情的参与。无论造园家如何精心设计、布局，唯一的目的就是在特定的时空里最大限度地刺激游客的“心”，促使其生情、生意。唯有心物契合，情景合一，园林的意境方能酝酿生成。而园林景物对游人情感的激发，主要是通过人的眼、耳、鼻三个感官。作用于眼睛的主要是园林的景点，这些景点的构成要素是建筑、山石、水体、花木等。作用于耳的信息，主要反映在园林以声音为特点的景点上。如秋雨梧桐是人间说不完道不尽的悲欢离合的典型；残荷雨声代表着一种忆旧怀亲的伤感愁绪；雨打芭蕉则表达一种轻愁、一种无奈的思念之情。作用于鼻的信息，则主要体现在园林内植物的芳香。如春天有扑鼻的桃李芬芳，夏日有袭人的荷花清香，秋季有浓郁的丹桂飘香，冬天有浮动的腊梅暗香。

中国古典园林重视“写意”手法的运用，一山一石都耐人寻味，给人留下充分的联想和回味的余地。一块小石，便有山壑气象；一勺清水，便有江海气象；一草一木，便有森林气象．而园林的布局设景，又尽量避免形成一览无余的视觉效果，使人在有限的园林空间内，仿佛置身于变幻的仙境中，从而形成一种含蓄幽深、形有尽而意无穷的意境美。中国古典园林之美多多，最本质者在于意境之美。

7.3.2　西方园林景观的发展史

西方园林的发展经历了古代埃及墓园、古希腊柱廊园、古罗马郊野别墅、意大利文艺复兴台地园、法国古典主义园林、英国自然风景园、美国国家公园等。

世界上最早的园林可以追溯到公元前16世纪的埃及，从古代墓画中可以看到祭司大臣的宅园采取方直的规划，规则的水槽和整齐的栽植。西亚的亚述确猎苑，后演变成游乐的林园。

巴比伦、波斯气候干旱，重视水的利用。波斯庭园的布局多以位于十字形道路交叉点上的水池为中心，这一手法为阿拉伯人继承下来，成为伊斯兰园林的传统，流布于北非、西班牙、印度，传入意大利后，演变成各种水法，成为欧洲园林的重要内容。

古希腊通过波斯学到西亚的造园艺术，发展成为住宅内布局规则方整的柱廊园。古罗马继承希腊庭园艺术和亚述林园的布局特点，发展成为山庄园林。

欧洲中世纪时期，封建领主的城堡和教会的修道院中建有庭园。修道院中的园地同建筑功能相结合，如在教士住宅的柱廊环绕的方庭中种植花卉，在医院前辟设药圃，在食堂厨房前辟设菜圃，此外还有果园、鱼池和游憩的园地等。在今天，英国等欧洲国家的一些校园中还保存这种传统。13世纪末，罗马出版了克里申吉著的《田园考》，书中有关于王侯贵族庭园和花木布置的描写。

在文艺复兴时期，意大利的佛罗伦萨、罗马、威尼斯等地建造了许多别墅园林。以别墅为主体，利用意大利的丘陵地形，开辟成整齐的台地，逐层配置灌木，并把它修剪成图案形的植坛，顺山势运用各种水法，如流泉、瀑布、喷泉等，外围是树木茂密的林园。这种园林通称为意大利台地园。

法国继承和发展了意大利的造园艺术。1638年，法国布阿依索写成西方最早的园林专著《论造园艺术》。他认为“如果不加以条理化和安排整齐，那么人们所能找到的最完美的东西都是有缺陷的”。17世纪下半叶，法国造园家勒诺特尔提出要“强迫自然接受匀

称的法则”。他主持设计凡尔赛宫苑，根据法国这一地区地势平坦的特点，开辟大片草坪、花坛、河渠，创造了宏伟华丽的园林风格，被称为勒诺特尔风格，各国竞相仿效。

18世纪欧洲文学艺术领域中兴起浪漫主义运动。在这种思潮影响下，英国开始欣赏纯自然之美，重新恢复传统的草地、树丛，于是产生了自然风景园。英国申斯诵的《造园艺术断想》，首次使用风景造园学一词，倡导营建自然风景园。初期的自然风景园创作者中较著名的有布里奇曼、肯特、布朗等，但当时对自然美的特点还缺乏完整的认识。

18世纪中叶，钱伯斯从中国回英国后撰文介绍中国园林，他主张引入中国的建筑小品。他的著作在欧洲，尤其在法国颇有影响。18世纪末英国造园家雷普顿认为自然风景园不应任其自然，而要加工，以充分显示自然的美而隐藏它的缺陷。他并不完全排斥规则布局形式，在建筑与庭园相接地带也使用行列栽植的树木，并利用当时从美洲、东亚等地引进的花卉丰富园林色彩，把英国自然风景园推进了一步。

从17世纪开始，英国把贵族的私园开放为公园。18世纪以后，欧洲其他国家也纷纷仿效。自此西方园林学开始了对公园的研究。

19世纪下半叶，美国风景建筑师奥姆斯特德于1858年主持建设纽约中央公园时（图7.35），创造了“风景建筑师”一词，开创了“风景建筑学”。他把传统园林学的范围扩大了，从庭园设计扩大到城市公园系统的设计，以至区域范围的景物规划。他认为城市户外空间系统以及国家公园和自然保护区是人类生存的需要，而不是奢侈品。此后出版的克里夫兰的《风景建筑学》也是一本重要专著。

(a)

(b)

图7.35　纽约中央公园是纽约市民休闲的绿色栖息地

7.3.3　现代景观规划设计的特点

1901年美国哈佛大学创立风景建筑学系，第一次有了较完备的专业培训课程表，其他一些国家也相继开办这一专业。1948年成立国际风景建筑师联合会。

现代主义景观设计自从抛弃了古典主义的景观设计美学准则后一直不断探索，但始终没有似乎也不需要重新建立评价标准，随意性及个性化似乎成为景观设计的普遍特征。现代景观与建筑、艺术等相关学科之间同时存在与变化着，艺术思潮、建筑理论的探索无不影响着景观设计。现代意义上的景观规划设计，因工业化对自然和人类身心的双重破坏而兴起，以协调人与自然的相互关系为己任。与以往的造园相比，最根本区别在于，现代景观规划设计的主要创作对象是人类的家，即整体人类生态系统；其服务对象是人类和其他物种；强调人类发展和资源及环境的可持续性。

区别于传统的古典园林景观，现代景观设计有如下特点：

(1) 在服务范围上，强调面向大众群体，是为公众化的规划设计，终极目标是寻求创造人类需求和户外环境的协调。

(2) 在设计元素和材料上，从传统的山、水、植物、建筑拓展到现代的模拟景观、庇护性景观、高视点景观等综合的现代设计元素和高新技术材料。

(3) 在设计的范围上，从宅院的种植花木到整个户外生存环境的规划设计；现代景观设计涉及街头绿地、公园、风景旅游区、自然生态保护区、区域和国土的规划设计、大地的宏观生态规划设计。

(4) 在专业哲学上，从传统的二维景观到三维、四维甚至是五维的景观；从传统的山水、阴阳二元到现代的功能、形态、环境的三元。

(5) 在价值观和审美观上，现代景观设计不仅单纯讲究美观还讲究生态环保，讲究生态效益、环境效益和社会效益。

(6) 在从业人员方面，现代景观规划设计要求的不仅仅是传统的园林造园师，现代景观设计师要求建筑、城市规划、园林、环境、生态、地理、历史、人文等多学科人员参与合作，学科知识更加综合。

(7) 在设计手段上，现代景观规划设计更多地采用新技术、新材料，如模拟景观、计算机等。

(8) 新理论的运用，在现代景观规划设计过程中运用了可持续发展、区域规划、生态规划等理论。总之，现代景观规划设计是一个综合的人文自然和艺术设计相结合的学科，体现了历史文化精神的延续和人文主义的关怀，为人类与自然的和谐相处做出了重大贡献。如图7.36所示。

图7.36　现代风格的景观朝着更人性化、时代化的方向发展

7.4 景观设计的方法、原则和步骤

7.4.1 景观设计的设计方法

景观设计中的各种自然要素、人工要素需要有机地结合起来，利用多种处理手法，通过技术手段、艺术手段等创造出完整而实用的景观环境。如何把这些元素组织结合起来，这就是我们研究的景观设计的基础设计方法。

1. 艺术布局形式

景观空间需要对空间进行合理的艺术布局，布局是景观空间给人的直观感受，如北京天安门广场园林、南京中山陵园林、巴黎城市广场等。古今中外，每个景观环境都有自己明显的布局形式，这些布局形式总结起来有三种极具代表性：

（1）规则式布局。这种布局风格主要源自西方古典园林景观，从古埃及、古希腊到罗马帝国再到文艺复兴及以后的西方园林，由于强调几何形体在景观中的视觉作用，又多以中轴线对称的形式来规划布局，所以西方古典园林景观给人以规则布局的感受。

（2）自然式布局。源于中国自然山水园林的布局方式。这种布局形式的特点就是随形就势、路线流线设计丰富且道路分级明确。道路设计曲径通幽，植被种植疏密有致，地形高低错落。用流水、瀑布或者假山等自然元素造景，强调亲近自然的形态。

（3）混合式布局。主要指规则式、自然式交错组合，全园没有或不形成控制全园的中轴线或者对称结构。但局部的造景会有中轴线对称布局。虽然场地内有地形的起伏变化或者利用不对称手法造景，但并不是自然式布局的特点。这种混合式布局是目前景观营造的最常用的手段，如图 7.37 所示。

2. 造景的艺术手法漏景

创造一个内容丰富、引人入胜的景观空间往往会用到对景、障景、漏景、框景、夹景、隔景、点景、借景等处理手法。

（1）对景。“对”是相对的意思，具体来说就是从一个景点观察另一个景点。重点营造两个景点，且处理好他们之间的联系与视线。

（2）障景。利用欲显故隐、欲扬先抑的手法，对景物用某种形式的屏障进行必要的遮挡、隐藏。等到移步换景后隐藏的景物会给人一种别有洞天的新奇感受。

（3）漏景。通过稀疏的植物群落或镂空的构筑显示前方的景物，借以引起人的联想，激发人的探究感。

（4）框景。根据选择特定的视点，利用窗框、岩洞、墙洞透视景物，观赏由树干或者有造型的框体围合成的景色从而构成一幅仿佛嵌入框体的立体画面。

（5）夹景。在主景前置一左右遮挡的狭长空间，屏障周围无关的景物以突出、强化主景的效果。

（6）隔景。利用隔墙、植物篱笆、密植的树木将景物划为不同的景观空间，形成多个视点。

（7）点景。运用点缀的方法装饰景观，往往采用一个文化艺术感很强的装饰物置于景

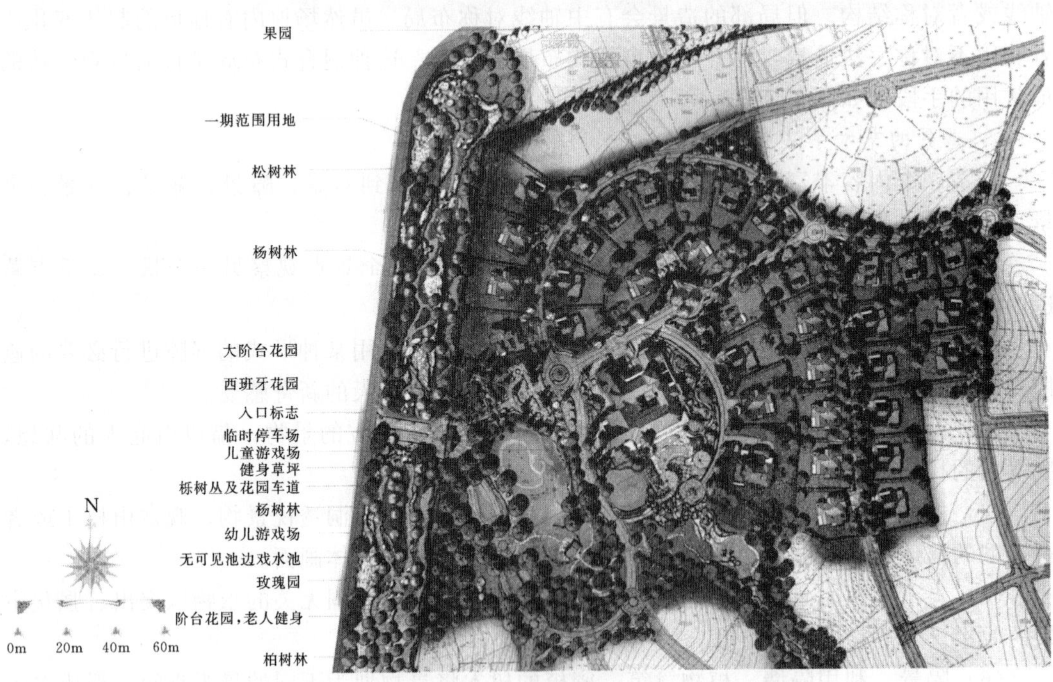

图 7.37　混合式景观布局是最常见的景观布局形式

点之中，起到画龙点睛的作用。

（8）借景。在设计好的某个或者几个观察点，将其他空间景物纳入所设置的观看范围内并与景观组合成一个或几个完整的视觉画面。

7.4.2 景观设计的设计要素

景观设计的基本元素包括造型、色彩、空间、材料等几个主要部分，景观设计的构思最终必须通过设计元素表现出来，设计元素就是它的表达语言。设计元素作为景观设计的基本语言，对于设计师的水平是具有决定性的，正确地理解、熟练地运用设计元素，能帮助设计师准确地表达自己的设计思想、丰富设计手法、提高设计能力。

7.4.2.1 造型和色彩

色彩和造型是视觉艺术里的两个最为重要的部分，色彩依附于造型，造型通过色彩而呈现出来。没有无造型的色彩，也没有无色彩的造型，二者相互依存、互为补充。

1. 影响色彩的三个因素

（1）自然光。这是人类最习惯的光源，是我们判断颜色的基本依据的光源。自然光主要指的是阳光，色彩研究现在所有颜色的判断依据都是以阳光为前提的。

（2）人工光。指的是人造光源，如烛光、灯光。由于人工光的亮度不可能超过阳光，所以主要出现在夜晚，它很少受客观条件的影响，比较容易控制。

（3）反射光。指的是自然光或人工光照射在物体上所反射出来的光。这种光虽然容易被人们忽视，但可以说它几乎无所不在。反射光多数在物体的暗部出现，它反射的是我们观察的物体的暗部旁边所受光的物体的颜色。

2. 色彩的三要素

（1）明度对比。这是指的在无色彩的情况下，由白到黑将颜色由深到浅划分为多个等级而产生的对比现象。明度对比按照高、中、低三个部分，可分为高调、中调、低调，高调一般具有阳光、华丽、干燥、透明、空气、遥远、轻盈、柔软、女性的感觉；低调一般具有土地、朴实、潮湿、不透明、近、沉重、坚硬、男性的感觉。将各个部分交替组合，又可分为高长调、低长调、高短调、低短调等多种明度对比级别，长调比较鲜明，容易引人注目；短调则比较暧昧，有整体感。

（2）色相对比。色相指的是色彩的相貌。在光照情况下，人们看到不同的颜色之后对这些颜色形成了不同的概念，对于这种特定颜色的印象，就是色相的概念。在色彩的对比效果中，色相对比是最为强烈、最能体现色彩力量的一种对比方式，它非常直接地表达了色彩的语言，具有强烈的感召力。

（3）纯度对比。纯度指的是颜色鲜艳或浑浊的程度，它反映了单个颜色力量的强弱，颜色越鲜艳，表现力就越强，反之，表现力就越弱。所谓纯度对比是指高纯度的颜色和低纯度的颜色之间的对比，取决于纯度对比的效果主要在两个方面，一是纯度本身，纯度之间的反差越大，对比效果就越明显；二是明度，两个对比色在明度上越接近，对比效果就越强。

7.4.2.2 景观的空间类型

所谓空间是三维世界的基本特点，只要有距离就有空间。空间在现实世界中可以说无处不在，但从环境设计的角度来看，并不是所有的空间都是具有意义的。景观设计的工作就是要把空间赋予一定的功能和意义。概括起来说，空间的组合方式大约有三种。

（1）开敞式空间。它的空间特点是没有明确的界限，没有明确的方位诱导，可以有多个中心点，可以是多功能的、多区域的，各部分是散点布置的，空间感是外向的、积极的，造型元素在在空间形式上是面状的。这种空间形式较为自由，人的行为方式也比较自由，人的行动没有受到太多的限制。

（2）围合式空间。其空间特点是有比较明确的围合线，有明确的方位导向，中心点是突出，功能相对单一，区域感强，空间布置有明确的中心点，有一定的排他性，空间感是内向的，空间形式是点状的。

（3）序列空间。与围合式空间一样，序列空间同样具有视觉中心，同样有明确的方位诱导，但功能上却更为灵活，可以进行演出、纪念、休闲等活动，它更侧重的是空间节奏上的把握，强调在一条或数条比较明确的轴线上有节奏、有韵律地布置整个空间演出，形成空间的连续性、序列性，诱导观者的情绪，它的空间形式是线形的。

7.4.2.3　景观施工材料

（1）材料的功能。材料主要有两方面的功能，一是坚固耐用，二是美化城市环境。

（2）材料的类别。材料的种类虽然令人眼花缭乱，但概括起来主要就是两大类，即天然材料和人工材料。

1）石材。是天然材料当中最为坚硬、耐久性最好，同时加工也最为困难的一种材料。

2）木材。木材的基本特点是在各方面都比较中性，这是一种比较恒温的材料，与大自然的联系极为密切的材料，容易为人们所接受，可以说是人类最为熟悉的建筑材料了。

3）金属。金属材料强度高，塑造能力强，便于清洁，它本身没有明显的机理效果，但表面处理有多种可能性。

4）玻璃。这是一种比较特殊的材料，它可以将距离空间隔断，但仍将视线空间保留。作为这种透明材料，玻璃最早主要是用于建筑物的采光，随着玻璃强度的提高，现在又进一步用于环境装饰。

5）陶制品。

6）混凝土。

7.4.3　景观设计的原则

1．安全性原则

在城市的景观设计中，有众多棘手的问题需要解决，但无论如何，安全必须是第一位考虑的因素。如果连市民的生命安全都尚且不保，城市建设的美景失去了原有的价值。解决安全问题主要通过以下三个方面：

（1）道路的安全设施。指硬件部分的设计。

（2）交通路线的组织。指软件部分的设计，如步行空间与机动车道的关系；休闲空间与交通空间的关系；残疾人与健康者活动空间的关系等。

（3）景观环境中的日常管理和安全维护措施。

2. 便利性原则

（1）交通的便利。主要包括交通工具，如地铁、轻轨、公共汽车以及机场、港口等，还有交通设施，如道路、车站、停车场、识别系统等。

（2）购物的便利。购物环境一般包括大型购物中心、超级市场、商场、专卖店、通宵店、小商店等。购物是人们日常生活中最为频繁的活动之一，在城市中应当尽量减少人们购物时的活动半径以节省购物时间和购物成本。

（3）健身休闲的便利。健身、休闲活动是人们生理健康和心理健康的需要，便利的健身、休闲环境为国民的身体健康和心理健康提供了条件。

（4）文化生活的便利。文化生活是精神文明建设的重要组成部分，是城市现代文明的象征，是传统文化的载体。文化生活设施主要包括文化馆、图书馆、博物馆、展览馆、美术馆、影剧院等大型的公共建筑，也包括文化广场、图书室、文化站、棋牌室等社区文化设施。其中小型的、散布于社区内的文化设施对市民的生活影响最大、最为直接。

（5）交流的便利。人是社会性的动物，有相互沟通的精神需求。其中，人与人之间的直接对话和沟通是非常重要的。

3. 生态性原则

（1）城市要保持可持续发展，就必须考虑生态问题，这也是一个涉及面比较宽的问题，它牵涉植物、动物、大气、水资源、土地、矿产等自然因素，这些都是人类生存的基础条件，只有在他们处于相对平衡的状态，形成彼此协调的链状关系，生态才有可能朝良性循环的方向发展。

（2）实行生态保护首要的是保护，尽量使自然环境不再受到新的破坏，即使是为了建设；其次是恢复，就是努力恢复原生状态，而不是人工状态；再次是重建，将城市发展过程中被破坏的生态环节仿造自然生态的原理重新建立，如绿化连接带和生物多样性，将分散的、孤立的绿化带连接起来，丰富其生态植被，使动植物在大型的链状保护带中得以生存。

4. 识别性原则

（1）城市的识别性主要指城市的识别系统。识别系统主要包括城市里指示方位的标识物，如指示牌、地图、问讯处等显性的识别系统。以及地面铺装的图案、检查井盖的图案、路灯的造型、建筑物的色彩以及公共艺术品等隐性的识别系统。前者主要以简洁的文字、图形来明确地指引现在的位置以及周边的主要公共设施；后者主要通过图形、造型、色彩、材料等来表示本区域的特征，二者相辅相成，共同构成一个既相互联系，又有各自特征的城市。它更多的是面向外来人员，为陌生人引导方位，同时为城市的管理提供了方便，它是在城市的对外开放过程中逐渐形成的。

（2）良好的识别系统设计能够有效地提高城市的效率，方便人们的生活，它同样是现代城市管理的重要组成部分。识别系统的建立并不需要巨额的投资，但需要具备开放的意识，需要对城市现代化的概念有更全面的认识。

5. 平等性原则

（1）城市应当是为每一个市民而存在的，它不分贫困贵贱、职位高低、健康与否，每一个公民都有权利平等地使用这个城市。城市的景观设计应当对社会各阶层的人都给予同等的关注，尤其是对于弱者，应当给予更多的关注。

（2）城市的现代文明是建立在平等的基础之上，建立在保护弱者的基础之上，如果弱者的利益在城市里是被忽视的，那他们就难以对城市有负责任的举动，要求他们来保护城市就更是显得牵强。当弱势群体的利益和强势群体的利益发生冲突的时候，社会的稳定也就失去了基础，社会运作的成本就会大幅度提高。

6. 地域性原则

（1）地域性是指城市的整体形象的独特性，包括地形、地貌，建筑形式，城市空间，城市色彩，植物品种，生活习俗，文化特征等方面，它是在城市自身的发展过程中自发形成的。

（2）地域的特点不是人为地制造出来的，而是由于特殊的地理环境、文化背景经过历代的演变，长期积淀而来的。它构成了各个城市不同的特点，形成了不同的个性，是城市赖以生存发展的基础，是丰富的民族文化的具体体现。

7. 可达性原则

（1）所谓可达性是指便于到达，换句话说就是具有到达的可能性。城市环境中的公共设施和公共环境，无论从多大的方面，如剧场、体育馆、博物馆，还是小到座椅、垃圾箱、电话亭，都是为人所使用的，方便、快捷的到达应当是基本的要求。

（2）提高城市环境的可达性主要侧重以下三个方面。

1）合理控制空间尺度。

2）对街区进行合理调整。

3）合理分布公共设施。

8. 机动性原则

（1）作为城市的公共空间，应该给人们提供充分的活动自由，为人们提供进行各种活动的可能，使城市环境具有一定的机动性，在这种情况下，城市环境才能具有活力，才是一个生动的、有包容性的、积极的城市空间。

（2）在景观设计中，对环境不赋予一定的功能是不大可能的，人们到这里来就是有一定的需要，如通行、休闲、健身、观景、儿童游戏等，但问题在于如何使这些功能形成穿插，并对一些功能的特征进行适当的弱化，在一些交叉的区域，可以将环境的功能性降低，使空间的功能性适当地模糊，同时从可持续发展的角度来进行环境设计，使各种年龄、各种文化背景、各种需求的人们能有机会通过各种活动方式进行接触和交流，使人们的活动空间更大，活动方式更为自由，未来发展的空间更有余地。

9. 艺术性原则

城市景观艺术包括雕塑、壁画等艺术品的设计。从广义讲，也包括城市景观的艺术化处理，诸如建筑外立面的形象如色彩门窗等，城市空间，外墙粉饰，绿化设计，景观轮廓线的控制，公共设施的设计，夜景设计等方面，甚至可以说，艺术可以体现城市环境景观的各个方面。

10. 多样性原则

（1）城市形态的多样性，包括周边建筑形式，地形地貌，绿化配置，空间形式等方面，它与城市地方性的特点，传统文脉是密切相关的。

（2）城市功能的多样性。可以说，一座城市的现代化程度越高，其功能性就越复杂。现代化城市已经是多功能的复合体了。

7.4.4 景观设计的步骤

1. 设计策划

（1）设计策划的目的主要是通过对设计基础材料的了解，分析建设项目的特点，判断建设方的主要意图、确定设计的操作方式、探讨项目完成的可行性，对整个设计项目进行宏观上的把握，使设计工作能够有条不紊的进行。

设计基础材料包括建设方的要求、场地条件、经济条件、时间条件等。这里面的硬件部分有设计任务书、现场图纸、预计投资额、城市规划的要求等。

设计任务书是景观设计的主要文件，它里面反映了建设方对项目的定位、对功能和景观的要求、对设计内容的要求、对工作量的要求、对设计成果形式的要求、对提交成果时间的要求等方面。

（2）现场图纸是设计工作的基础性图纸，通常是以电子文件的形式由建设方提供。它反映了场地的地块形状、地形标高、区位关系、道路与场地的关系、周边的自然环境等，它对于设计师从宏观上控制整体的平面布局、对地形地貌的利用、交通体系的组织是非常关键的。

（3）形成初步的文字材料，其中包括建设方的投资意图（建设方投资的目的与期望）、设计内容的确定（设计小项的栏目表）、设计人员的分工（组成设计小组，确定主创人员和各项工作的安排）、设计周期的安排（根据实际情况，把时间划分为几个时间段，当然，最后应当预留一定的调整时间）、设计图纸的计划（图纸的大致数量以及各张图纸的表达内容、表达形式）、与该项目相关材料的收集（与该项目相关的政府文件与法规、周边主要新建项目的设计图纸、类似项目的相关资料等）、调查内容和形式的确定（根据设计要求和设计周期确定调查时间、调查周期、调查方式、调查内容）。

2. 设计理念、设计任务书

（1）没有理念的设计可能是一个空洞的设计，没有原则的设计可能是一个杂乱无章的设计。只有在相应的理念和原则指导之下，设计工作才能够得到顺利发展，设计方案才有可能向好的方向进展。设计理念即所谓设计理念指的是对该项设计的观念上的把握。它是根据建设方的定位、项目的特点、环境的现状、功能上的要求以及调查分析的结果而确立的，它对于建设方向、目的、目标都应当有一个宏观上的要求。

（2）设计任务书和设计原则是关于设计工作的指导性文件，是整个设计说明中提纲的部分，主要对设计项目的各个部分进行宏观控制。它的目的是为设计工作提供明确的指导方向，式设计方案有一个主题思想贯穿其中，将各个部分的设计形成统一的风格，从而使整个设计方案趋于完整。设计任务书是在设计理念的基础上，相对比较具体的对设计方案整体和各部分的一种控制性文件，对设计中应当具备和必须注意的地方予以特别提示，对设计的界限予以限定，对设计提出具体的规范性的要求，使设计方案的定位更为翔实和准确，设计小组各成员的目标更为清晰，将设计理念落实到具体的各设计分项上。

3. 设计分析

在方案的设计阶段首先要对环境构成的各主要方面进一步地分析，包括设计元素分析、功能分析、交通分析、景观分析、绿化分析，通过这些分析图纸或图表，使方案设计的形象逐渐清晰起来，使方案更为合乎逻辑，这一部分主要是探讨设计思路实现的可行性，并以形象化的语言对设计方案提出大的框架。

(1) 设计元素分析。设计元素包括造型、色彩、空间、材料等四个主要方面，它们是设计方案的基本单位，是设计理念的形象化语言。

(2) 功能分析。功能是环境建设的基本理由，可以说任何建设项目的初衷都是为了满足人们的需要，都一定是出于对某方面功能上的考虑。功能分析一般包括功能的构成、功能的分布、功能的延伸。

(3) 景观分析。顾名思义，"景"——风景，"观"——观看，在景观分析中，主要研究的是风景的可观性和风景的观景方式以及由此而产生的环境心理。通常景观分析所包括的内容有景观视线分析、景观节点分析、重点景观区域分析等。景观分析中，我们要考虑的是看什么。这主要是点的问题，以静态观赏为主。其次是怎么看，这主要是线的问题，从哪个方向、哪个角度、哪条路线、哪种节奏来观赏，以动态观赏形式为主。最后是感受到什么，这主要是面的问题。观赏者在对整个景观区域观赏后的整体感受，这是对整个环境利益的总结。它必须要游览者对环境的整体有一定的观赏和体验之后才能产生这种感受。在这三者的关系中，最重要的应该是后者，也就是对整个景观区域的感受，通过合理的路线、有节奏的景观节点布置使其形成一个完整的景观印象。

4. 设计造型及材料运用

点线面体是造型领域中的基本元素。点：最活跃，最不稳定，最吸引人视线，对一个空间具有控制作用。线：起结构作用。面：最有量感的形体，对整体平衡起关键作用。体：综合上述元素，具有是三维特征。材料运用时注意：①抛弃成见；②与功能结合；③与环境结合；④与文化结合；⑤环境物理。

5. 绘制景观设计图纸（计算机辅助制图）

(1) 进行草图、概念方案设计。此过程可运用 Sketch Up 和 3D max 软件辅以快图手绘，对三维景观场景进行描绘。其操作界面如图 7.38 和图 7.39 所示。

(2) 根据概念方案，绘制施工图。在此过程中需明确植物种植、土壤条件、地下管线、市政设施、消防要求等。施工图包括：设计总说明、总平面图、交通道路分析图、竖向设计图（立剖面）、种植平面图、水景设计图、铺装设计图、景观小品及相关施工图、给排水和电气施工图等。此过程可运用 CAD 软件进行详细绘制并在绘制好后编入图名、文字标注、图例等内容，最后根据绘制完的图纸进行概预算。CAD 软件是绘制景观施工图的重要必学软件，CAD 图绘制界面如图 7.40 所示。

(3) 制作 ppt 和汇报文本，形成最终设计成果。如图 7.41～图 7.43 所示，用 PS 后期完成的设计图纸应是设计版式风格统一的一套文件；文本和汇报方案用的 ppt 模板内容要充实，要有各类分析图和设计图；文本和汇报方案中也可以整理收入一些意向图和竖向剖切图，方便观看和理解设计理念。

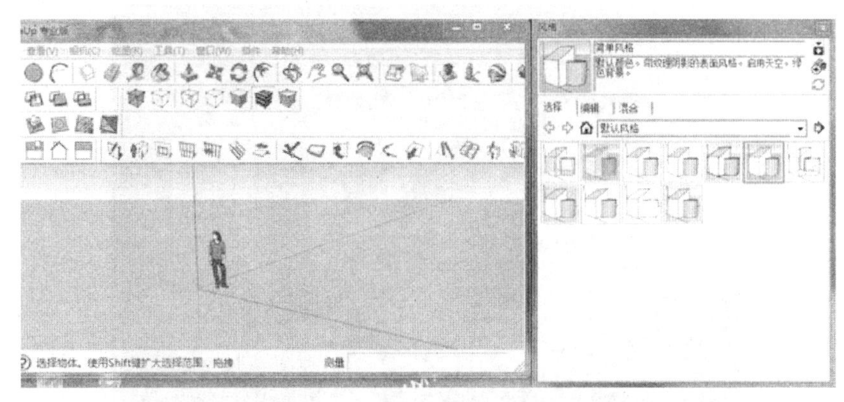

(a)SketchUp 的操作界面

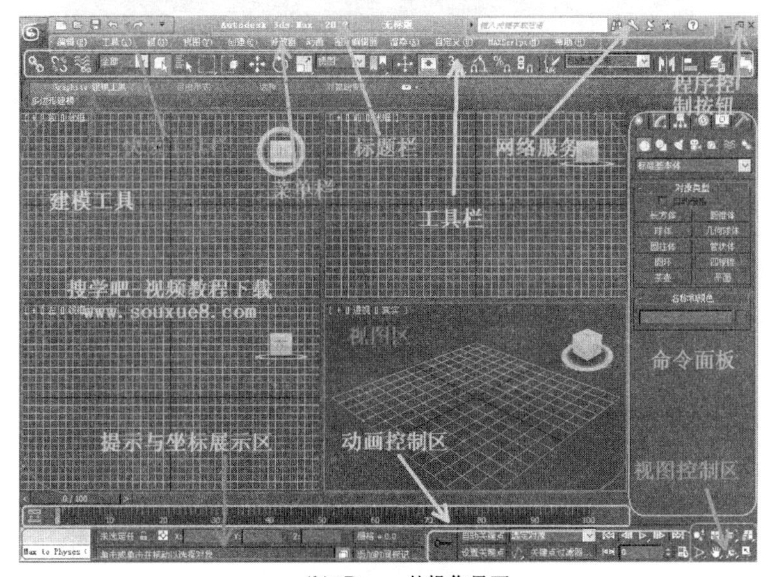

(b)3D max 的操作界面

图 7.38 Sketch Up 和 3D max 软件的操作界面

(a) 3D max 加 PS 后期制作

(b) SU 制作

图 7.39 Sketch Up 和 3D max 软件效果图

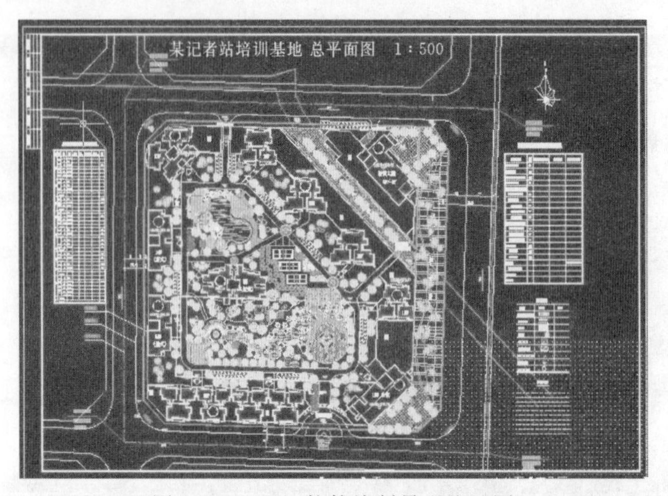

图 7.40　CAD 软件绘制景观施工图

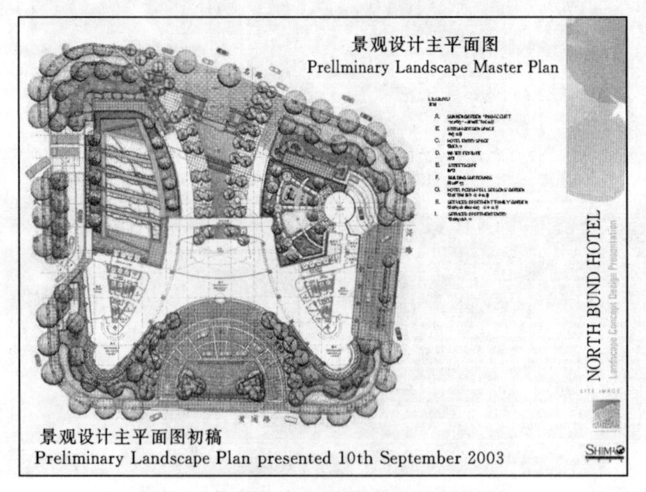

图 7.41　用 PS 后期完成的设计图纸

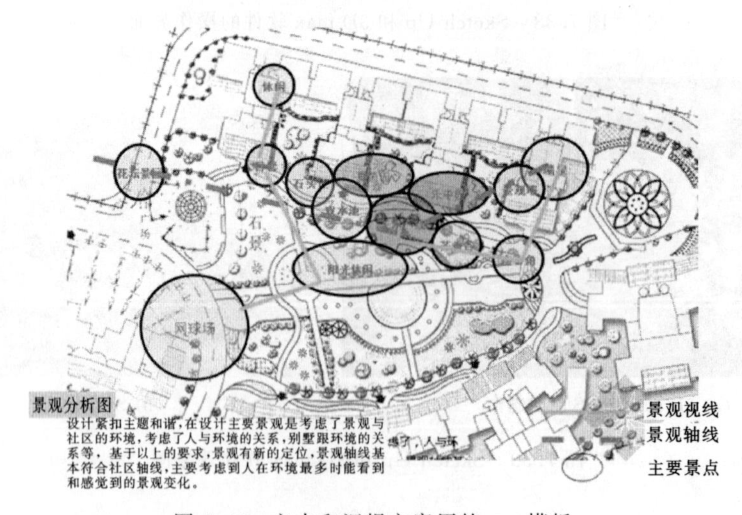

图 7.42　文本和汇报方案用的 ppt 模板

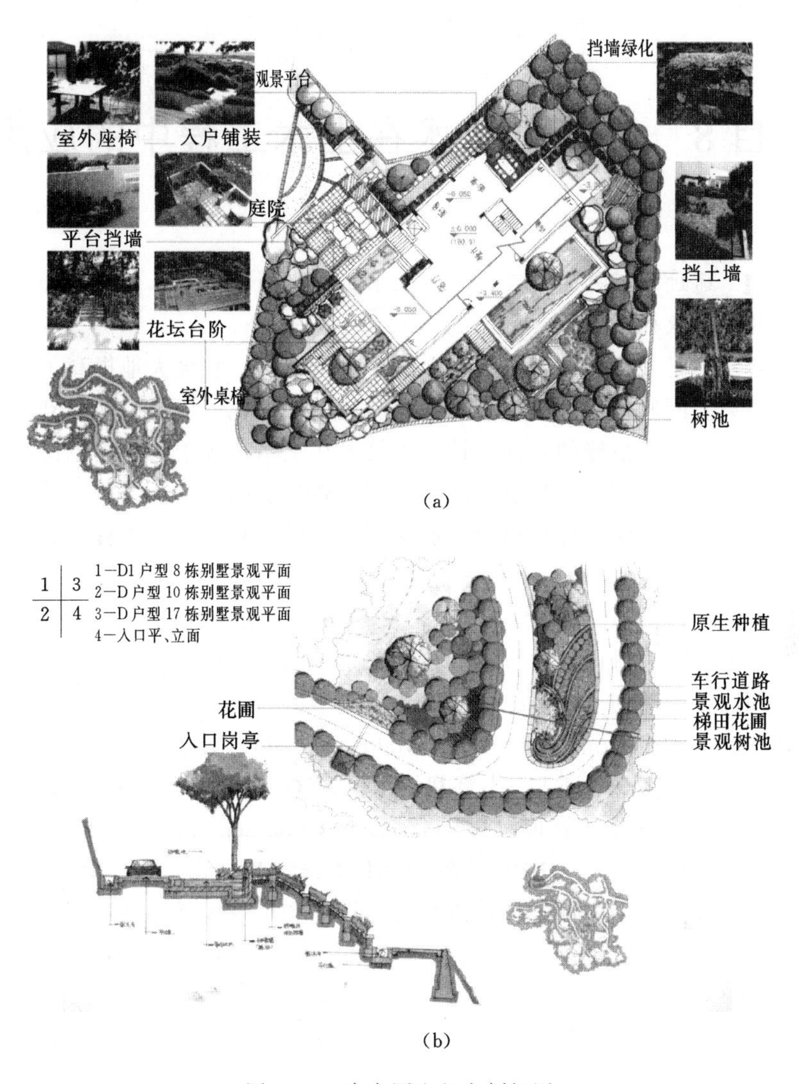

(a)

(b)

图 7.43　意向图和竖向剖切图

项目8 计算机技术在土木工程中的应用

【学习目标】 通过本项目的学习，了解土木工程规划、设计、施工、管理、投标等各个环节中常用的一些软件。

计算机的普及，是人类智力解放道路上的重大里程碑，它极大地提高了人类认识世界和改造世界的能力。同时，计算机的系统软件和运用软件也经历了由初级到高级的发展过程，有力地支持了计算机技能的发挥。计算机技术在土木工程中的应用也已经从最早的数值分析发展到了工程设计的各个环节与许多阶段。就目前而言，土木领域的主流计算机技术应用主要体现在三个方面：计算机辅助设计、计算机仿真和土木工程专家系统。

1. 计算机辅助设计

计算机辅助设计（Computer Aided Design，CAD）是一种利用计算机硬、软件系统辅助人们对产品或工程进行设计的方法和技术，是一门多学科综合应用的新科学。到目前为止计算机应用已经渗透到了机械、电子、建筑等领域当中，利用计算机，人们可以进行产品的计算机辅助制造（Computer Aided Make，CAM）、计算机辅助工程分析（Computer Aided Engineering，CAE）、计算机辅助工艺规划（Computer Aided Processing Planning，CAPP）、产品数据管理（Product Data Management，PDM）、企业资源计划（Enterprise Resource Planning，ERP）等。CAD系统准确地讲是指计算机辅助设计系统，其内容涵盖产品设计的各个方面。把计算机辅助设计和计算机辅助制造集成在一起，称为CAD/CAM系统。习惯上工程界把CAD/CAM系统甚至CAD/CAM/CAE系统仍然叫做CAD系统，这样CAD系统的内涵就在无形中被扩大了。

早期的AutoCAD针对的主要是二维图形的绘制，但是从R12版本开始从平面到立体的过渡。从前设计者们往往绘制的就是建筑物的三向投影图，但今天设计者们可以首先将脑海中建筑物的形体直接在AutoCAD的绘图空间中表达出来，然后再针对不同的平面获取这个形体的投影图或是轴测图。

2. 计算机仿真

计算机仿真技术把现代仿真技术与计算机发展结合起来，通过建立系统的数学模型，以计算机为工具，以数值计算为手段，对存在的或设想中的系统进行实验研究。在我国，自从20世纪50年代中期以来，系统仿真技术就在航天、航空、军事等尖端领域得到应用，取得了重大的成果。自20世纪80年代初开始，随着微机的广泛应用，数字仿真技术在土木工程、自动控制、电气传动、机械制造、造船、化工等工程技术领域也得到了广泛应用。

ABAQUS是美国ABAQUS公司于1978年推出的一套功能强大的有限元分析软件，其解决问题的范围从相对简单的线性分析到许多复杂的非线性问题。ABAQUS包括一个丰富的、可模拟任意几何形状的单元库。并拥有各种类型的材料模型库，可以模拟典型工

程材料的性能，其中包括金属、橡胶、高分子材料、复合材料、钢筋混凝土、可压缩超弹性泡沫材料以及土壤和岩石等地质材料。作为通用的模拟工具，ABAQUS 除了能解决大量结构（应力、位移）问题，还可以模拟其他工程领域的许多问题，例如热传导、质量扩散、热电耦合分析、声学分析、岩土力学分析（流体渗透、应力耦合分析）及压电介质分析。

3. 土木工程专家系统

专家系统是指能够运用特定领域的专门知识，通过推理来模拟通常由人类专家才能解决的各种复杂的、具体的问题，达到与专家具有同等解决问题能力的计算机智能程序系统。它能对决策的过程作出解释，并有学习功能，即能自动增长解决问题所需的知识。但就目前的技术水平而言，工程设计专家系统智能对专家起辅助设计作用而不能代替专家独立地进行工程设计，因此工程设计专家系统应该是一个计算机辅助系统，是一个人机协同的系统。此外工程设计是专家复杂的智能行为，其思维活动规律很难用单一的数学模型精确的描述，在工程设计专家系统中应综合运用多种技术方法进行模拟。不过根据设计领域的特点，在工程设计专家系统中采用一些简化的使用的知识表达方法和推理方法是可行的，可以在相当大的程度上满足实际工作需要。

总而言之，计算机技术正成为着土木领域中越来越不可或缺的一部分，而随着计算机技术的飞速发展，相信它在土木领域中必将会发挥出更大的作用，特别是大型、复杂工程的设计，需要大量的计算，运用计算机可以提供便利等信息交互平台，节省大量的人力和时间，提高效率和计算精度，同时也推动了土木工程的行业发展。

在下面各节中，将依据一般土木工程工作过程为主线，依次介绍各环节中主要使用的主流计算机软件和系统。

8.1 AutoCAD

AutoCAD 作为时下全球最流行的基础绘图软件，是工程中普及型软件，其存在的意义已经超越欧特克公司原先开发的目标——制图绘图软件，AutoCAD 软件基本不会被单独使用，而是作为一个通用的软件平台安装在每一个土木工作人员的 PC 机里。操作界面如图 8.1 所示。

AutoCAD（Auto Computer Aided Design）是 Autodesk（欧特克）公司首次于 1982 年开发的计算机辅助设计软件，用于二维绘图、详细绘制、设计文档和基本三维设计。现已经成为国际上广为流行的绘图工具。AutoCAD 具有良好的用户界面，通过交互菜单或命令行方式便可以进行各种操作。它的多文档设计环境，让非计算机专业人员也能很快地学会使用。在不断实践的过程中更好地掌握它的各种应用和开发技巧，从而不断提高工作效率。AutoCAD 具有广泛的适应性，它可以在各种操作系统支持的微型计算机和工作站上运行。

1. 基本特点

（1）具有完善的图形绘制功能。

（2）有强大的图形编辑功能。

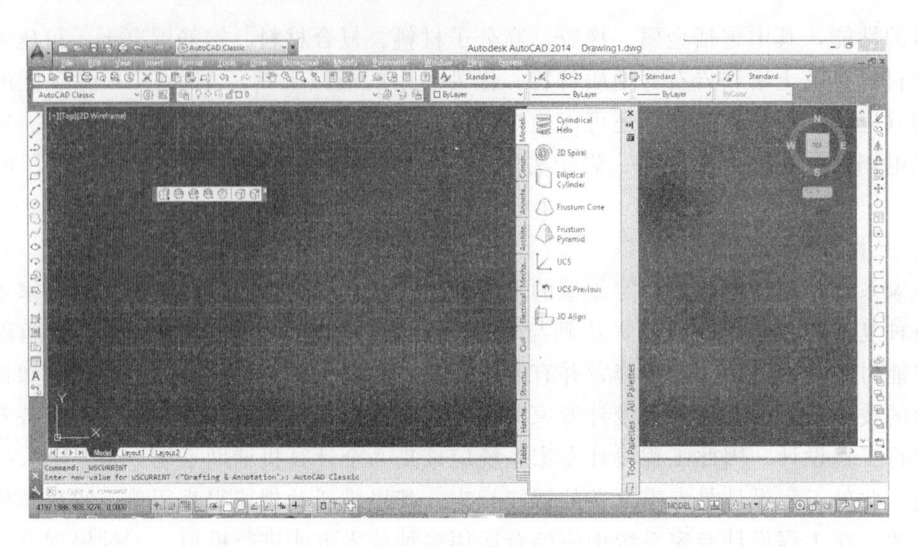

图 8.1　AutoCAD 2014 界面

（3）可以采用多种方式进行二次开发或用户定制。

（4）可以进行多种图形格式的转换，具有较强的数据交换能力。

（5）支持多种硬件设备。

（6）支持多种操作平台。

（7）具有通用性、易用性，适用于各类用户，此外，从 AutoCAD2000 开始，该系统又增添了许多强大的功能，如 AutoCAD 设计中心（ADC）、多文档设计环境（MDE）、Internet 驱动、新的对象捕捉功能、增强的标注功能以及局部打开和局部加载的功能。

2. 基本功能

（1）平面绘图。能以多种方式创建直线、圆、椭圆、多边形、样条曲线等基本图形对象。

（2）绘图辅助工具。AutoCAD 提供了正交、对象捕捉、极轴追踪、捕捉追踪等绘图辅助工具。正交功能使用户可以很方便地绘制水平、竖直直线，对象捕捉可帮助拾取几何对象上的特殊点，而追踪功能使画斜线及沿不同方向定位点变得更加容易。

（3）编辑图形。AutoCAD 具有强大的编辑功能，可以移动、复制、旋转、阵列、拉伸、延长、修剪、缩放对象等。

（4）标注尺寸。可以创建多种类型尺寸，标注外观可以自行设定。

（5）书写文字。能轻易在图形的任何位置、沿任何方向书写文字，可设定文字字体、倾斜角度及宽度缩放比例等属性。

（6）图层管理功能。图形对象都位于某一图层上，可设定图层颜色、线型、线宽等特性。

（7）三维绘图。可创建 3D 实体及表面模型，能对实体本身进行编辑。

（8）网络功能。可将图形在网络上发布，或是通过网络访问 AutoCAD 资源。

（9）数据交换。AutoCAD 提供了多种图形图像数据交换格式及相应命令。

（10）二次开发。AutoCAD 允许用户定制菜单和工具栏，并能利用内嵌语言 Au-

toLISP、Visual LISP、VBA、ADS、ARX 等进行二次开发。

3. 软件格式

AutoCAD 的文件格式主要有：

(1) DWG 格式，AutoCAD 的标准格式。

(2) DXF 格式，AutoCAD 的交换格式。

(3) DWT 格式，AutoCAD 的样板文件。

4. 二次开发

从 1986 年发布 AutoLISP 以来到现在的二十余年来，Autodesk 公司推出了 AutoLISP、ADS、VBA、ARX、ObjectARX、VisualLISP、ObjectARX、JavaScript 等开发方式。

8.2 土木工程前期工作

土木工程前期工作主要包括选址、规划、场地初勘、环评、可行性研究等，涉及软件主要有：

(1) GIS 类：ArcGIS、MapGIS、苍穹等。

(2) 地质勘察类：理正工程地质勘察、KT3000 岩土工程勘察信息处理系统、华宁岩土工程勘察软件等。

(3) 规划设计类：鸿业规划、湘源控规、飞时达控规、天正建筑、斯维尔 Arch 等。

此外，各种审批申报环节均由各政府部门指定的资料管理软件完成，由于各地使用软件不同，且这类软件大多仅审批部门内部使用，文中不再赘述。

8.2.1 GIS 类软件

1. GIS 简介

地理信息系统（Geographic Information System 或 Geo-Information system，GIS）有时又称为“地学信息系统”。它是一种特定的十分重要的空间信息系统。它是在计算机硬、软件系统支持下，对整个或部分地球表层（包括大气层）空间中的有关地理分布数据进行采集、储存、管理、运算、分析、显示和描述的技术系统。位置与地理信息既是 LBS 的核心，也是 LBS 的基础。一个单纯的经纬度坐标只有置于特定的地理信息中，代表为某个地点、标志、方位后，才会被用户认识和理解。用户在通过相关技术获取到位置信息之后，还需要了解所处的地理环境，查询和分析环境信息，从而为用户活动提供信息支持与服务。

地理信息系统是一门综合性学科，结合地理学与地图学以及遥感和计算机科学，已经广泛地应用在不同的领域，是用于输入、存储、查询、分析和显示地理数据的计算机系统，随着 GIS 的发展，也有称 GIS 为“地理信息科学”（Geographic Information Science)，近年来，也有称 GIS 为“地理信息服务”(Geographic Information service)。GIS 是一种基于计算机的工具，它可以对空间信息进行分析和处理（简而言之，是对地球上存在的现象和发生的事件进行成图和分析）。GIS 技术把地图这种独特的视觉化效果和地理分析功能与一般的数据库操作（例如查询和统计分析等）集成在一起。

2. ArcGIS 简介

ArcGIS 作为一个可伸缩的平台，无论是在桌面，在服务器，在野外还是通过 Web，为个人用户也为群体用户提供 GIS 的功能。ArcGIS 9 是一个建设完整 GIS 的软件集合，它包含了一系列部署 GIS 的框架：

ArcGIS Desktop——一个专业 GIS 应用的完整套件。

ArcGIS Engine——为定制开发 GIS 应用的嵌入式开发组件。

服务端 GIS——ArcSDE，ArcIMS 和 ArcGIS Server。

移动 GIS——ArcPad 以及为平板电脑使用的 ArcGIS Desktop 和 Engine。

ArcGIS 是基于一套由共享 GIS 组件组成的通用组件库实现的，1981 年 10 月，Esri 推出了 ARC/INFO 1.0，这是世界上第一个现代意义上的 GIS 软件，第一个商品化的 GIS 软件。

1986 年，PC ARC/INFO 的出现是 Esri 软件发展史上的又一个里程碑，它是为基于 PC 的 GIS 工作站设计的。

1992 年，Esri 推出了 ArcView 软件，它使人们用更少的投资就可以获得一套简单易用的桌面制图工具。

2004 年 4 月，Esri 推出了新一代 9 版本 ArcGIS 软件（ArcGIS 9），为构建完善的 GIS 系统，提供了一套完整的软件产品。

2010 年，Esri 推出 ArcGIS 10。这是全球首款支持云架构的 GIS 平台，实现了 GIS 由共享向协同的飞跃；同时 ArcGIS 10 具备了真正的 3D 建模、编辑和分析能力，并实现了由三维空间向四维时空的飞跃；真正的遥感与 GIS 一体化让 RS+GIS 价值凸显。

目前 ArcGIS 已经推出 10.2 版本产品（Arc GIS 10.2）。在 ArcGIS 10.2 中，Esri 充分利用了 IT 技术的重大变革来扩大 GIS 的影响力和适用性。新产品在易用性、对实时数据的访问，以及与现有基础设施的集成等方面都得到了极大的改善。用户可以更加轻松地部署自己的 Web GIS 应用，大大简化地理信息探索、访问、分享和协作的过程，感受新一代 Web GIS 所带来的高效与便捷。

3. MapGIS 简介

MapGIS 是中地数码集团的产品名称，是中国具有完全自主知识版权的地理信息系统，是全球唯一的搭建式 GIS 数据中心集成开发平台，实现遥感处理与 GIS 完全融合，支持空中、地上、地表、地下全空间真三维一体化的 GIS 开发平台。

系统采用面向服务的设计思想、多层体系结构，实现了面向空间实体及其关系的数据组织、高效海量空间数据的存储与索引、大尺度多维动态空间信息数据库、三维实体建模和分析，具有 TB 级空间数据处理能力、可以支持局域和广域网络环境下空间数据的分布式计算、支持分布式空间信息分发与共享、网络化空间信息服务，能够支持海量、分布式的国家空间基础设施建设。

8.2.2 地质勘察类软件

工程地质勘察是为查明影响工程建筑物的地质因素而进行的地质调查研究工作。所需

勘察的地质因素包括地质结构或地质构造：地貌、水文地质条件、土和岩石的物理力学性质，自然（物理）地质现象和天然建筑材料等。这些通常称为工程地质条件。查明工程地质条件后，需根据设计建筑物的结构和运行特点，预测工程建筑物与地质环境相互作用（即工程地质作用）的方式、特点和规模，并作出正确的评价，为确定保证建筑物稳定与正常使用的防护措施提供依据。

工程地质勘察一般分为选址勘察、初勘和详勘。

选址勘察工作对于大型工程是非常重要的环节，其目的在于从总体上判定拟建场地的工程地质条件能否适宜工程建设项目；初勘的目的是为了对场地内建筑地段的稳定性作出评价，为确定建筑总平面布置、主要建筑物地基基础设计方案以及不良地质现象的防治工程方案作出工程地质论证。待规划获批后，进入详细设计阶段时，需要进行地质详细勘察，它是为施工图设计提供资料的，此时场地的工程地质条件已基本查明。所以详细勘察的目的是提出设计所需的工程地质条件的各项技术参数，对建筑地基作出岩土工程评价，为基础设计、地基处理和加固、不良地质现象的防治工程等具体方案作出论证和结论。

勘察软件国内种类繁多，但绝大多数勘察设计院和勘察设计人员都正在使用或使用过理正勘察系列软件，由北京理正软件股份有限公司（原北京理正软件设计研究院有限公司）开发，该系列软件包含勘察系列、岩土系列和勘察一体化系列，是目前国内勘察设计院使用最广泛的勘察软件之一，其中勘察系列包含如下几种软件。

1. 理正土工试验软件

完成常规室内土工试验的数据录入、计算、曲线分析及绘制，自动生成成果汇总表格及各种试验记录表格，自动统计工作量并生成收费表，可向理正工程地质勘察 CAD 软件传递室内试验数据。

2. 理正工程地质勘察软件

数据录入、数据转换，自动生成平面图、剖面图、柱状图、室内试验成果表、文字报告，进行指标统计、液化判别、场地类别划分等分析、计算；提供填充图例编辑、静探数据转换、文字报告模板等辅助工具。

3. 理正勘察概预算软件

即可单独管理勘察数据与图件，也可以将勘察数据与地图相结合，实现对勘察数据、地质图件、勘察成果等资料的综合管理；与理正勘察软件高效、深层的无缝连接。

4. 理正工程地质勘察软件水电版

按照水电标准完成数据录入、数据转换，可以进行平面地质图上切剖面、布置钻孔、剖面线，生成各种等值线，完成软基剖面图、岩基剖面图、综合地层柱状图、钻孔柱状图、室内试验成果表，进行指标统计、液化判别、场地类别划分等分析、计算，提供地层描述、编制图例、手动连层、任意填充、绘制地质实体、修改层线类型等辅助工具。

5. 理正工程地质勘察软件电力版

完全按照电力标准完成数据录入、数据转换，可在原平面图中增加坐标网的标注功能，自动生成平面图、剖面图、柱状图、室内试验成果表和实验曲线、文字报告可进行指标统计、液化判别、场地类别划分等分析、计算，提供填充图例编辑、静探数据转换、文字报告模板等辅助工具。具有水质分析、地层统计表、地面线、天然地基基础沉降计算、单桩承载力计算、桩基沉降计算、旁压试验、平板载荷试验、十字板剪切试验等电力勘察必需的功能。

6. 理正工程地质勘察软件公路版

按公路有关规范完成原始数据录入，自动生成平面、纵横断面、柱状图、动、静探成果图、室内试验曲线及成果表、文字报告等；进行液化、场地类别、地基承载力等分析计算；提供数据转换接口和多项实用工具等。

7. 理正工程地质勘察软件铁路版

依铁路规范，将勘察数据按线路—阶段—方案—工点模式输入管理，可以完成原始数据录入，自动生成平面、纵横断面、柱状图、成果表，并进行液化、场地类别、地基承载力、单桩承载力、地基沉降、岩体结构面统计、水文计算等分析计算。还具备平面线路勘察点里程推算和按里程布孔、自动切取横断面、手动绘制剖断面图、岩石褶皱、观测点等绘图功能，可以管理如委托采集数据、成果数据、线路文档、照片等各种数据的功能。

8. 理正勘察数据与图档管理系统（GDM）

既可单独管理勘察数据与图件，也可以将勘察数据与地图相结合，实现对勘察数据、地质图件、勘察成果等资料的综合管理；与理正勘察软件高效、深层的无缝连接；多种数据查询和统计方式，根据用户的需要快速提取相关数据和文档资料；可将扫描图片作为底图，建立真实坐标系，实现底图多级缩放，形象地展示工程位置和钻孔分布；生成单孔柱状图、多孔柱状图、剖面图等多种成果图表；允许5个用户同时访问数据库，并可设置不同的操作权限，保证工程资料的安全使用。

8.2.3　规划设计类软件

我国目前比较流行的规划设计类软件，如鸿业城规 HY-CPS 软件、长沙市城乡规划编制中心研发的湘源控规等，多是在 AutoCAD 环境内二次开发的城市规划设计软件，旨在为城市规划设计部门提供一套完整、智能化、自动化的解决方案，开发内容覆盖城市规划专业设计的各个层面。具有各种方便快捷的绘图、计算工具，能够辅助设计人员进行地形处理、土方计算、道路绘制、地块管理、分图则、小区详规、管线综合、竖向布置、绿化设计、统计出表、效果图制作等工作。下面以 HY-CPS 软件为例介绍其主要的功能。

1. 地形、土方

快速识别多种电子地图，等高线绘制、转化、离散，等高线标高检查。利用自然标高数据自动生成三角网曲面、三维地形模型，计算单点标高，生成等高线。具有网格法和断面法两种计算方法。可自动计算并统计、标注区域及边坡土方、标高，形成三维地形及绘制任意方向场地断面。放坡支持包括多级放坡在内的多种方式，如图 8.2 和图 8.3 所示。

2. 道路

参数化绘制各类型道路，快速处理各种类型交叉口及弧线道路。道路自动交叉处理，倒角、倒弧处理，倒角半径修改，自动绘制或编辑车港、喇叭口、道路中心环岛、绿化带等道路配套设施。采用自定义对象技术，使路网绘制、编辑和查询更加方便快捷，极大地提高了设计人员对图形编辑修改的工作效率。

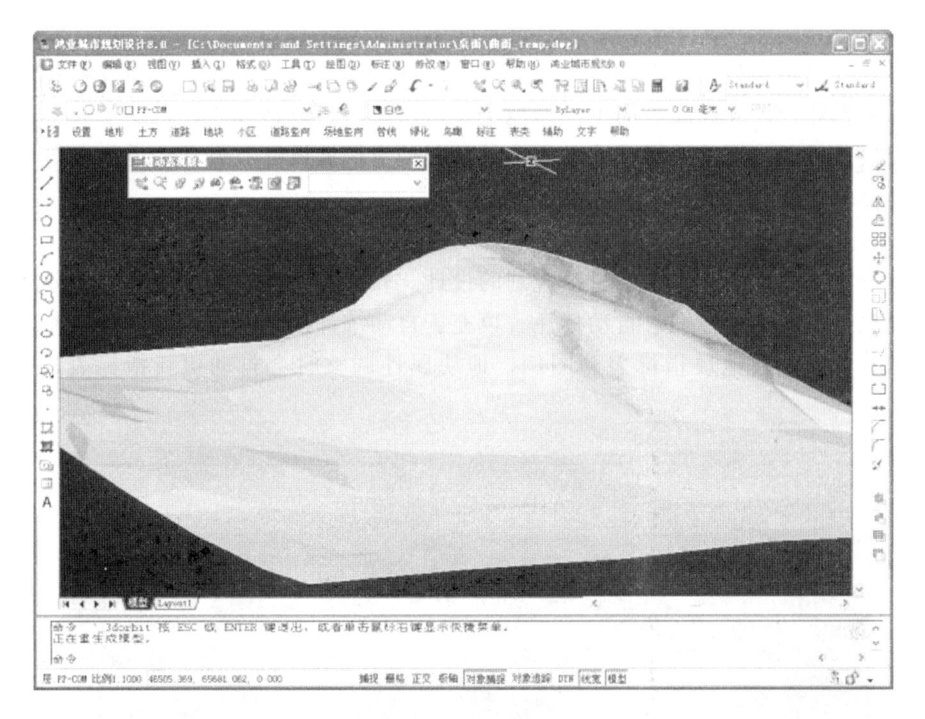

图 8.2 三维地形

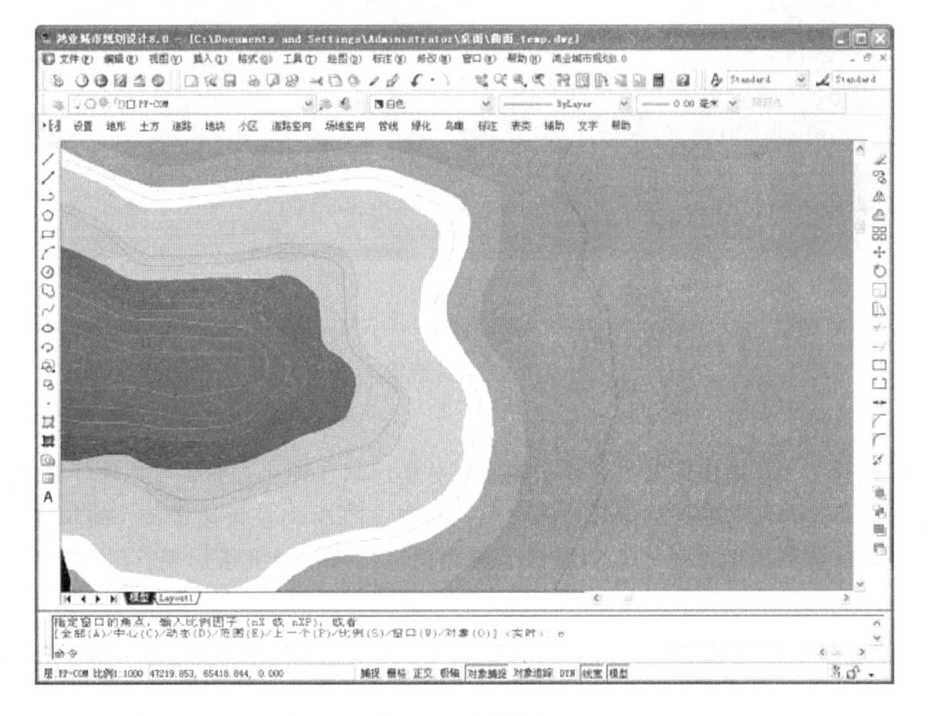

图 8.3 高程分析

3. 竖向

可对各种道路参数进行编辑、标注，快速形成道路系统分析图，自动搜索并标注各控制点坐标和自然、设计标高，简单快速地定义道路桩号、道路标高，自动生成横、纵断面结构及板块分析图，快速计算道路土方，并具备挡土护坡设计、自动沿道路布雨水口、雨水明沟计算等功能。

4. 地块、分图

可进行总规、控规、详规、村镇规划的设计。软件按照国家标准设置用地分类，并可由用户建立自己的本地标准。自动标注、填充、自动统计出表；指定分图范围和地块就可快速分图，自动创建地块指标表和图例，地块属性调整时会自动更新指标表，如图 8.4 所示。

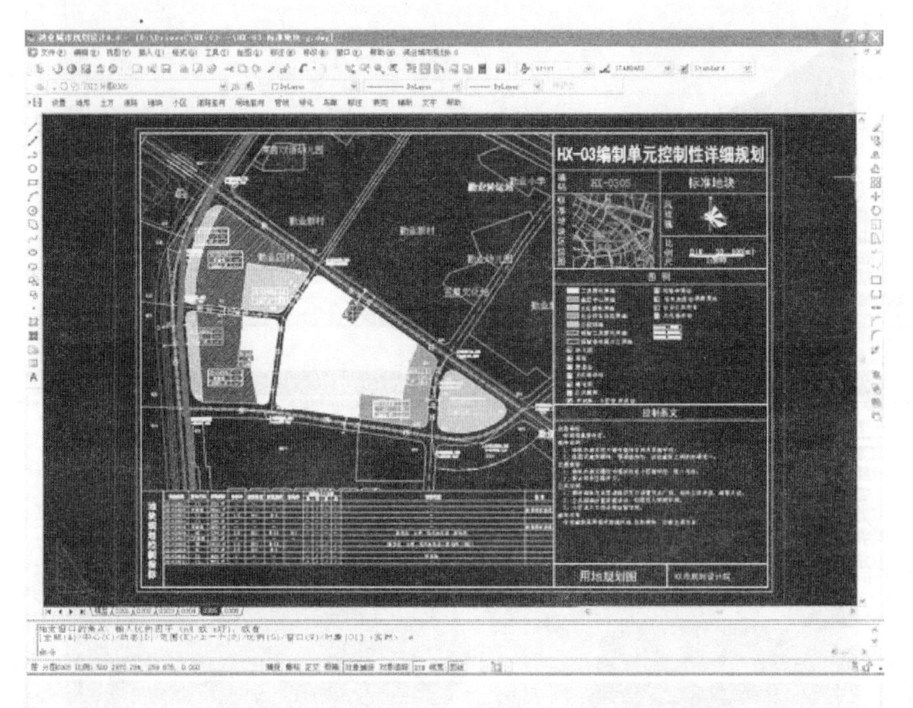

图 8.4　分图则

5. 小区规划

软件包含了大量的民用及工业建筑图库。分类绘制各种建筑物，与本软件中“绿化配景”结合，可进行所有的居住区和总图设施的绘制（图 8.5）；快速定义、编辑建筑参数，快速统计小区各种用地性质，自动统计生成建构筑物表、经济指标表、居住区用地平衡表等。

6. 管线综合

快速的绘制、查询编辑各种管线、管沟、管架、管枕等，自动进行管道空间碰撞间距检查，对管线交叉点的查询和标注，自动绘制标示任意管线断面图。

7. 可选控规建库功能和在 AutoCAD 中调阅 ArcSDE 数据功能

如果有条件，可以在进行规划设计时直接调阅 ArcSDE 库中的地形图、上位规划等数

图 8.5 小区规划

据。地块（包括指标属性）、道路、管线等各类设计成果可以导入 ArcSDE、ArcGIS 个人空间数据库（MDB）、ArcGIS Shp 文件等。

8.3 土木工程详细设计阶段

详细设计阶段又称施工图设计阶段，是土木工程设计的一个重要阶段，在技术设计、初步设计两阶段之后。这一阶段主要通过图纸，把设计者的意图和全部设计结果表达出来，作为施工制作的依据，它是设计和施工工作的桥梁。对于工业项目来说包括建设项目各分部工程的详图和零部件，结构件明细表，以用验收标准方法等。民用工程施工图设计应形成所有专业的设计图纸：含图纸目录，说明和必要的设备、材料表，并按照要求编制工程预算书。施工图设计文件，应满足设备材料采购，非标准设备制作和施工的需要。

8.3.1 建筑设计软件

通常所说的建筑设计，是指“建筑学”范围内的工作。它所要解决的问题，包括建筑物内部各种使用功能和使用空间的合理安排，建筑物与周围环境、与各种外部条件的协调配合，内部和外表的艺术效果，各个细部的构造方式，建筑与结构、建筑与各种设备等相关技术的综合协调，以及如何以更少的材料、更少的劳动力、更少的投资、更少的时间来实现上述各种要求

8.3.1.1 天正建筑

自 1994 年发展至今，天正公司的建筑 CAD 软件在全国范围内取得了极大的成功，全

国范围内的建筑设计单位，已经很难找到不使用天正建筑软件的设计人员；可以说，天正建筑软件已经成为国内建筑CAD的行业规范，随着天正建筑软件的广泛应用，它的图档格式已经成为各设计单位与甲方之间图形信息交流的基础。

随着AutoCAD 2000以上版本平台的推出和普及以及新一代自定义对象化的ObjectARX开发技术的发展，天正公司在经过多年刻苦钻研后，在2001年推出了从界面到核心面目全新的TArch5系列，采用二维图形描述与三维空间表现一体化的先进技术，从方案到施工图全程体现建筑设计的特点，在建筑CAD技术上掀起了一场革命，采用自定义对象技术的建筑CAD软件具有人性化、智能化、参数化、可视化多个重要特征，以建筑构件作为基本设计单元，把内部带有专业数据的构件模型作为智能化的图形对象，天正提供体贴用户的操作模式使得软件更加易于掌握，可轻松完成各个设计阶段的任务，包括体量规划模型和单体建筑方案比较，适用于从初步设计直至最后阶段的施工图设计，同时可为天正日照设计软件和天正节能软件提供准确的建筑模型，大大推动了建筑节能设计的普及。

早期的AutoCAD的图元类型是由AutoCAD本身固定的，开发商与用户都不可扩充，图档完全由AutoCAD规定的若干类基本图形对象（线、弧、文字和尺寸标注等）组成。AutoCAD产品设计的初衷是作为电子图板使用，大家发现用建筑的实际尺寸，绘制这些图纸更加方便，这样可以测量和计算由用户根据出图比例的要求，自己把模型换算成图纸的度量单位，然后把它通过大幅面绘图打印机输出到实物图纸上。但是画在图上的内容除了建筑本身外，有不少是按制图规范要求对建筑进行标注用的尺寸标注以及文字与符号标注，这些内容也发展为一系列的图形对象类型，对于图纸上为清楚表达而以不同比例绘制的图形部分，各国的制图规范都要求文字与符号标注具有统一的高度尺寸，为此AutoCAD发展了图纸空间布局相适应，大部分时间用户都是使用图形对象在模型空间里面画图与输出，而需要按不同比例输出时使用图纸空间布局。

人们发现使用基本图形对象绘图效率太低，而AutoCAD从R14版本以后满足这个市场需求，提供了扩充图元的类型的开发技术，天正公司从TArch5.0版本开始，就是利用这个特性，定义了数十种专门针对建筑设计的图形对象。其中部分对象代表建筑构件，如墙体、柱子和门窗，这些对象在程序实现的时候，就在其中预设了许多智能特征，例如门窗碰到墙，墙就自动开洞并装入门窗。另有部分对象代表图纸标注，包括文字、符号和尺寸标注，预设了图纸的比例和制图标准。还有部分作为几何形状，如矩形、平板、路径曲面，具体用来干什么由使用者决定。

经过扩展后的天正建筑对象功能大大提高，可以使建筑构件的编辑功能可以使用AutoCAD通用的编辑机制，包括基本编辑命令、夹点编辑、对象编辑、对象特性编辑、特性匹配（格式刷）进行操控，从TArch6.5开始用户还可以双击天正对象，直接进入对象编辑，或者进入对象特性编辑，在TArch7.0版本开始，所有修改文字符号的地方都实现了在位编辑，更加方便用户的修改要求。

但由于建筑对象的导入，产生了图纸交流的问题，普通AutoCAD不能观察与操作图档中的天正对象，为了保持紧凑的DWG文件的容量，天正默认关闭了代理对象的显示，使得标准的AutoCAD无法显示这些图形。

目前天正 8.x 与 AutoCAD2007（或 2008）是最普遍也是最稳定的搭配。

随着 Windows 64 位系统的普及，AutoCAD 2007 和天正建筑 8.x（特别是使用最广泛的 8.5 版本）软件系统兼容性出现问题，特别是很多笔记本用户和 wp 平板用户，不能安装 32 位系统，只能勉强退用天正 8.0 版本，为此，天正公司开发了最新一代建筑软件——天正建筑 2013 版（图 8.6），天正建筑 T-Arch 2013 有两个版本：

32 位 build120928 版支持 32 位 AutoCAD 2004—2013 平台；

64 位 build120928 版支持 64 位 AutoCAD 2010—2013 平台。

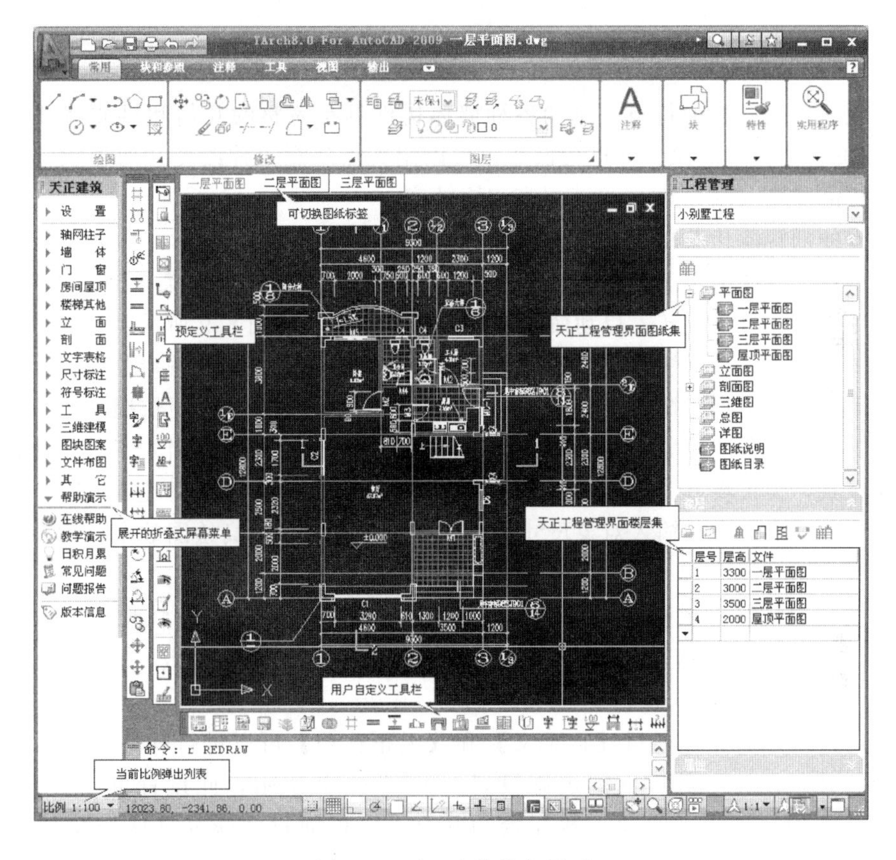

图 8.6 天正建筑操作界面

天正建筑 2013 创建的建筑模型已经成为天正日照、节能、给排水、暖通、电气等系列软件的数据来源，很多三维渲染图也基于天正三维模型制作而成。天正建筑 2013 主要功能有：

（1）各应用软件完美对接。在三维模型与平面图同步完成的技术基础上，进一步满足建筑施工图需要反复修改的要求。利用天正专业对象建模的优势，为规划设计的日照分析提供日照分析模型和遮挡模型（图 8.7）；为强制实施的建筑节能设计提供节能建筑分析模型。

（2）实现高效化、智能化、可视化始终是天正建筑 CAD 软件的开发目标。

（3）自定义对象构造专业构件。天正开发了一系列自定义对象表示建筑专业构件，具

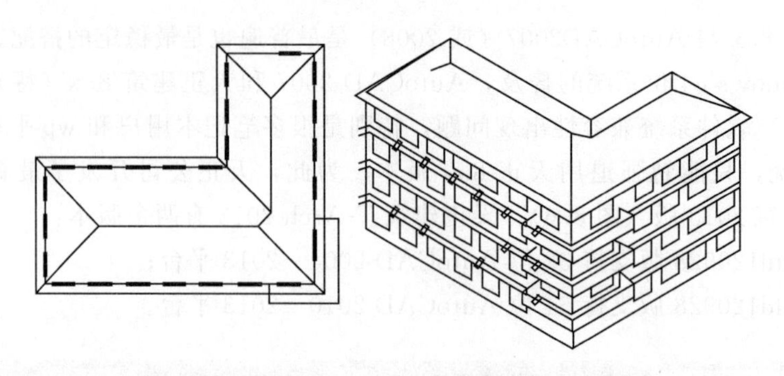

图 8.7　日照分析模型

有使用方便、通用性强的特点。例如各种墙体构件具有完整的几何和材质特征，可以像 AutoCAD 的普通图形对象一样进行操作，可以用夹点随意拉伸改变几何形状，与门窗按相互关系智能联动（图 8.8），显著提高编辑效率。

（4）方便的智能化菜单系统。采用 256 色图标的新式屏幕菜单，图文并茂、层次清晰、折叠结构，支持鼠标滚轮操作，使子菜单之间切换快捷。屏幕菜单的右键功能丰富，可执行命令帮助、目录跳转、启动命令、自定义等操作，如图 8.9 所示。

在绘图过程中，右键快捷菜单能感知选择对象类型，弹出相关编辑菜单，可以随意定制个性化菜单适应用户习惯，汉语拼音快捷命令和一键快捷使绘图更快捷。

（5）支持多平台的对象动态输入。AutoCAD 从 2006 版本开始引入了对象动态输入编辑的交互方式，天正将其全面应用到天正对象，适用于从 2004 版本起的多个 AutoCAD 平台，这种在图形上直接输入对象尺寸的编辑方式，有利于提高绘图效率。动态修改门窗垛尺寸如图 8.10 所示。

（6）强大的状态栏功能。状态栏的比例控件可设置当前比例和修改对象比例，提供了编组、墙基线显示、加粗、填充和动态标注（对标高和坐标有效）控制，如图 8.11 所示。

（7）支持用户定制。通过【自定义】和【天正选项】可以进行软件界面形式及操作命令方面、建筑设计参数方面的定制设置。如图 8.12 所示，此设置可以导出成 XML 文件，供其他用户导入，实现参数配置的共享，也可通过“恢复默认”恢复程序最初设置值。

（8）程序联网更新。在程序启动对话框中点击“高级”按钮，在扩展对话框中可以设置是否需要联网检查程序有无更新版本。

另外通过“资源下载”命令，也可以与天正官方网站直接链接，即时下载资源文件和更新程序，让您更为方便的获取到最新的软件及补丁。

（9）先进的专业化标注系统。天正专门针对建筑行业图纸的尺寸标注开发了专业化的标注系统，轴号、尺寸标注、符号标注、文字都使用对建筑绘图最方便的自定义对象进行操作，取代了传统的尺寸、文字对象。按照建筑制图规范的标注要求，对自定义尺寸标注对象提供了前所未有的灵活修改手段。由于专门为建筑行业设计，在使用方便的同时简化了标注对象的结构，节省了内存，减少了命令的数目，如图 8.13 所示。

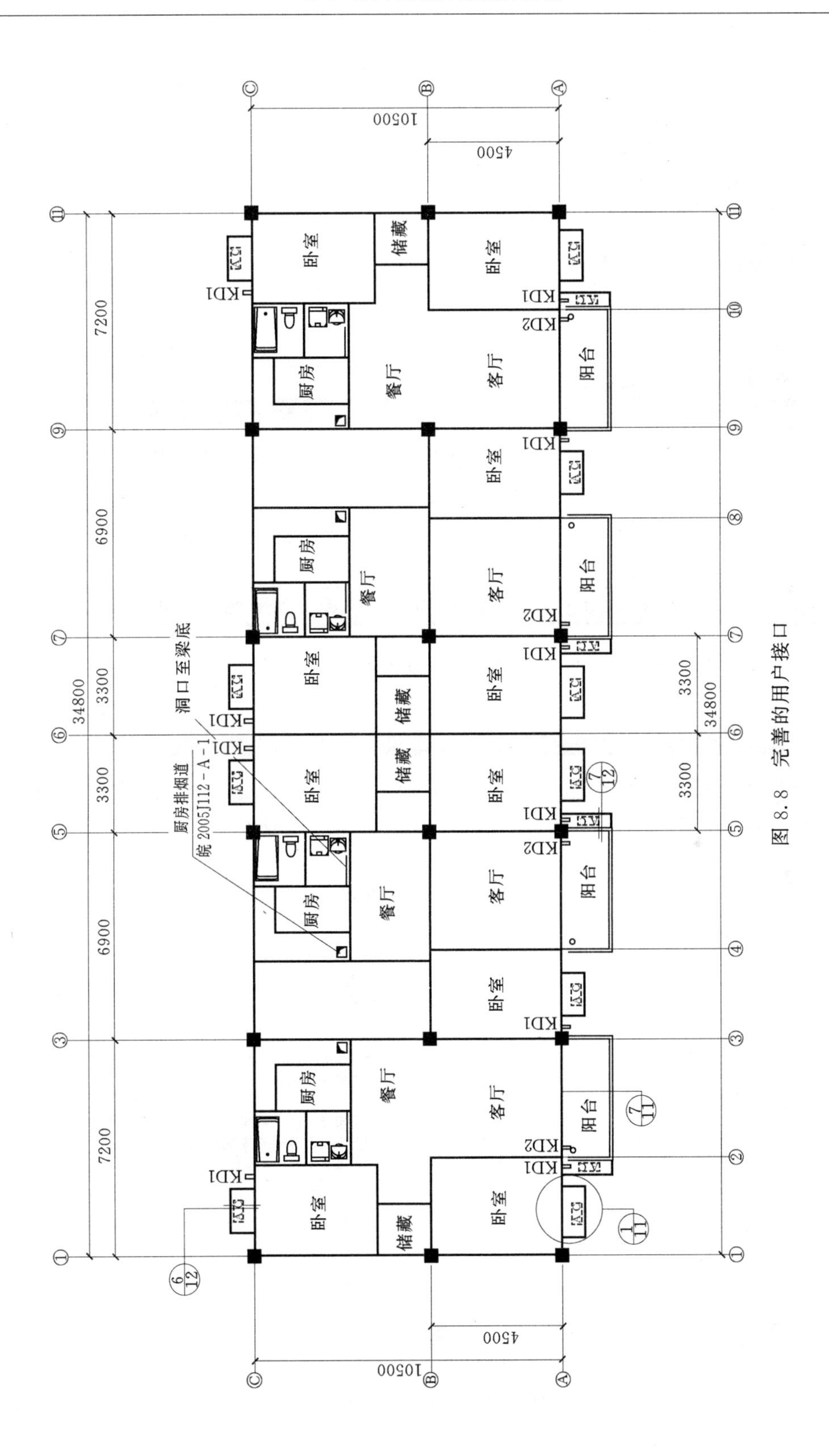

卧室
储藏
厨房
餐厅
客厅
阳台
KD1
KD2
洞口至梁底
厨房排烟道
皖 2005J112－A－1
10500
4500
7200
6900
3300
34800

图 8.8　完善的用户接口

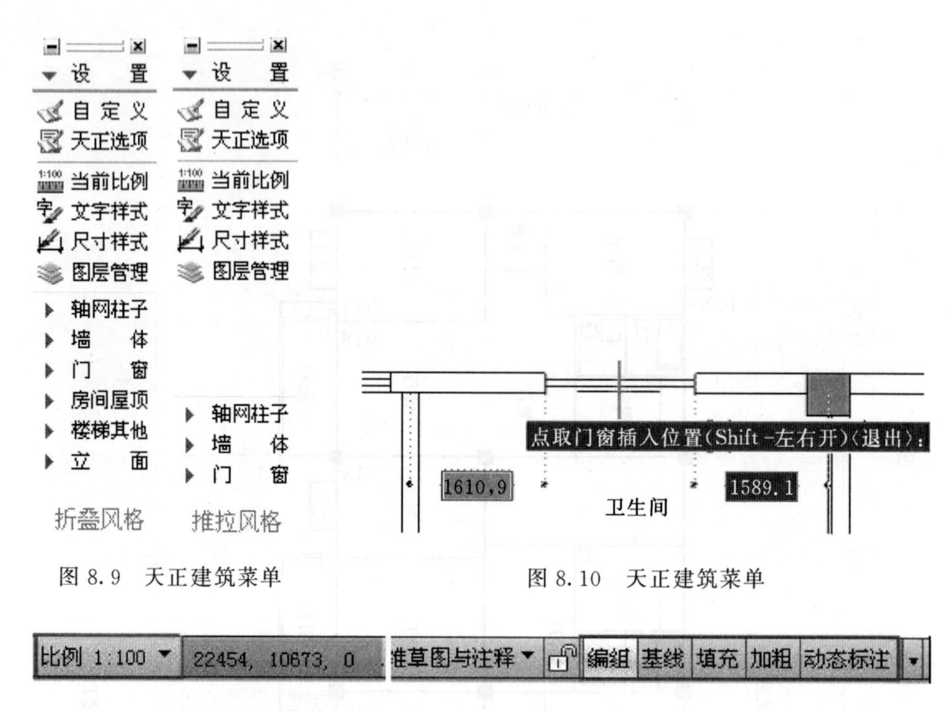

图 8.9　天正建筑菜单

图 8.10　天正建筑菜单

图 8.11　状态栏

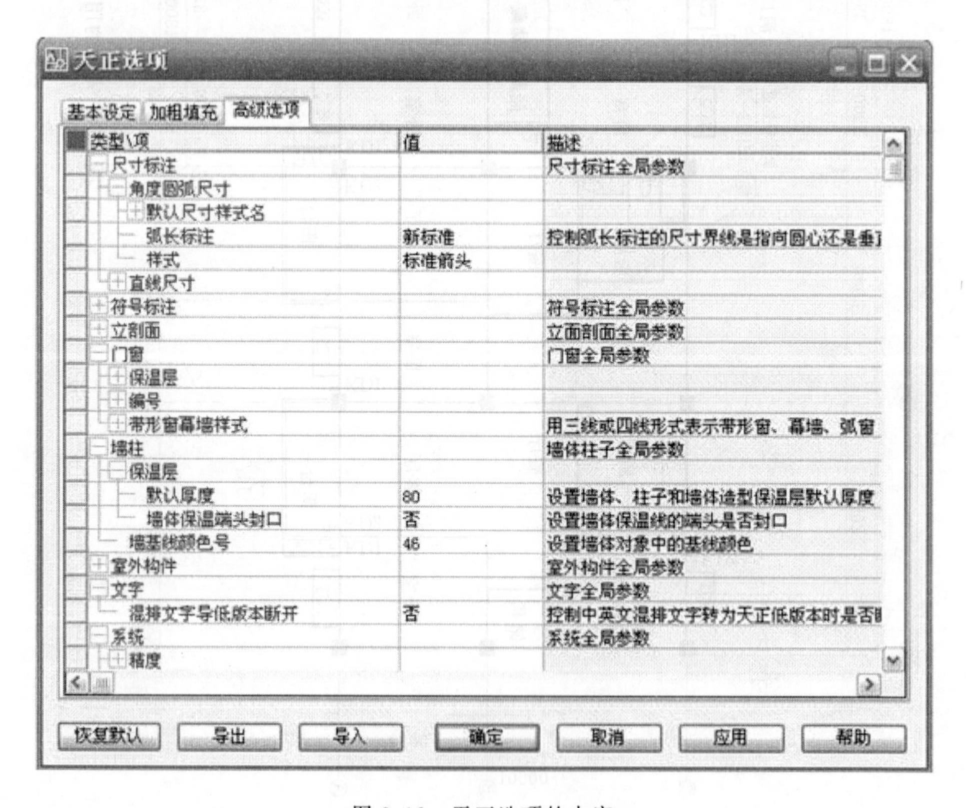

图 8.12　天正选项的内容

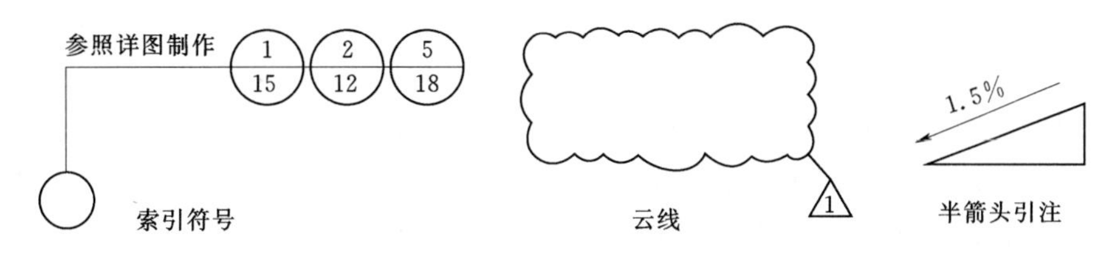

图 8.13 规范的内容标注

同时按照规范中制图图例所需要的符号创建了自定义的专业符号标注对象，各自带有符合出图要求的专业夹点与比例信息，编辑时夹点拖动的行为符合设计习惯。符号对象的引入妥善地解决了 CAD 符号标注规范化的问题。

（10）全新设计文字表格功能。天正的自定义文字对象可方便地书写和修改中西文混排文字，方便地输入和变换文字的上下标，输入特殊字符，书写加圈文字等。文字对象可分别调整中西文字体各自的宽高比例，修正 AutoCAD 所使用的两类字体（*.shx 与 *.ttf）中英文实际字高不等的问题，使中西文字混合标注符合国家制图标准的要求。此外天正文字还可以设定对背景进行屏蔽，获得清晰的图面效果。

天正建筑的在位编辑文字功能为整个图形中的文字编辑服务，双击文字进入编辑框，提供了前所未有的方便性。

天正表格使用了先进的表格对象，其交互界面类似 Excel 的电子表格编辑界面。表格对象具有层次结构，用户可以完整地把握如何控制表格的外观表现，制作出有个性化的表格。更值得一提的是，天正表格还实现了与 Excel 的数据双向交换，使工程制表同办公制表一样方便高效。

（11）强大的图库管理系统和图块功能。天正的图库系统采用图库组 TKW 文件格式，同时管理多个图库，通过分类明晰的树状目录使整个图库结构一目了然。类别区、名称区和图块预览区之间可随意调整最佳可视大小及相对位置，图块支持拖拽排序、批量改名、新入库自动以“图块长*图块宽”的格式命名等功能，最大限度地方便用户。

图库管理界面采用了平面化图标工具栏和菜单栏，符合流行软件的外观风格与使用习惯。由于各个图库是独立的，系统图库和用户图库分别由系统和用户维护，便于版本升级，如图 8.14 所示。

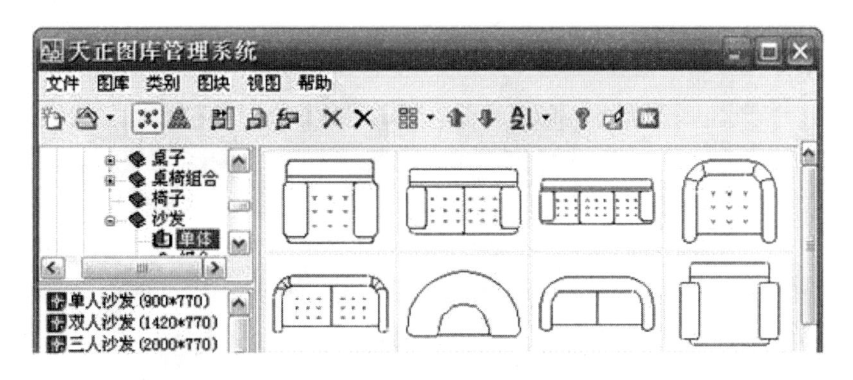

图 8.14 丰富的图库

天正图块提供五个夹点，直接拖动夹点即可进行图块的对角缩放、旋转、移动等变化。图块通过“图块屏蔽”特性可以遮挡背景对象而无需对背景对象进行裁剪，通过对象编辑可随时改变图块的精确尺寸与转角，支持 CAD 的动态块。

（12）与 AutoCAD 兼容的材质系统。天正建筑软件提供了与 AutoCAD2006 以下版本渲染器兼容的材质系统，包括全中文标识的大型材质库、具有材质预览功能的材质编辑和管理模块，天正对象模型同时支持 AutoCAD 2007—2013 版本的材质定义与渲染，为选配建筑渲染材质提供了便利。

天正图库支持贴附材质的多视图图块，这种图块在“完全二维”的显示模式下按二维显示，而在着色模式下显示附着的彩色材质，新的图库管理程序能预览多视图图块的真实效果，如图 8.15 和图 8.16 所示。

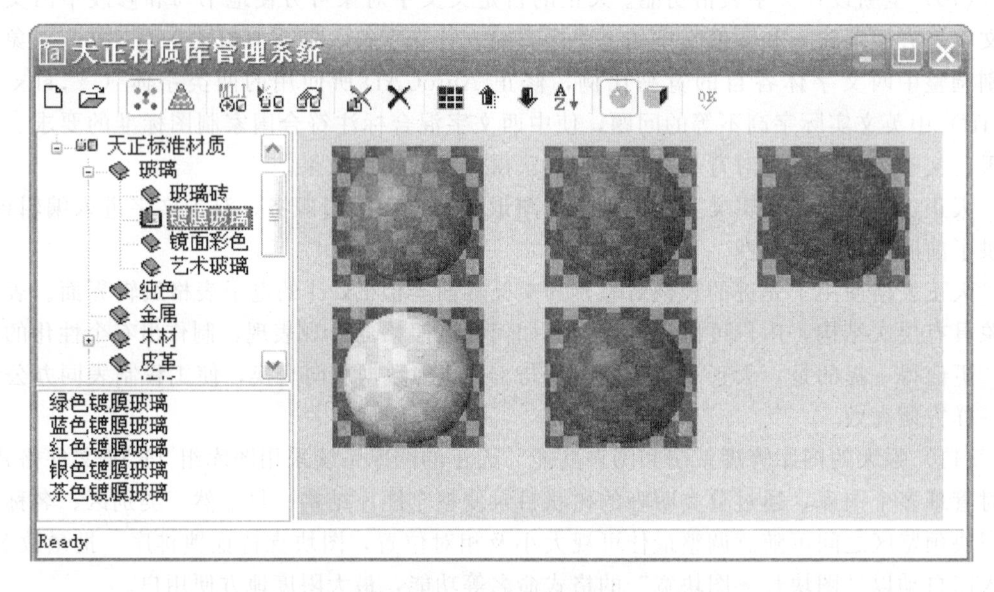

图 8.15　丰富的材质库

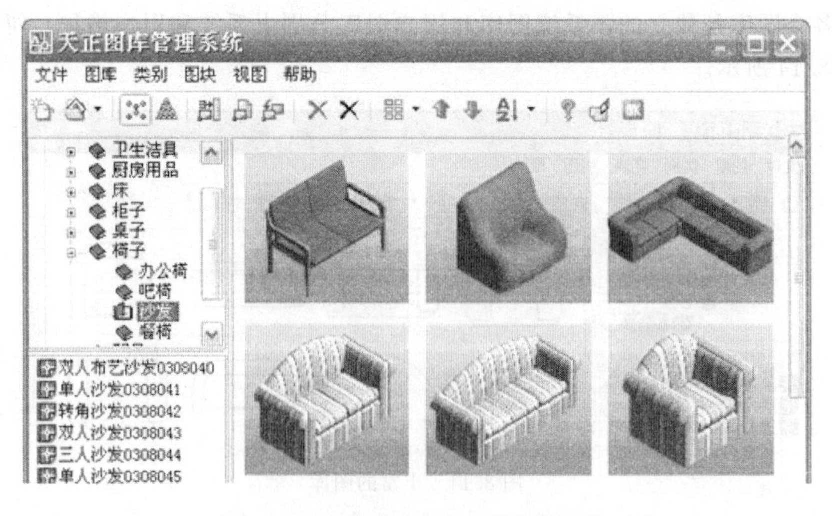

图 8.16　预览贴附材质后的图块效果

（13）工程管理器兼有图纸集与楼层表功能。天正建筑引入了工程管理概念，工程管理器将图纸集和楼层表合二为一，将与整个工程相关的建筑立剖面、三维组合、门窗表、图纸目录等功能完全整合在一起，同时进行工程图档的管理，无论是在工程管理器的图纸集中还是在楼层表双击文件图标都可以直接打开图形文件。

系统允许用户使用一个 DWG 文件保存多个楼层平面，也可以每个楼层平面分别保存一个 DWG 文件，甚至可以两者混合使用。

（14）全面增强的立剖面绘图功能。天正建筑随时可以从各层平面图获得三维信息，按楼层表组合，消隐生成立面图与剖面图，生成步骤得到简化，成图质量明显提高。

（15）提供工程数据查询与面积计算。在平面图设计完成后，可以统计门窗数量，自动生成门窗表。可以获得各种构件的体积、重量、墙面面积等数据，作为其他分析的基础数据。

天正建筑提供了各种面积计算命令，可计算房间使用面积、建筑面积、阳台面积等，可以按《房产测量规范》（GB/T 17986—2000）和《住宅设计规范》（GB 50096—2011）以及建设部限制大户型比例的有关文件，统计住宅的各项面积指标，分别用于房产部门的面积统计和设计审查报批。

（16）全方位支持 AutoCAD 各种工具。天正对象支持 AutoCAD 特性选项板的浏览和编辑，提供了多个物体同时修改参数的捷径。特性匹配（格式刷）可以在天正对象之间形象直观的快速复制对象的特性。

（17）建筑对象的显示特点。天正建筑对象讲求施工图的显示符合规范要求，三维模型与实际构件尽量协调一致，举例说明如下：

1）玻璃幕墙：二维采用门窗线简化表达，而三维为精确表达，力求使玻璃幕墙的施工图表达和三维模型表现达到协调一致。

2）角凸窗：转角窗和角凸窗统一为一个参数化窗对象，侧面可以碰墙，自动完成侧面的遮挡处理。

（18）配合新的制图规范和实际工程需要完善天正注释系统。

（19）增加【图纸比对】和【局部比对】命令用于对比两张 DWG 图纸内容的差别，如图 8.17 所示。

（20）新增【备档拆图】命令用于把一张 DWG 中的多张图纸按图框拆分为多个 DWG 文件。

8.3.1.2 斯维尔建筑设计 TH-Arch

斯维尔建筑设计 TH-Arch 是一套专为建筑及相近专业提供数字化设计环境的 CAD 系统，集数字化、人性化、参数化、智能化、可视化于一体，构建于 AutoCAD 2002—2012 平台之上，采用先进的自定义对象核心技术，建筑构件作为基本设计单元，多视图技术实现二维图形与三维模型同步一体。软件还支持 Win7 的 64 位系统，把多核、大内存的性能最大程度的发挥。

TH-Arch 2012 是最新版本，软件界面如图 8.18 所示，由于开发团队等原因，TH-Arch2012 的操作界面与天正建筑基本一致，操作模式和命令集合也十分相似，软件具体特点如下：

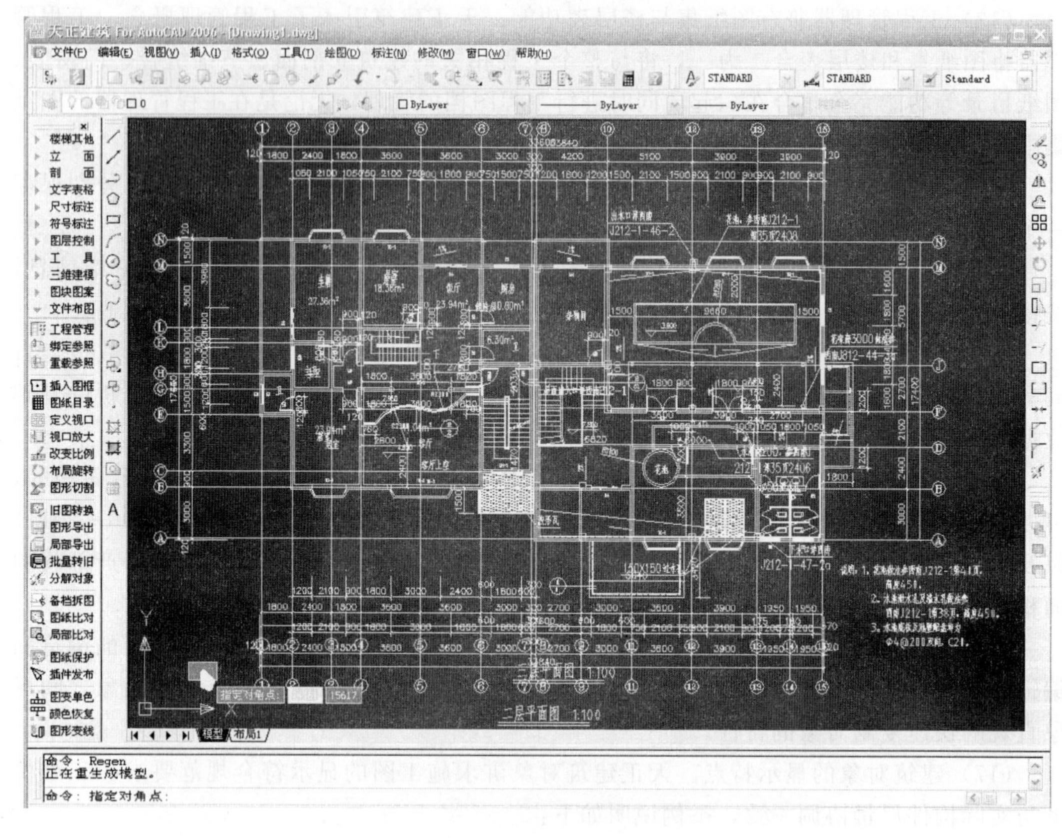

图 8.17　图纸对比

（1）绿色软件：与平台安装顺序不分先后，拷贝文件即可使用，便于携带。

（2）优化界面：采用长扁形浮动对话框，优化界面的安排。

（3）全图集成：平立剖、3D 模型、渲染一个 DWG 即可搞定。

（4）在位编辑：高效直观编辑图面的标注字符。

（5）尺寸灵活：编辑门窗其尺寸标注自动更新，尺寸编辑功能强大。

（6）复杂楼梯：支持多种形态复杂楼梯的创建。

（7）快速成图：体现在易用性、智能化、参数化和批量化上。

（8）自动立剖：依据平面图信息，自动生成立剖图。

（9）标准规范：图层和线型符合国标。

（10）房产面积：按《房产测量规范》（GB/T 17986—2000）自动统计各种房产面积。

（11）图框目录：支持用户和标准图框，自动生成图纸目录。

（12）素材管理：全开放，同模式，易操作，易管理，无限制。

（13）打印输出：提供多比例布图和打印输出的解决方案。

（14）图档流转：建筑图档和数据直接用于其他专业继续设计。

（15）渲染表现：建筑设计与建筑表现紧密结合。

（16）日照分析：强劲的日照分析模块。

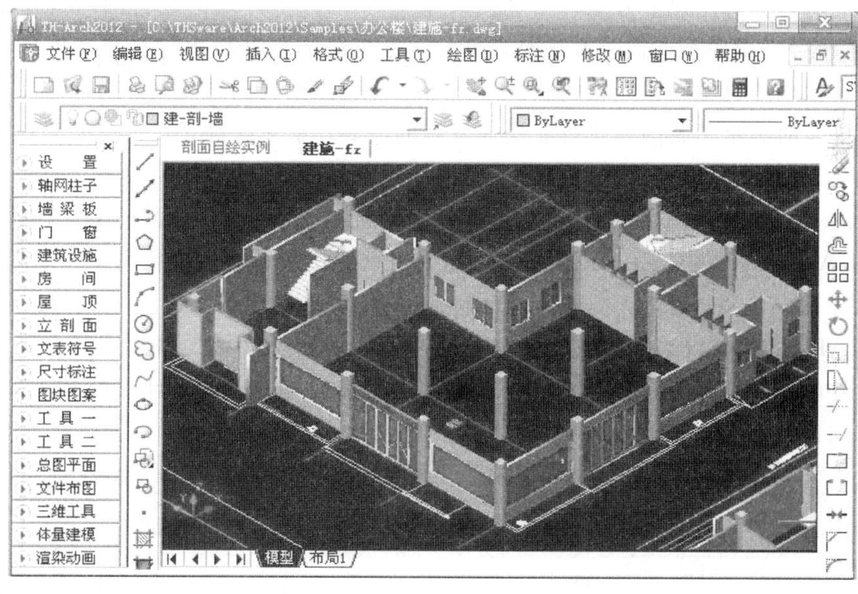

图 8.18　TH-Arch 2012 软件界面

8.3.2　结构设计

结构设计分为上部结构设计和基础设计；是施工图设计过程中最重要的环节，也是最复杂、计算量最大的环节。

8.3.2.1　PKPM 系列

PKPM 结构设计有先进的结构分析软件包，容纳了国内最流行的各种计算方法，如平面杆系、矩形及异形楼板、墙、板的三维壳元及薄壁杆系、梁板楼梯及异形楼梯、各类基础、砌体及底框抗震、钢结构、预应力混凝土结构分析、建筑抗震鉴定加固设计等。全部结构计算模块均按 2010 系列设计规范编制。全面反映了新规范要求的荷载效应组合、设计表达式、抗震设计新概念的各项要求。

PKPM 弹塑性动力、静力时程分析软件接力结构建模和结构计算，操作简便，成熟实用。有丰富和成熟的结构施工图辅助设计功能，接力结构计算结果，可完成框架、排架、连梁、结构平面、楼板配筋、节点大样、各类基础、楼梯、剪力墙等施工图绘制。在自动选配钢筋，按全楼或层、跨剖面归并，布置图纸版面，人机交互干预等方面独具特色。

PKPM适应多种结构类型。砌体结构模块包括普通砖混结构，底层框架结构、混凝土空心砌块结构，配筋砌体结构等。钢结构模块包括门式刚架、框架、工业厂房框排架、桁架、支架、农业温室结构等。还提供预应力结构、复杂楼板、楼板舒适度分析、筒仓、烟囱等设计模块。

PKPM没有明确的中文名称，一般就直接读PKPM的英文字母。最早这个软件只有两个模块，PK（排架框架设计）、PMCAD（平面辅助设计），因此合称PKPM。现在这两个模块依然还在，功能大大加强，更加入了大量功能更强大的模块，但是软件名称还是PKPM。目前是国内政府、建筑行业认可的通用结构计算软件，PKPM在国内设计行业占有绝对优势，拥有用户上万家，市场占有率达98%以上，现已成为国内应用最为普遍的CAD系统。它紧跟行业需求和规范更新，不断推陈出新开发出对行业产生巨大影响的软件产品，使国产自主知识产权的软件十几年来一直占据我国结构设计行业应用和技术的主导地位。及时满足了我国建筑行业快速发展的需要，显著提高了设计效率和质量，为实现建设部提出的“甩图板”目标做出了重要贡献。

现在的PKPM除了PK和PM两个模块外，还有SATWE、PMSAP、TAT、PEQ、JLQ、JCCAD、SYS、JCYT、PREC等，本节就几个主要的常用模块简单介绍如下。

1. PM——结构平面计算机辅助设计软件

PMCAD是整个结构CAD的核心，它建立的全楼结构模型是PKPM各二维、三维结构计算软件的前处理部分，也是梁、柱、剪力墙、楼板等施工图设计软件和基础CAD的必备接口软件，如图8.19所示。

图8.19　PMCAD界面

PMCAD也是建筑CAD与结构的必要接口，具体特点如下：

(1) 用简便易学的人机交互方式输入各层平面布置及各层楼面的次梁、预制板、洞口、错层、挑檐等信息和外加荷载信息，建模中可方便地修改、拷贝复制、查询。逐层输入模型后组装全楼形成全楼模型。

(2) 自动进行从楼板到次梁、次梁到承重梁的荷载传导并自动计算结构自重，自动计算人机交互方式输入的荷载，形成整栋建筑的荷载数据库。由此数据可自动给PKPM系列各结构计算软件提供接口。

(3) 绘制各种类型结构的结构平面图和楼板配筋图。包括柱、梁、墙、洞口的平面布置、尺寸、偏轴、画出轴线及总尺寸线，画出预制板、次梁及楼板开洞布置，计算现浇楼板内力与配筋并画出板配筋图。

(4) 多高层钢结构的三维建模从PMCAD扩展，包括了丰富的型钢截面和组合截面。

2. PK——钢筋混凝土框架、框排架、连续梁结构计算与施工图绘制软件

(1) 模块本身提供一个平面杆系的结构计算软件，适用于工业与民用建筑中各种规则和复杂类型的框架结构、框排架结构、排架结构，剪力墙简化成的壁式框架结构及连续梁、拱形结构、桁架等。

(2) PK软件可处理梁柱正交或斜交、梁错层，抽梁抽柱，底层柱不等高，铰接屋面梁等各种情况，可在任意位置设置挑梁、牛腿和次梁，可绘制十几种截面形式的梁，可绘制折梁、加腋梁、变截面梁，矩形、工字梁、圆形柱或排架柱，柱箍筋形式多样。

(3) 按2010新规范要求作强柱弱梁、强剪弱弯、节点核心、柱轴压比，柱体积配箍率的计算与验算，还进行罕遇地震下薄弱层的弹塑性位移计算、竖向地震力计算、框架梁裂缝宽度计算、梁挠度计算，新增查看振形图功能。

(4) 按2010新规范和构造手册自动完成构造钢筋的配置。

(5) 具有很强的自动选筋、层跨剖面归并、自动布图等功能，同时又给设计人员提供多种方式干预选钢筋、布图、构造筋等施工图绘制结果。

(6) 可与“PMCAD”软件连接，自动导荷并生成结构计算所需的平面杆系数据文件。

3. SATWE——高层建筑结构空间有限元分析软件

(1) SATWE采用空间杆单元模拟梁、柱及支撑等杆件。采用在壳元基础上凝聚而成的墙元模拟剪力墙。对于尺寸较大或带洞口的剪力墙，按照子结构的基本思想，由程序自动进行细分，然后用静力凝聚原理将由于墙元的细分而增加的内部自由度消去，从而保证墙元的精度和有限的出口自由度。墙元不仅具有平面内刚度，也具有平面外刚度，可以较好地模拟工程中剪力墙的实际受力状态。墙元的内部网格划分采用了基于四边形和三角形的混合形式，可以准确地模拟墙元之间的协调关系。

(2) 对于楼板，SATWE给出了四种简化假定，即楼板整体平面内无限刚、分块无限刚、分块无限刚加弹性连接板带和弹性楼板。在应用中，可根据工程实际情况和分析精度要求，选用其中的一种或几种简化假定。

(3) SATWE适用于多层和高层钢筋混凝土框架、框架-剪力墙、剪力墙结构以及高层钢结构和钢-混凝土混合结构。SATWE考虑了多、高层建筑中多塔、错层、转换层及

楼板局部开洞等特殊结构形式。

（4）SATWE可完成建筑结构在恒、活、风、地震力作用下的内力分析及荷载效应组合计算，对钢筋混凝土结构、钢结构及钢-混凝土混合结构均可进行截面配筋计算或承载力验算。

（5）有多种施工模拟算法可供选用，可指定楼层施工次序，可考虑多个楼层一起施工。

（6）可以处理结构顶部的山墙和非顶部的错层墙。

（7）可进行上部结构和地下室联合工作分析，并进行地下室设计。

（8）SATWE所需的几何信息和荷载信息都从PMCAD建立的建筑模型中自动提取生成并有多塔、错层信息自动生成功能。

（9）SATWE完成计算后，可将计算结果下传给施工图设计软件完成梁、柱、剪力墙等的施工图设计，并可为各类基础设计软件提供各荷载工况荷载，也可传给钢结构软件和非线性分析软件。

4. PMSAP——*复杂多层及高层建筑结构分析与设计软件*

PMSAP在程序总体结构的组织上采用了通用程序技术，在剪力墙单元、楼板单元的计算以及动力求解器等关键的分析技术上采用了先进的研究成果。PMSAP直接针对多层及高层建筑中所出现的各种复杂情形，其技术特点可概括如下：

（1）核心是通用有限元程序，可适应任意结构形式。对多塔、错层、转换层、楼板局部开洞以及体育场馆、大跨结构等复杂结构形式作了着重考虑。

（2）单元库中有13大类有限单元，包括二十几种有限元模型。一维单元有等截面和变截面的桁架杆、铁木辛柯梁（柱）；二维单元包括三角形及四边形空间壳，任意多边形空间壳（楼板元）、简化模型墙、细分模型墙；三维单元提供48自由度的六面体等单元。此外还包括各种集中单元、罚单元、地基单元等。

（3）基于广义协调技术、可任意开洞的新型、高精度剪力墙单元。PMSAP的剪力墙单元，以广义协调技术为基础，其方案与SATWE截然不同。该墙元为基于四边形壳元的子结构式超单元，通过广义协调技术来满足墙与墙之间的协调性，并可按照用户指定的尺寸加密内部网格。该方案使得墙元的空间协调性和网格的状态同时得到保证，因而具有很高的计算精度和对复杂工程的适应性。

（4）对厚板转换层、板柱体系、斜板以及普通楼板的全楼整体式有限元分析与设计。PMSAP的弹性楼板单元，是一个基于三角形和四边形有限壳元的多边形子结构超单元，厚薄板通用，可按照用户指定的尺寸加密内部网格。楼板分析时严格考虑了楼层之间、房间之间的耦合作用以及地震作用的CQC组合，设计时考虑了楼板面内拉力或压力对配筋的影响，是复杂楼板体系设计的实用工具。

（5）具有梁、柱、墙、楼板的自动相互协调细分功能，从而保证梁-楼板、墙-楼板、墙-柱之间的变形协调性。

（6）有多种施工模拟算法可供选用，可指定楼层施工次序，可考虑多个楼层一起施工。

（7）对竖向地震提供振型分解反应谱分析；可考虑三向地震波的弹性时程分析。

（8）提供梁、柱、墙、楼板等所有类型单元的温度应力分析及相应设计。

（9）具有整体刚性、分块刚性、完全弹性等多种楼板变形假定方式。

（10）配备了快速的广义特征值算法（Mritz 法），效率数倍于子空间迭代法。

（11）具有三维与平面相结合的功能完备的图形后处理。

（12）PMSAP 的计算结果可传给施工图软件、基础软件、钢结构软件和非线性分析软件。

5. TAT——多、高层建筑结构三维分析程序

TAT 是采用薄壁杆件原理的空间分析程序，它适用于分析设计各种复杂体型的多、高层建筑，不但可以计算钢筋混凝土结构，还可以计算钢-混凝土混合结构、纯钢结构，井字梁、平框及带有支撑或斜柱结构。

（1）可计算框架结构，框剪和剪力墙结构、筒体结构。对纯钢结构可作 $P-\Delta$ 效应分析。

（2）可以进行水平地震、风力、竖向力和竖向地震力的计算和荷载效应组合及配筋。

（3）可以与 PMCAD 连接生成 TAT 的几何数据文件及荷载文件，直接进行结构计算。

（4）可以进行动力时程分析，并可以按时程分析的结果计算结构的内力和配筋。

（5）对于框支剪力墙结构或转换层结构，可以自动与高精度平面有限元程序 FEQ 接力运行，其数据可以自动生成，也可以人工填表，并可指定截面配筋。

（6）可将计算结果下传给施工图设计软件完成梁、柱、剪力墙等的施工图设计，并可为各类基础设计软件提供各荷载工况荷载。

6. JCCAD——基础 CAD 设计软件

JCCAD 是建筑工程的基础设计软件。主要功能特点如下：

（1）适应多种类型基础的设计。可自动或交互完成工程实践中常用诸类基础设计，其中包括柱下独立基础、墙下条形基础、弹性地基梁基础、带肋筏板基础、柱下平板基础（板厚可不同）、墙下筏板基础、柱下独立桩基承台基础、桩筏基础、桩格梁基础等基础设计及单桩基础设计，还可进行由上述多类基础组合的大型混合基础设计，或同时布置多块筏板的基础的设计。

可设计的各类基础中包含多种基础形式：独立基础包括倒锥形、阶梯形、现浇或预制杯口基础及单柱、双柱、或多柱的联合基础；砖混条基包括砖条基、毛石条基、钢筋混凝土条基（可带下卧梁）、灰土条基、混凝土条基及钢筋混凝土毛石条基；筏板基础的梁肋可朝上或朝下；桩基包括预制混凝土方桩、圆桩、钢管桩、水下冲（钻）孔桩、沉管灌注桩、干作业法桩和各种形状的单桩或多桩承台。

（2）接力上部结构模型。基础的建模是接力上部结构与基础连接的楼层进行的，因此基础布置使用的轴线、网格线、轴号，基础定位参照的柱、墙等都是从上部楼层中自动传来的，这种工作方式大大方便了用户。

基础程序首先自动读取上部结构中与基础相连的轴线和各层柱、墙、支撑布置信息（包括异形柱、劲性混凝土截面和钢管混凝土柱），并可在基础交互输入和基础平面施工图中绘制出来。

如果需要和上部结构两层或多个楼层相连的不等高基础，程序自动读入多个楼层中基础布置需要的信息。

（3）接力上部结构计算生成的荷载。自动读取多种PKPM上部结构分析程序传下来的各单工况荷载标准值。有平面荷载（PMCAD建模中导算的荷载或砌体结构建模中导算的荷载）、SATWE荷载、TAT荷载、PMSAP荷载、PK荷载等。

程序自动按照荷载规范和地基基础规范的有关规定，在计算基础的不同内容时采用不同的荷载组合类型。在计算地基承载力或桩基承载力时采用荷载的标准组合；在进行基础抗冲切、抗剪、抗弯、局部承压计算时采用荷载的基本组合；在进行沉降计算时采用准永久组合。在进行正常使用阶段的挠度、裂缝计算时取标准组合和准永久组合。程序在计算过程中会识别各组合的类型，自动判断是否适合当前的计算内容。

（4）考虑上部结构刚度的计算。《建筑地基基础设计规范》（GB 50007—2011）等规范规定在多种情况下基础的设计应考虑上部结构和地基的共同作用。JCCAD软件能够较好地实现上部结构、基础与地基的共同作用。JCCAD程序对地基梁、筏板、桩筏等整体基础，可采用上部结构刚度凝聚法，上部结构刚度无穷大的倒楼盖法，上部结构等代刚度法等多种方法考虑上部结构对基础的影响，其主要目的就是控制整体性基础的非倾斜性沉降差，即控制基础的整体弯曲。

（5）设计功能自动化、灵活化。对于独立基础、条形基础、桩承台等基础，软件可按照规范要求及用户交互填写的相关参数自动完成全面设计，包括不利荷载组合选取、基础底面积计算、按冲切计算结果生成基础高度、碰撞检查、基础配筋计算和选择配筋等功能。对于整体基础，软件可自动调整交叉地基梁的翼缘宽度、自动确定筏板基础中梁肋计算翼缘宽度。同时程序还允许用户人工合理修改程序已生成的相关结果，并提供按用户干预重新计算的功能。

（6）地质资料的输入及完整的计算体系。提供直观快捷的人机交互方式输入地质资料，充分利用勘察设计单位提供的地质资料完成基础沉降计算和桩的各类计算。对各种基础形式可能需要依据不同的规范、采用不同的计算方法，但是无论是哪一种基础形式，程序都提供承载力计算、配筋计算、沉降计算、冲切抗剪计算、局部承压计算等全面的计算。

（7）提供多样化、全面的计算功能满足不同需要。对于整体基础的计算，软件提供多种计算模型，如交叉地基梁可采用文克尔模型——即普通弹性地基梁模型进行分析，又可采用考虑土壤之间相互作用的广义文克尔模型进行分析。筏板基础可按弹性地基梁有限元法计算，也可按MINDLIN理论的中厚板有限元法计算。筏板的沉降计算提供了规范的假设附加压应力已知的方法和刚性底板假定、附加应力为未知的两种计算方法；当需要考虑建筑物上部的共同作用时，程序又可以提供诸如上部结构刚度凝聚法、上部结构刚度无穷大的倒楼盖法和上部结构等代刚度法等方法，来考虑上部结构对基础的影响。

（8）辅助计算设计。这方面软件提供各种即时计算工具，辅助用户建模、校核。例如：桩基设计时提供了“桩数量图”和“局部桩数”菜单，可用来查看平面各处需要布置的桩数。程序即时给出在用户选定的荷载组合下算出的柱、墙下桩的数量图，并给出当前荷载的重心位置，这些数据为桩的布置提供了合理的依据；“重心校核”菜单随时计算用

户选定的区域的外荷载重心与基础筏板的形心，以及二者之间的偏心。“桩重心图”随时计算用户选定的区域内的所有桩的重心位置；筏板基础的冲切抗剪性能是筏板设计的重要依据，程序提供了“柱冲切板”“异形柱”“多墙冲板”“单墙冲板”“内筒冲剪”等命令随时进行柱、墙等竖向构件对板的冲剪计算，等等。

“局部承压”菜单随时校验基础截面尺寸。

（9）提供与手算相近的防水板计算方法。提供专门的“防水板计算”菜单对柱下独基、柱下条基、桩承台等加防水板的防水板部分进行计算。考虑到防水板一般较薄，程序在筏板有限元计算时采用柱和墙底作为支座不动，没有竖向变形的计算模式。

（10）导入 AutoCAD 各种基础平面图辅助建模。对于地质资料输入和基础平面建模等工作，程序提供以 AutoCAD 的各种基础平面图为底图的参照建模方式。程序自动读取转换 AutoCAD 的图形格式文件，操作简便，充分利用周围数据接口资源，提高工作效率。

（11）施工图辅助设计。可以完成软件中设计的各种类型基础的施工图，包括平面图、详图及剖面图。施工图管理风格、绘制操作与上部结构施工图相同。软件依照《制图标准》《建筑工程设计文件编制深度规定》《设计深度图样》等相关标准，对于地梁、筏板提供了立剖面表示法、平面表示法等多种方式，还提供了参数化绘制各类常用标准大样图功能。

7. SATWE——高层建筑结构空间有限元分析软件

（1）SATWE 采用空间杆单元模拟梁、柱及支撑等杆件。采用在壳元基础上凝聚而成的墙元模拟剪力墙。对于尺寸较大或带洞口的剪力墙，按照子结构的基本思想，由程序自动进行细分，然后用静力凝聚原理将由于墙元的细分而增加的内部自由度消去，从而保证墙元的精度和有限的出口自由度。墙元不仅具有平面内刚度，也具有平面外刚度，可以较好地模拟工程中剪力墙的实际受力状态。墙元的内部网格划分采用了基于四边形和三角形的混合形式，可以准确地模拟墙元之间的协调关系。

（2）对于楼板，SATWE 给出了四种简化假定，即楼板整体平面内无限刚、分块无限刚、分块无限刚加弹性连接板带和弹性楼板。在应用中，可根据工程实际情况和分析精度要求，选用其中的一种或几种简化假定。

（3）SATWE 适用于多层和高层钢筋混凝土框架、框架-剪力墙、剪力墙结构以及高层钢结构和钢-混凝土混合结构。SATWE 考虑了多、高层建筑中多塔、错层、转换层及楼板局部开洞等特殊结构形式。

（4）SATWE 可完成建筑结构在恒、活、风、地震力作用下的内力分析及荷载效应组合计算，对钢筋混凝土结构、钢结构及钢-混凝土混合结构均可进行截面配筋计算或承载力验算。

（5）有多种施工模拟算法可供选用，可指定楼层施工次序，可考虑多个楼层一起施工。

（6）可以处理结构顶部的山墙和非顶部的错层墙。

（7）可进行上部结构和地下室联合工作分析，并进行地下室设计。

（8）SATWE 所需的几何信息和荷载信息都从 PMCAD 建立的建筑模型中自动提取生

成并有多塔、错层信息自动生成功能。

(9) SATWE完成计算后，可将计算结果下传给施工图设计软件完成梁、柱、剪力墙等的施工图设计，并可为各类基础设计软件提供各荷载工况荷载，也可传给钢结构软件和非线性分析软件。

8. JLQ——剪力墙结构计算机辅助设计软件

设计内容包括剪力墙平面模板尺寸，墙分布筋，墙柱、墙梁配筋。提供两种图纸表达方式，第一种是剪力墙结构平面图、节点大样图与墙梁钢筋表达方式；第二种是截面注写方式。从PMCAD数据中生成剪力墙模板布置尺寸及从高层建筑计算程序SATWE、TAT或PMSAP中读取剪力墙配筋计算结果。

9. STS——钢结构设计软件

STS软件可以完成钢结构的模型输入、截面优化、结构分析和构件验算、节点设计与施工图绘制。适用于门式刚架，多、高层框架，桁架，支架，框排架，空间杆系钢结构(如塔架、网架、空间桁架)等结构类型。还提供专业工具用于檩条、墙梁、隅撑、抗风柱、组合梁、柱间支撑、屋面支撑、吊车梁等基本构件的计算和绘图。

STS软件可以独立运行，也可以与PKPM系列其他软件数据共享，配合使用。STS三维模型数据可以接口SATWE、TAT或PMSAP来完成钢结构的空间计算与构件验算，可以接口JCCAD完成基础设计。STS二维模型数据也可以接口JCCAD完成独立基础设计。

STS软件可以用三维方法和二维方法建立结构模型。软件提供70多种常用截面类型，以及用户自绘制的任意形状截面，构件可以是钢材料，也可以是混凝土材料；因此软件适用于钢结构以及钢与混凝土混合结构的设计。常用钢截面包括各类型的热轧型钢截面，冷弯薄壁型钢截面，焊接组合截面(含变截面)，实腹式组合截面，格构式组合截面等类型。程序自带型钢库，用户可以对型钢库进行编辑和扩充。

STS的二维设计程序"PK交互输入与优化计算"用于门式刚架、平面框架、框排架、排架、桁架、支架等结构的设计。可以计算"单拉杆件"；可以定义互斥活荷载；进行风荷载自动布置；吊车荷载包括桥式吊车荷载、双层吊车荷载、悬挂吊车荷载；可以考虑构件采用不同钢号；通过定义杆端约束实现滑动支座的设计；通过定义弹性支座实现托梁刚度的模拟；通过定义基础数据实现独立基础设计。内力分析采用平面杆系有限元方法；可以考虑活荷载不利布置；自动计算地震作用(包括水平地震和竖向地震)；荷载效应自动组合。可以选择钢结构设计规范、门式刚架规程、冷弯薄壁型钢设计规范等相关标准进行构件强度和稳定性计算。输出各种内力图、位移图、钢构件应力图和混凝土构件配筋图，输出超限信息文件、基础设计文件、详细的计算书等文档。可以进行截面优化，根据构件截面形式，软件可以自动确定构件截面优化范围，用户也可以指定构件截面优化范围，软件通过多次优化计算，确定用钢量最小的截面尺寸。

对于门式刚架结构，提供了三维设计模块和二维设计模块。STS的门式刚架三维设计，集成了结构三维建模，屋面墙面设计，刚架连接节点设计，施工图自动绘制，三维效果图自动生成功能。三维建模可以通过立面编辑的方式建立主刚架、支撑系统的三维模型；通过吊车平面布置的方法自动生成各榀刚架吊车荷载；通过屋面墙面布置

建立围护构件的三维模型。自动完成主刚架、柱间支撑、屋面支撑的内力分析和构件设计，自动完成屋面檩条、墙面墙梁的优化和计算，绘制柱脚锚栓布置图，平面、立面布置图，主刚架施工详图，柱间支撑、屋面支撑施工详图，檩条、墙梁、隅撑、墙架柱、抗风柱等构件施工详图。通过门式刚架三维效果图程序，可以根据三维模型，自动铺设屋面板、墙面板以及包边；自动生成门洞顶部的雨篷；自动形成厂房周围道路、场景设计；交互布置天沟和雨水管；快速生成逼真的渲染效果图，可以制作三维动画。门式刚架二维设计，可以进行单榀刚架的模型输入，截面优化，结构分析和构件设计，节点设计和施工图绘制。

对于多高层钢框架结构，STS 可以接 SATWE、TAT 或 PMSAP 的空间分析结果来完成钢框架全楼的梁柱连接、主次梁连接、拼接连接、支撑连接、柱脚连接以及钢梁和混凝土柱或剪力墙等节点的自动设计和归并，绘制施工图。提供的三维模型图可以从任意角度观察节点实际模型。可以统计全楼高强度螺栓用量和钢材用量，绘制钢材订货表。三维框架施工图根据不同设计单位的出图要求，可以绘制设计院需要的设计图（包括基础锚栓布置图，平面、立面布置图，节点施工图等），绘制制作加工单位需要的施工详图（包括布置图，梁、柱、支撑构件施工详图）。

对于平面框架、桁架（角钢桁架和钢管桁架）、支架，STS 可以接力分析结果，设计各种形式的连接节点，绘制施工图。节点设计提供多种连接形式，由用户根据需要选用。软件绘制的施工图有构件详图和节点图，可以达到施工详图的深度。

STS 的复杂空间结构建模及分析软件，可以完成空间杆系钢结构的模型输入、内力分析，构件验算，对塔架、空间桁架、网架、网壳可以快速建模。

STS 的工具箱提供了基本构件和连接节点的计算和绘图工具。可以完成各种截面的简支或者连续檩条、墙梁计算和绘图；屋面支撑、柱间支撑的计算和绘图；吊车梁的截面优化和设计以及绘图；各种连接节点的计算和绘图；钢梯绘图；抗风柱计算和绘图；蜂窝梁、组合梁、简支梁、连续梁、基本梁柱构件计算；型钢库查询与修改；图形编辑打印和转换。

软件自动布置施工图图面，同时提供方便、专业的施工图编辑工具，用户可用鼠标随意拖动图面上各图块，进行图面布局。可用鼠标成组地拖动尺寸、焊缝、零件编号等标注，大大减少了修改图纸的工作量。

8.3.2.2 TSSD 探索者结构工程软件

TSSD 是 TSSD 系列产品的基本模块，也是产品的核心模块。主要以各种工具类为主，其中既有小巧实用的工具，又有大型集成的工具，类型齐全，可以服务于各种行业的结构专业图纸。在其中配有工程中常见的构件计算，可以边算边画，方便快捷。它的操作方法为用户熟悉的 CAD 操作模式，简单易学，上手快。

（1）TSSD 的功能共分为四列菜单：平面、构件、计算、工具。

1）平面。主要功能是画结构平面布置图，其中有梁、柱、墙、基础的平面布置，大型集成类工具板设计，与其他结构类软件图形的接口。平面布置图不但可以绘制，更可以方便地编辑修改。每种构件均配有复制、移动、修改、删除的功能。这些功能不是简单的 CAD 功能，而是再深入开发的专项功能。与其他结构类软件图形的接口主要有天正建筑

(天正7以下的所有版本)、PKPM系列施工图、广厦CAD,转化完成的图形可以使用TSSD的所有工具再编辑。

2）构件。主要功能是结构中常用构件的详图绘制，有梁、柱、墙、楼梯、雨篷阳台、承台、基础。只要输入几个参数，就可以轻松地完成各详图节点的绘制。

3）计算。主要功能是结构中常用构件的边算边画，既可以整个工程系统进行计算，也可以分别计算。可以计算的构件主要有板、梁、柱、基础、承台、楼梯等，这些计算均可以实现透明计算过程，生成Word计算书。

4）工具。主要是结构绘图中常用的图面标注编辑工具，包括：尺寸、文字、钢筋、表格、符号、比例变换、参照助手、图形比对等共有200多个工具，囊括了所有在图中可能遇到的问题解决方案，可以大幅度提高工程师的绘图速度。

（2）功能优势。

1）专业化的多比例绘图功能，满足用户不同绘图习惯方式在使用CAD绘制施工图绘制过程中，比例的设置和变化一直是令设计人员很头疼的工作，一张图纸中经常需要绘制不同比例的图形以满足布图的需求，一直以来，设计人员多使用插入图块的方式来解决此类问题，随着CAD技术上的不断成熟，近年来有了外部引用等方式，但目前现行的各种绘图手段都不能完全满足设计人员正真实现在一张图中实时实现多比例绘图，更不能满足很多设计人员所希望的真正1:1绘制施工图的需求。

探索者TSSD软件以设计人员的需求为出发点，想设计人员所想，为用户提供了功能强大、操作使用方便的多比例绘图方式，能按照设计人员不同的绘图需求定制符合完全自己绘图习惯的比例设置模式，不论是固定出图比例方式中的不同绘图比例的绘图方法，还是动态调整出图比例随时实现1:1方式绘图都可以方便地实现。能充分满足个性化绘图需求，如图8.20所示。

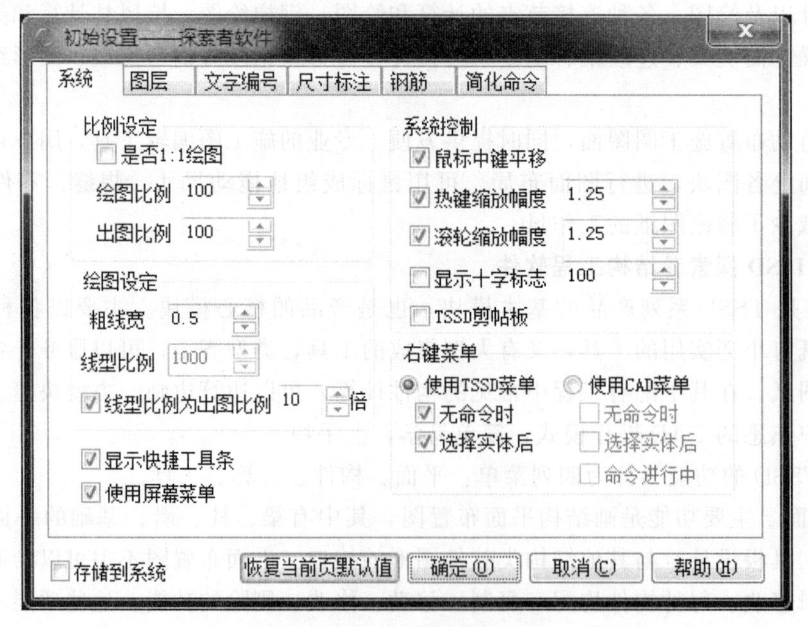

图8.20 初始设置界面

2）强大的文字输入及排版工具。文字的输入、编辑和排版是目前流行的 CAD 平台软件中的薄弱环节，尤其是在图纸总说明等需要大量输入编辑文字的图纸中，往往需要设计人员投入大量的时间和精力，而且，在一些软件内部设置的原因造成文字以单独文字形式存在的情况下，做图纸的编辑和修改更是异常繁琐的工作，提供专业化文字的输入、编辑和处理的“多行编辑”是 TSSD 系列软件给设计人员带来的强大功能，用户可以在熟悉的类似 Word 的输入界面中进行文字的输入和编辑，而且提供了准专业化的编辑模式，用户可以按需求进行段落的编辑、每行字数的定义、行距的设定等 CAD 平台下不可能方便实现的诸多功能，而且，考虑了结构专业的特性，提供了专业常用符号的输入、编辑和修改功能。

3）有效解决了结构在图中专用特殊符号图例较多的问题。结构图纸中专用符号较多，在 CAD 中必须要专门造出结构中的符号，TSSD 不但为用户提供了结构专用的字符库，还为用户提供了快速输入的方法。例如：在混凝土结构图中最常见钢筋等符号，在 TSSD 中用户可以 D、d、F、f 来进行简化输入，这大大提高了用户的输入编辑速度。用户在使用时只要把图中所示选项选中就可以了。

在文字编辑功能方面，TSSD 系列软件除提供上面多行编辑工具以外，还提供了一些简单实用的针对局部文字修改的工具。如中英互译、文字打断、合并、横排竖排转换、文字按指定路径排列等工具。如：当所设计的工程为涉外工程时，往往需要图中所标注的文字均为双语，即英文和中文在一起表示，TSSD 为用户提供了［中英对译］的功能。这个功能主要是在图中原位进行中英文互译标注。

在日常绘图工作中，图形中也经常需要进行一些表格的绘制和编辑，这也是一项非常繁琐的工作，TSSD 系列软件中提供的“表格”工具，让用户体验到类似 Excel 的专业化表格编辑功能，实现在 CAD 平台下的常用表格编辑功能，如：常用表格计算、单元格的合并和拆分，表格文字的对齐方式等，已经能满足日常绘图工作的基本需要。

4）专为平法绘图提供的专用工具。以绘制梁平法施工图为例，在图中梁上标注的文字位置不同所代表的含义不同，在绘制时要自动能标注还要标注的准确才可以，TSSD 的［梁集中标］功能为了保证可以自动准确绘制，在文字标注时使用了先进的搜索算法，以便于模糊地找到梁线，并按规范制图要求把文字标注到图上。另外，在平法上还有竖向构件可以在原位放大绘制的方法，这不但要在同一平面内做到可以自动绘制多比例图形，而且还可以再编辑。TSSD 的［柱原位放大］［柱复合筋］［墙柱节点］就是可以很好地解决墙、柱等竖向构件平法图的绘制。

5）平面绘制修改量极少，算法先进。TSSD 在墙、梁、柱平面图绘制中针对结构图的特点均提供了轴网绘制的功能。在图形的几何算法上是目前国内最先进的，保证了一次成图的正确性。如图 8.21 中所示节点，TSSD 可以自动一次画对。

无论是在绘图还是修改编辑的过程中。TSSD 都给用户提供了方便快捷专业化、集成化、智能化的绘图命令工具，用户可以快速地实现绘制、修改编辑所需绘制的图形，而不用重复 CAD 等绘制平台的基本命令，大幅提高工作效率，提高用户对软件使用的满意度。

只能画对还不是 TSSD 的追求，要在画正确之后还能再编辑，这些编辑工具都是针对用户的修改特点设置的。例如，［梁线偏移］不仅仅是用户可以移动整根梁，还可以自动对齐到柱边或墙边。

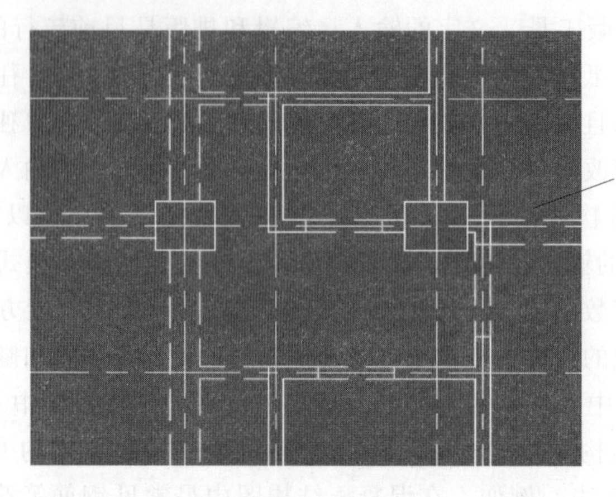
这里的节点画法很复杂，TSSD可以自动处理成功

图 8.21　较复杂图面

在工程设计中，结构图肯定会改，因为它有两大必改的理由：第一，业主甲方的要求天天会变；第二，建筑、设备专业总是在初期设计中考虑不周，要求结构改。由于结构是接受条件的一方，往往是别的专业要出图了，告诉结构专业“按照我的要求改”，所以结构专业的工程师的工期永远比其他专业要短。为了解决这个问题，TSSD 为用户提供了大量快捷有效的编辑工具。另外，TSSD 本身几何算法一次成图率高，即使其他专业都要收工了结构专业也赶得上。在前面已经介绍过文字、钢筋等的编辑，下面介绍一下其他的有效方法。

由于现在施工图大多用平面表示了，所以梁柱墙线的编辑占用工作量的比例大大提高了。TSSD 在梁柱墙线的编辑上为用户提供了各种各样的工具，其中包括五大类：复制类、偏移类、删除类、修补类、改大小类。复制类最主要的功能是用户可以复制所选对象的全部也可以复制其中一段，这里的复制不是简单的 COPY，而是把所选对象从图中识别出来并对其进行分析过滤。

6）极为完备的钢筋工具。有一套功能完善、使用方便的钢筋绘制和编辑工具才能说是一套好的结构设计软件，TSSD 系列软件在专业化钢筋工具上做了很多出色的工作，可以让繁琐复杂的工作简单快速实现，为设计人员从大量重复工作中解放出来。

TSSD 系列软件绘制的图形中，无论是钢筋以何种形式出现，都是作为一个可以方便地进行各种编辑修改的实体元素出现，用户可以使用软件提供的专业化绘制、修改编辑命令快速完成所需工作。TSSD 系列软件提供的钢筋工具可以绘制包含结构专业几乎全部类型的钢筋形式。

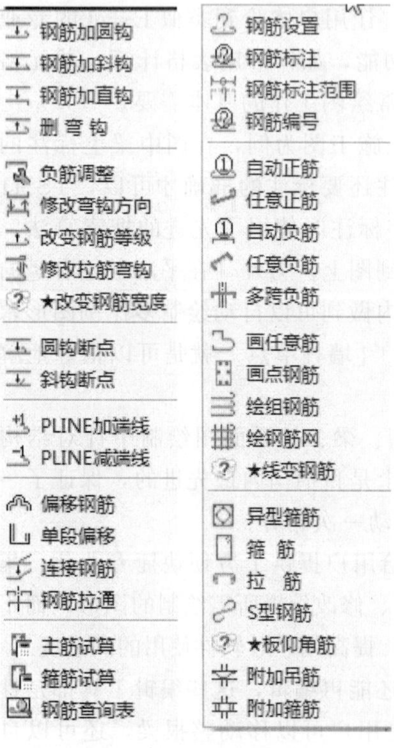

钢筋加圆钩
钢筋加斜钩
钢筋加直钩
删弯钩
负筋调整
修改弯钩方向
改变钢筋等级
修改拉筋弯钩
★改变钢筋宽度
圆钩断点
斜钩断点
PLINE加端线
PLINE减端线
偏移钢筋
单段偏移
连接钢筋
钢筋拉通
主筋试算
箍筋试算
钢筋查询表
钢筋设置
钢筋标注
钢筋标注范围
钢筋编号
自动正筋
任意正筋
自动负筋
任意负筋
多跨负筋
画任意筋
画点钢筋
绘组钢筋
绘钢筋网
★线变钢筋
异型箍筋
箍　筋
拉　筋
S型钢筋
★板仰角筋
附加吊筋
附加箍筋

图 8.22　钢筋工具的列表

如图 8.22 所示，TSSD 为用户提供的钢筋工具的列表，这些功能可以满足所有在图中绘制和编辑

钢筋线的要求。

7）与其他软件建立有效的图形接口。探索者 TSSD 从用户的基本需求出发，研制开发了通用的图形转换工具，解决把非 TSSD 生成的图形导入到 AutoCAD 后不能正常使用的问题。目前可以接的软件：天正建筑（天正 7 以下的所有版本）、PKPM 系列施工图、广厦 CAD、SATWE 计算模型等。

PKPM 系列施工图的生成都是在它的自主平台上，虽然它为用户提供了转成 DWG 图的功能，如图 8.23 所示，转化后它的图钢筋点是断的，尺寸是散的，钢筋、文字是不对应的等，都影响用户在 AutoCAD 中再编辑这些图纸。TSSD 的接口就是转化合并不能编辑的实体，让用户更方便。

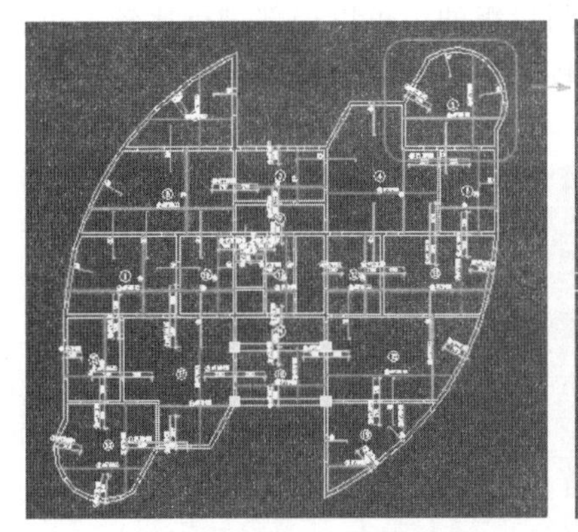

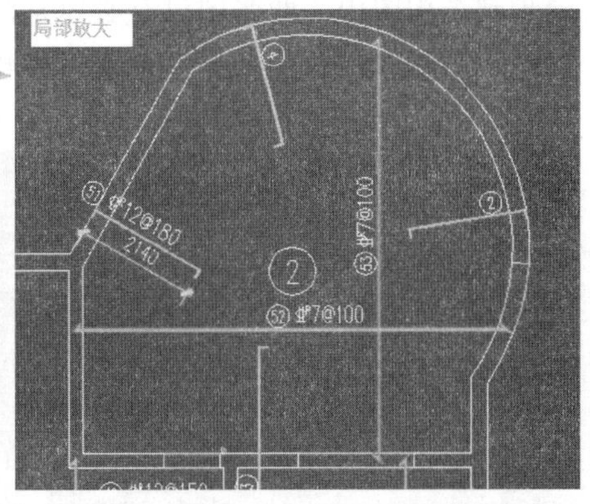

图 8.23　转化后 PM 板配筋图

8）边算边画是结构设计的理想工作环境。结构设计过程中，大型的计算软件是必不可少的，但日常的工作中，查表手算也是家常便饭，由于建筑方案的调整，往往需要对某一简单构件进行验算或者校核，这样的工作如果再次使用大型的计算程序从建模开始就需要花费大量的时间，怎样才能解决这类设计工作中的实际问题呢？怎样可以做到快速计算、快速出图、快速生成计算书呢？

无论是边设计边绘图，还是边绘图边计算，都说明设计中计算工作的重要性和必要性，随着大型计算软件功能的不断提高，已经大幅度解放设计人员的生产力，但日常的设计工作中，由于方案的简单修改或者补充，还有很大一部分计算工作是做一些单独构件的验算和校核，这类计算工作量不小，如果使用大型计算软件通过从建模到导荷载再进行整体计算输出计算书的话，无异于对这个设计做了重新的计算，既花费了大量的时间，又浪费了生产力，所以，一些小的构件计算工具是必须，探索者 TSSD 系列软件在小构件计算部分做了大量的工作，提供了多种构建计算工具可供选择，计算结果符合规范要求，满足设计需要，操作简单方便，能够按设计要求进行构件分类计算汇总，可以提供满足不同繁简要求的计算书，便于存档和查验。

在实际工作中有好多像楼梯、浅基础、预埋件等都是边算边画的，TSSD 的构件计算功能就为用户提供了这样的工具，用户不但可以边算边画，还可以使用 TSSD 自备的文档管理器把计算书自动整理好，一次全部排序打印好。

9）一些大的集成工具。一张图从开始绘制到最终出图，可能要经历多次的修改，每

次修改都是一个痛苦的过程，而且不是每一次的修改都能够记得十分清楚，图纸中元素很多，要想查找不同版本的修改情况，往往需要花费大量的时间，而且不能保证百分百准确，是否能有一套智能的图纸修改比对工具呢？

为了完成这样的要求，TSSD 的图形对比不是简单的两张图的实体对比，而是智能化的分析对比。例如，同层建筑条件图和结构平面布置图的对比，上下层结构平面的对比，等等。这些对比可以查错，可以记录变化。对于工程师的帮助非常大。在这个功能中同样进行了构件的过滤分析，只是把它更加强了，此功能目前处于国内领先地位。

由图 8.24 中可以看到两张结构布置图的变化的对比，用户可以快速地找到两个平面图的不同，比较完成之后还可以帮助用户进行左右同步。这样的功能同样还可以用到条件图修改后同步到结构图中。两张图没有必要是同量级的，可以局部进行比较，也就是可以左边选一块右边选一块把两块局部区域进行比较。

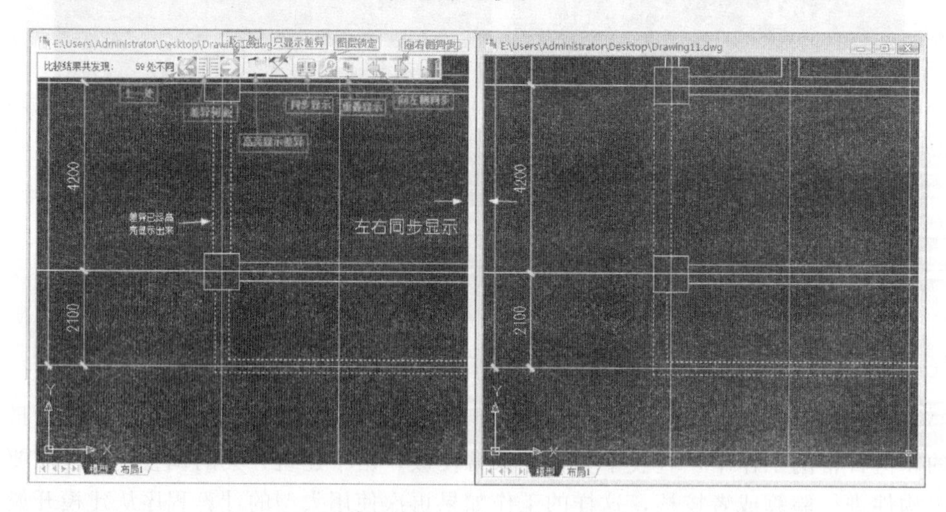

图 8.24　图形对比结果界面

10）内置规范，为工程师提供安全保障。结构设计中考虑最多的问题应该是结构的安全性，符合规范的要求永远是放在第一位的，设计院引进的软件是否符合规范的要求？绘制的施工图能否顺利通过施工图设计审查？都是设计人员最为关注的问题，TSSD 软件能满足这个需要吗？

提供常用规范查询、在参数化绘图中输入数据的时候在程序内部进行规范检查、构件计算模块内部对输入的荷载和几何参数进行数检，对计算结果按照规范要求进行检查等一些必要的安全保障都在 TSSD 系列软件中充分实现。能够使用户无论是使用软件绘制大样图，还是使用构件计算模块做所需的计算、验算或者校核，包括计算后所生成的计算书，都是在满足规范要求的前提下完成，在设计阶段就充分保证了工作的正确性，真正使设计人员在使用 TSSD 系列软件的过程中无后顾之忧。

11）先进的图库管理系统，为工程师的工作积累提供服务。结构施工图的绘图工作量是相关专业中最大的，图档的管理工作量也是最大的，大量的图纸，无论是归档还是查阅都是很繁琐的工作，正确的外部参照图形的使用可以整体加快工程进度，改一次图等于所有参加工程的图都被修改过了，这就是为什么大家都纷纷在使用参照。参照的使用可以分

为两种：对于条件图的参照和对于结构图形不同构件详图参照同一平面底图。对于这两种情况，AutoCAD中的参照功能远远不能满足用户的要求。用户总是存在如果把参照炸开了，是可以识别了，但是和原图的关系断了，如果不炸开又不能识别。TSSD的参照功能为用户解决了这个难题。用户在使用TSSD的功能时，程序会自动识别参照中的构件，并且还可以恢复原图，保持原图的完整和链接关系。例如，用户参照了建筑的轴网，要在上面布置柱子，用户无需炸开参照，就可以使用区域布置，程序会自动找到轴网交点，在交点上布置上柱子。

12）统一设置院标的方向。TSSD的初始设置有几十个参数，已被许多院所接受，纷纷要求在设置中添加他们那里的特殊要求参数，每一次的更新升级都会有多个参数加进来，更有用户单位不再满足于和其他用户使用这些设置，要求为他们定制院标准，把设置作成他们的专版，在对于图纸的统一管理上效果非常好。

TSSD是在CAD平台下给设计人员提供专业化设计工具，操作界面完全符合CAD绘图习惯，只要能够使用CAD进行绘图工作，就可以在极短的时间内熟悉软件功能并可以熟练操作。

专业化绘图、编辑、修改命令模式，TSSD在设计人员提供的所有可供使用的命令中，从名称的命名上就充分考虑到设计人员使用的需要，所有命令的定义，都做到符合一般设计使用习惯，易于理解，不会出现使用中产生歧义的问题。

8.3.3 水、电、暖通设计软件

8.3.3.1 天正给排水T-WT

天正软件-给排水系统T-WT以AutoCAD 2002—2013为平台，是一款全新的专业化、智能化的给排水设计软件。同时，软件符合2009年版《建筑给排水设计规范》（GB 50015—2003）。

软件具有便捷而完备的室内部分，可以快速布置平面图、生成系统图并进行各系统的计算。同时，室外部分的完善与优化设计，可以让设计师很快速的完成图纸的绘制，并且符合设计要求，而对于室外复杂管线系统的计算更是快捷准确。

1. 室内设计

（1）智能化管线系统。管线设置中提供强大的自定义管线系统功能，可根据设计要求自定义管线名称、线宽、线性、管材等信息，并可将自定义信息应用于绘制管线、绘制立管、系统生成等功能中。并且软件采用三维管道设计，自动生成管道节点，模糊的操作实现管线与设备、阀门的精确连接，自动完成遮挡处理，并保持单个管线的整体性；当交叉管线之间、管线与设备、文字的位置发生变化时，系统会自动更新遮挡处理。管线标注信息与图形统一，保证计算和统计的正确性。

（2）快速管连洁具。通过定义洁具功能可对洁具进行类型筛选，并根据软件中录入的最新版《卫生器具安装图集》（09S304）中的洁具信息进行参数赋值，通过快连洁具功能可一键框选完成管线与洁具的连接，使洁具图形参数化，并自动识别洁具类型，充分考虑给水明装与暗装的需求与连接样式的差异性，考虑多管道交叉碰撞检查问题，使图纸既符合规范要求又美观整洁，如图8.25和图8.26所示。

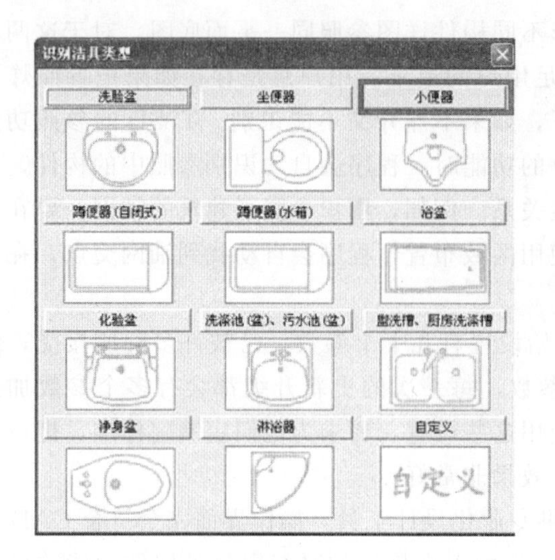

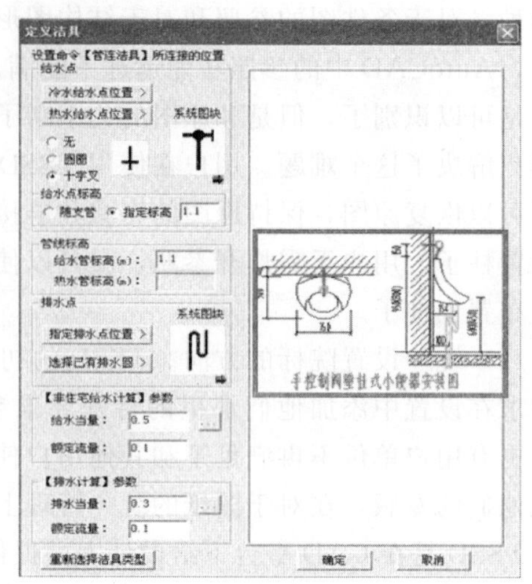

图 8.25　标准洁具图集

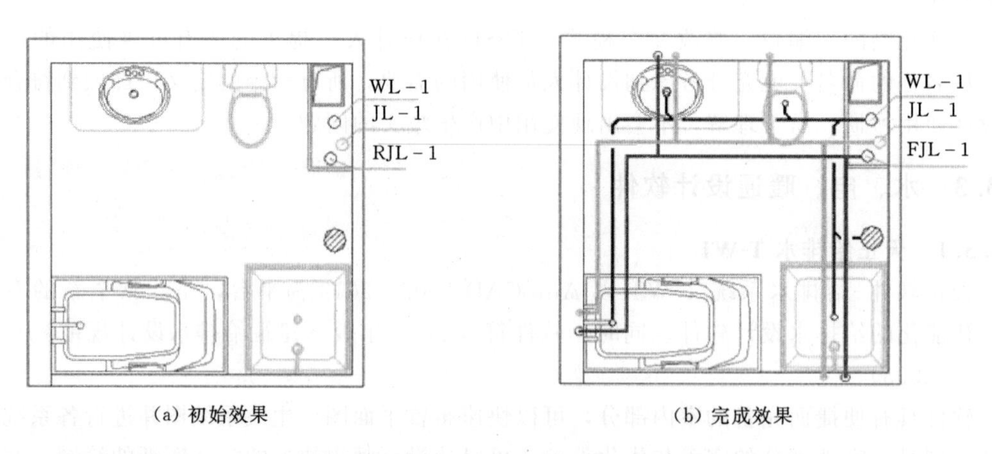

(a) 初始效果　　(b) 完成效果

图 8.26　管线的快速安装

(3) 系统图生成。软件可自动生成系图，同时提供一系列修改工具方便实现系统图的完善；读取系统图信息进行公建给水水力计算，出计算书并完成图中管径标注。用户可以按自己的需要进行个性化设置，标注文字大小，标注风格，管道线宽、颜色、线型，立管圆圈大小等，极大地方便了不同需求的用户，如图 8.27 所示。

(4) 喷淋与消防。提供多种布置喷淋设备的方案，包括“任意布置”“直线喷头”“矩形喷头”“等距喷头”“扇形喷头”“弧线喷头”相互可配合使用。

喷淋计算按建筑物的危险等级框选作用面积可计算系统入口压力，或提供入口压力反算最不利点喷头压力，最后完成 Word 计算书。计算后自动判断各管段流速情况，以便设计师可以调整管径进行实时复算。

(5) 水泵水箱间。可进行水泵选型、水泵水箱间平面图的绘制，依靠剖面生成命令自动生成剖面图。除此之外，还可以进行双线水管的绘制，在双线水管的立管上可以直接插入阀门，这是其他软件所不能比拟的。水泵房也可以进行整体三维的观察。

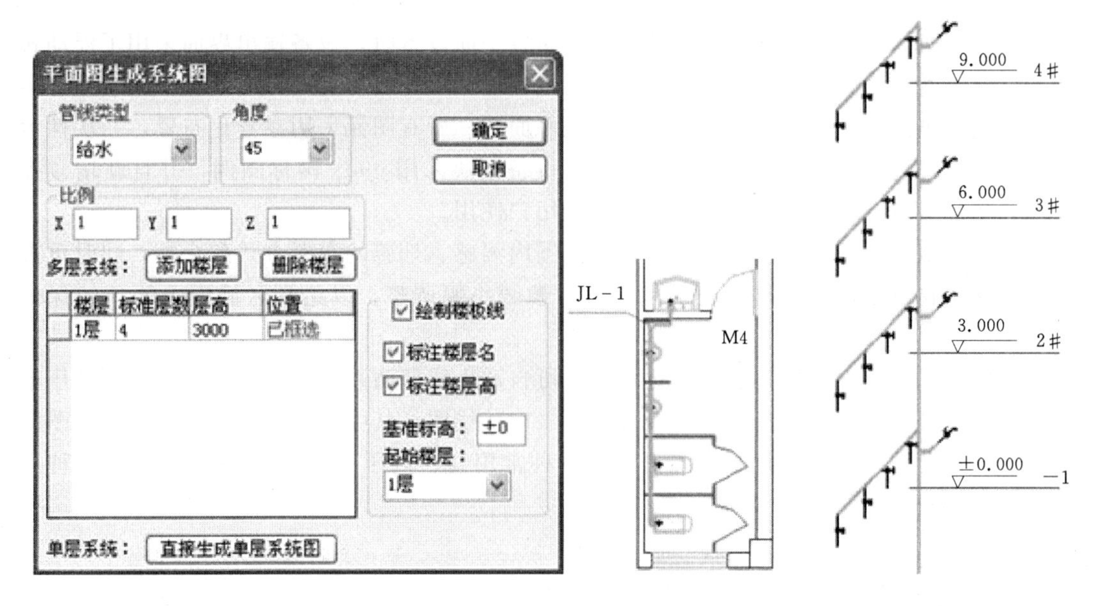

图 8.27　自动生成的系统图

（6）虹吸雨水模块。有利于相关设计单位进行体育场、工业厂房等大型建筑的设计，同时可进行校验。通过汇水划分、汇水面积、屋面计算命令快速进行屋面雨水流量计算，在此基础上进行雨水斗布置以及系统悬吊管、排出管绘制，当布置好平面虹吸雨水系统后可进行虹吸雨水计算，可计算压力余量、最大负压等数值并可进行校核。

2. 室外设计

可绘制道路、管线及构筑物，方便快捷的布置检查井、标注或修改管线和井的信息；并可进行小区、市政雨污管网的水力和纵断标高的计算。以雨水管网为例，只需定义井的汇流面积、径流系数、重现期和汇流时间，就可进行管径坡度初算并将结果返回标注图中；用户可根据需要直接在计算对话框中修改管径、坡度、再进行水力参数校核的复算并最终能输出 Word 形式计算书；点取主干管的起始、终止井，自动完成纵断面图的绘制。

管网埋深模块：原来几百个支管，每个支管均需单独进行标高计算；现今此命令仅需一步即可计算整个管网系统的埋深。减轻大量工作量，计算过程可自动校验管网是否满足最小覆土厚度要求。此模块区别于其他软件最大的优点是不仅可以已知管网起点埋设深度计算管网排出点标高，还可以已知排出点标高反算起点的标高或者反算哪些是控制点，这样就可以知道哪部分管线或者检查井导致了埋深增加，从而可以快速地改变局部方案或者对局部进行特殊处理，使管网符合规范要求。

8.3.3.2　天正电气 T-Elec

天正电气 T-Elec 以 AutoCAD 2002—2013 为平台，秉承了天正软件界面简洁、绘图便捷的一贯风格，搜集了大量设计单位对电气软件的设计需求，是一款全新智能化的电气设计软件。在专业功能上，该软件体现了功能系统性和操作灵活性的完美结合，最大限度地贴近工程设计。天正软件一电气系统不仅适用于民用建筑电气设计亦适用于工业电气设计。

提供多种布置平面设备与导线的方法，布置平面设备时，设备输出界面采用了浮动式窗口结合动态预演，所见即所得，相辅灵活的右键菜单编辑功能，可方便地绘制动力、照明、弱电、消防、变配电室布置和防雷接地平面图。所有图元采用参数化布置，一次性信息录入，标注与材料表统计自动完成。软件设备图块采用09dx国标图例，并且新增楼控类型，增加导线导线图层，提供更多导线供用户使用。

根据参数设定及相关规范，自动计算范围内温感、烟感的布置方式和个数，同时可查看每个探头探测范围，根据预览效果，可对参数小幅调整，以达到区域内无死角的保护目的。

在绘制系统图方面提高了智能化水平。可自动生成照明系统图、动力系统图、低压单线系统图，还可方便绘制各种弱电系统图及二次接线图。其中自动生成的配电箱系统图同时还完成负荷计算功能。此外系统提供数百种常用高、低压开关柜回路方案，80余种原理图集供用户选择。

1. 电气计算

提供全面的电气计算功能，适用于建筑电气设计。包括逐点照度、照度计算、多行照度计算（利用系数法）、负荷计算、无功功率补偿、短路电流计算、低压短路电流计算、电压损失计算、年雷击次数计算、继电保护计算等。所有计算结果均可导入Wrod或Excel进行保存。

（1）逐点照度。可计算空间每点照度，显示计算空间最大照度、最小照度值。支持不规则区域的计算，充分考虑了光线的遮挡因素，可绘制等照度分布曲线图，输出Word计算书。

（2）多行照度计算。利用系数法，可根据房间面积和要求的平均照度计算应布灯具数量，并根据计算结果核算功率密度；既可选多种灯具种类和众多灯具型号，也可根据灯具光强由用户自定义灯具。录入了新型灯具、支持不规则房间照度计算，可以输入灯具数反算照度与功率密度，支持多房间同时计算并可自动布灯。

（3）负荷计算。需要系数法，可直接读取系统图数据，也可自行输入，根据总负荷计算结果，自动计算“无功补偿”，及进行变压器选型，并且支持多变压器计算。

（4）年雷击次数计算。收录最新《防雷规范》（GB 50057—2010），可计算防雷类别，以及考虑周边建筑影响，计算结果可绘制成表格形式，也可出详细的计算书。

（5）截面查询。采用10CD106（世德铝合金电缆）、09BD1（取代92DQ）、04DX101-1和华北标办92DQ中的导线、电缆载流量数据，可根据计算电流及载流量查询导线、电缆截面积及穿管管径，并可查看相应导线或电缆的载流量。

2. 接地避雷

可自由绘制避雷针、避雷带，绘制接地线、接地极。对于天正建筑条件图，可自动生成避雷带。【滚球避雷】支持多针二维、三维避雷，移动避雷针其二维、三维保护区域随即更新。通过绘制PL线的建筑物外轮廓，并可对其赋高度值，查看建筑物避雷三维状态图，同时可查看任意针的三维保护范围。新增【折线避雷】功能，支持平面及山地的避雷针放置。

3. 高压短路计算模块

该功能采用“节点导纳”法，实现计算绘图一体化；支持用户任意搭建方案主接线图及阻抗图，并可由主接线图自动转换阻抗图，通过提取阻抗图数据自动进行高压短路电流计算并计入电动机反馈电流；同时计算多个短路点的短路电流（三相短路电流及不对称电流计算），计算结果可成成 CAD 和 Word 计算书，整个计算无需人工查表，星角变换，智能化的数据处理方式极大提升了计算效率及精度。

4. 变配电室

快速绘制配电柜及电缆沟的平、立、剖面图。方便对电缆沟及配电柜的参数化编辑，配电柜尺寸、编号可自动生成、调整。自动生成变配电室剖面图。

5. 三维桥架

【三维桥架】系列命令可方便绘制多层、弧形等桥架，绘制过程中自动生成弯通、三通、四通、变径等构件，根据绘制需要可自动生成垂直段桥架及相应垂直构件，桥架各部分构件相互关联，拖动一部分其余相关联部分随之联动，可多种样式及规格支吊架，并自动进行桥架标注，以及构件统计。

6. 提取清册

【提取清册】功能：支持从多个系统图中同时提取电缆起点、终点、电缆编号、控制电缆编号等基础数据，同时控制电缆以红色显示，和电力电缆区分。最终将提取结果导入用户现有电缆清册文件。

7. 电缆敷设

【电缆敷设】系列命令：导入“电缆清册表”“电机表”，可自动进行电缆敷设，自动绘制电缆敷设图，自动计算每一回路的电缆长度；也可逐条手工敷设，统计电缆及穿管长度，导出清册，并可导出器材表分类汇总；方便查寻每一条电缆路径，该路径自动高亮显示，可对已经敷设的电缆进行自动标注。提供信息查询、修复连接、多图连接等多种修改及查看功能。

8. 碰撞检查

天正水暖电三个专业进行管线综合、碰撞检查，碰撞点可高亮显示。

9. 三维导航

【构件导出】命令，将 DWG 图纸中的电气实体属性导出到 XML 文件，导航程序解析 XML 文件，还原实体三维模型。

8.3.3.3 天正暖通 T-Hvac

天正暖通 T-Hvac 以 AutoCAD 2002—2013 为平台，是天正公司，结合当前国内同类软件的特点，搜集大量设计单位对暖通软件的功能需求，向广大设计人员推出的专业高效的软件。

1. 多联机

多联机模块可完成绘图及系统计算。根据实际图纸自动计算出设备间的落差、单管长度、总管长度等，并做出判断是否满足该厂家给定的限制。同时统计出各管段负担冷量，计算出冷媒管径、分歧管型号及充注量。可生成原理图，输出材料表。目前库中有大金、海尔、美的、海信日立等厂家的常用系列及产品类型，提供室内、室外机数据库的维护和

扩充功能，并链接有产品实际照片，方便用户选取。

2. 建筑图绘制

提供基本建筑绘图功能，可绘制天正自定义对象的建筑平面图，支持天正建筑各个版本绘制的建筑条件图。

3. 智能化管线系统

采用三维管道设计，模糊操作实现管线与设备、阀门精确连接；管线交叉自动遮断。

4. 供暖绘图

采暖平面绘图方便快捷；系统图既可通过平面的转换，亦可单独快速生成；系统图可自动增加阀门，绘制符合设计实际。

5. 地暖设计

支持地暖管道间距和有效散热量的计算；功能独到，绘制的盘管为实体对象，双击可编辑，进出水口提供夹点引出，支持引出绘制；支持弧形和不规则房间的盘管布置，实现盘管和多段线、line线之间的转化，盘管统计内容可定制，如图8.28所示。

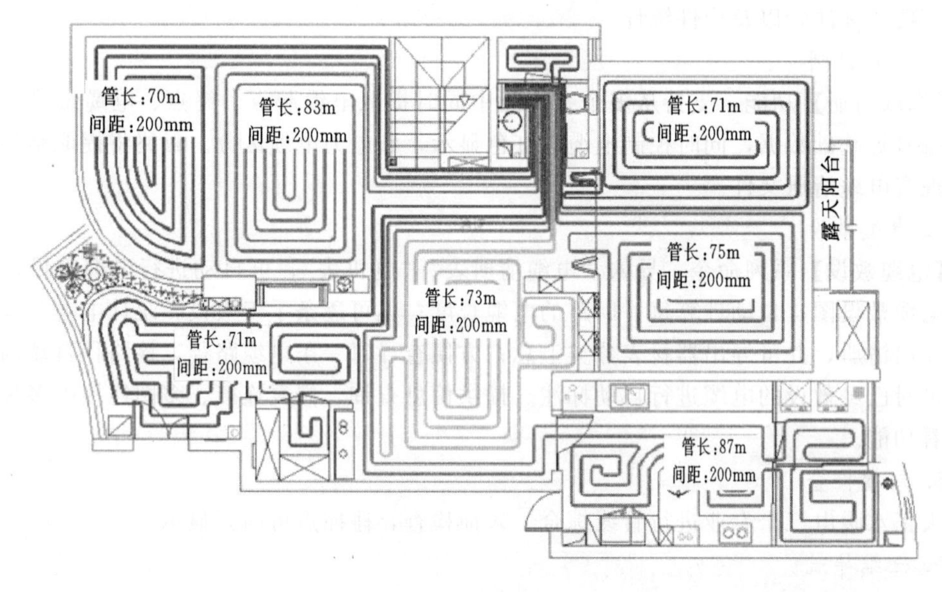

图8.28　地暖模块

6. 空调风管

真正的二维、三维统一，即有二维的方便又有三维的实效，风管、设备、三通等构件均支持管线直接引出功能，方便绘制。支持风管联动，多样化的风管编辑功能，可快速生成系统图、剖面图。

新版面向工业院用户，完善了坡度风管的绘制。支持带角度圆形风管的绘制、夹点引出、设备连管等功能，完善法兰与风管间的遮挡，实现通风除尘系统二维、三维下准确表达，遮挡关系正确，如图8.29和图8.30所示。

提供风机盘管加风管的布置方式，可直接布置出带风管和风口的风机盘管，设备布置更加快捷方便。

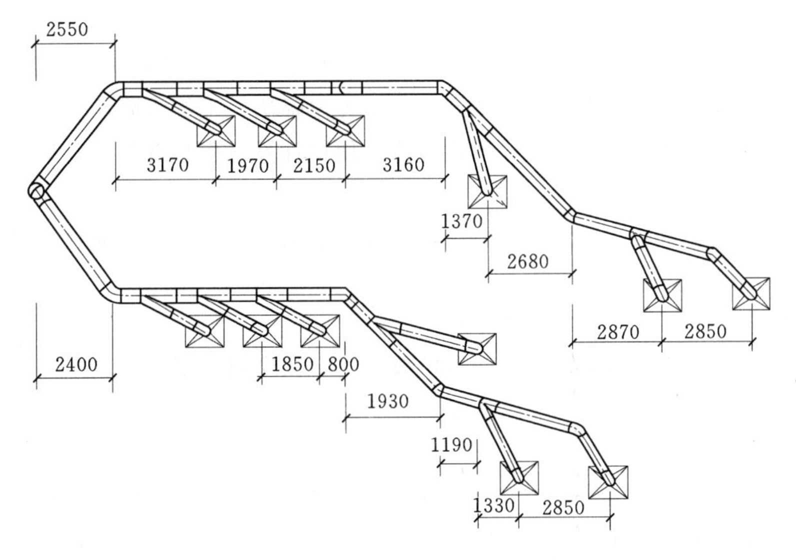

图 8.29 风管布置图

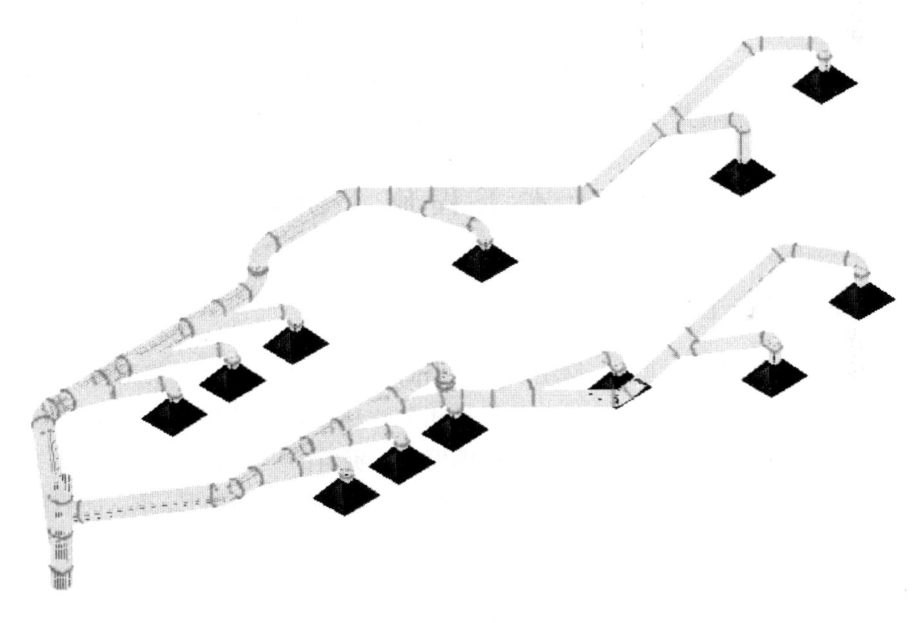

图 8.30 风管三维图

7. 材料统计

从当前图中直接框选提取，增加按长度或钢板面积的统计方式，可以统计垂直管段长度，并生成表格，统计内容可再为编辑修改。

8. 负荷计算

可以直接提取建筑底图维护结构信息，进行夏季空调逐时冷负荷，夏季逐时新风负荷计算，冬季采暖热负荷计算、冬季空调热负荷计算，其中冷负荷计算同时提供谐波法和负荷系数法，新版负荷可直接提取天正节能中的DOE2.1文件数据，并增加防空地下室的负荷计算，可按埋深和温度要求，分别进行计算。

9. 采暖水力计算

采暖水力计算，可计算传统采暖（垂直单、双管系统）、分户计量（单管串联、跨越，双管并联系统）和地板采暖系统，计算方法包括等温降法、不等温降法。支持多分支同时计算，图形化的计算界面，提供图形预览功能，使得计算过程直观明了，提供了多种格式供计算书的输出。

计算数据可直接从采暖系统图形中提取，计算结果返回图面，根据计算数据可自动生成系统原理图并赋值。

10. 空调水路计算

空调水路计算，可自动提取图形，提供按流速、比摩阻等多种控制条件选择计算，计算结果赋值图面，提供计算书的输出功能。

11. 风管水力计算

风管水力计算，可从风管平面图或系统图上提取管段信息，提供了假定流速、静压复得、阻力平衡等3种计算方法，计算后，管段编号及计算结果赋回原图，可输出计算书。

12. 焓湿图计算

支持热湿比线直接绘制，风机盘管不同新风处理模型计算，冬夏两季一次、二次回风空气处理模型计算，计算结果均可以输出。设计说明提供设计说明模板，以多行文字方式插到图上，支持双击编辑修改，节省编写说明时间。

8.4　土木工程施工阶段

8.4.1　斯维尔投标工具箱

标书编制软件内含高层建筑、钢结构、道路桥梁、工业装修、安装工程、铁路工程、市政工程等100多套专业模板、素材，并提供相关法律法规、常用施工方案、施工规范、技术交底资料的查询，公司网站每月定期提供模板、资料的更新下载。支持多媒体标书的编制与集成，可在标书里包含进度计划、平面图、视频、声音、Flash、DWG、Word、Excel等文档以及多达20多种图形格式。

1. 软件特点

（1）全面生成各类标书。以集成方式全面生成建设工程的各类标书文档资料、进度计划图表以及资源计划报表。

（2）制作方便快捷。提供高质量、多领域的标书素材库与模板库方便用户选取与组合，快速生成工程标书，并提供功能强大的标书项目管理器，实现对工程投标资料的统一管理和合理分类。

（3）编制资料详细。提供强大的标书资料查询功能，可方便查询工程技术标准与规范。

（4）资料扩充方便。提供素材库、模板库资料的自定义维护功能，建立个性化的标书资料库。

2. 软件功能

(1) 新建标书。可通过系统标书模板库提供的若干实际工程标书模板快速新建标书。

(2) 标书编制。可从标书模板库、素材库引用相关资料，也可加入用户自己编制的Word、Excel及DWG/JPG/BMP等图形文件。

(3) 标书资料库。查阅相关法律法规、常用施工方案、施工规范、施工技术交底资料等。

(4) 标书管理。分类管理用户建立的各类工程标书及相关信息。

(5) 系统维护。编辑维护标书素材库、标书模板库、各类资料库等。

(6) 数据导入导出。提供素材、模板、标书数据的导入导出，以及旧版本数据的恢复。

(7) 帮助系统。提供详尽及时的在线帮助。

8.4.2 斯维尔施工平面布图

平面布图软件提供丰富的基本图形组件及对其的综合操作，通过组合和编辑可生成各样的工程图形组件；图元库包含标准的建筑图形，所绘制图形可保存到图元库备用。图片、剪贴画、Word文档等任意文档均可插入图纸进行美化，图纸可存为BMP、EMF等格式，便于交流。操作简便，可从容应对准备时间短而对文档要求极高的投标，及高水平施工组织设计中施工平面图设计的情况。

1. 软件特点

(1) 是完全独立运行的矢量图绘制软件。

(2) 图形引擎先进高效、界面美观、操作简捷，只用鼠标即可轻松画图。

(3) 对操作人员电脑知识要求低，符合绘制施工平面布置图的特点和要求。

2. 软件功能

(1) 便捷的属性设置。每个对象都可以定义属性，属性设置丰富，包括文本、线条、填充、阴影以及其他属性，除在各个属性的设置对话框中修改对象的属性外，还可通过样式工具栏提供的按钮快速修改多个选中对象的属性。

(2) 通用的操作方式。每个对象都可以进行移动、编辑、复制、粘贴、缩放、组合等操作，同时提供对对象操作的撤销与恢复。

(3) 便捷的新建功能。软件提供了齐全的工具条，有直线、箭线、自由曲线、封闭自由曲线、多边形、封闭多边形、椭圆、圆形、矩形、正方形、贝赛尔曲线、封闭贝赛尔曲线、圆弧、文本、图片等标准操作，还提供直线字线、圆弧字线、多线、边缘线、标注、塔吊、斜文本、圆角等专业的新建对象操作。

(4) 不失真的无级缩放。矢量图的最大优点就是图形的无级缩放，图形的自由放大、缩小可以保证图形的质量。

(5) Visio样式的图库操作。软件采用Visio样式的图库，通过鼠标拖拽进行使用与维护，大大提高图库元素的使用效率以及图库维护的便捷。使用软件提供的建筑企业使用的图元库（根据国家规范）有地形地貌、动力设施、堆场、交通设施、控制点、施工机械等，可锐减工作量，并可自动快速生成图元示例。

（6）符合CAD习惯的操作。提供采用鼠标控制的实时平移和实时缩放功能，可以自定义的多线，以及符合CAD规定的快捷键设置。

（7）功能强大的OLE。强大的OLE功能可以将Word文档、Excel图表等电子文档插入到平面图中，甚至CAD文档也可以，可以选择在平面图软件中新建OLE对象或者插入已经存在的电子文档。

（8）简单易用的图层。任何对象都是绘制在图层上的，可以将已绘制好对象置于合适的图层，并根据需要设置它们的状态为隐藏、可编辑、只显示等。这对于绘制复杂的平面图来说是很实用的功能。

（9）与项目管理矢量图绘制的配合。平面图中绘制的图形可以直接通过复制然后在项目管理软件中粘贴的办法实现与项目管理矢量图绘制模块的交互，项目管理保存的网络土矢量图行也可以在平面图中进一步的改进与打印。

（10）方便的调整与打印功能，快速美观出图。

8.4.3 斯维尔项目管理软件

项目管理软件充分汲取国内外同类软件优点，将网络计划及优化技术应用于建设项目的实际管理中，以国内建设行业普遍采用的横道图、双代号时标网络图作为项目进度管理与控制的主要工具。通过挂接各类工程定额实现对项目资源、成本的精确分析与计算。不仅能够从宏观上控制工期、成本，还能从微观上协调人力、设备、材料的具体使用。

1. 软件特点

（1）控制方便。可以方便地进行任务分解，建立完善的大纲任务结构与子网络，实现项目计划的分级控制与管理。

（2）制图高效。系统内图表类型丰富实用，并提供拟人化操作模式，制作网络图快速精美，智能生成施工横道图、单代号网络图、双代号时标网络图、资源管理曲线等各类图表。

（3）输出精美。满足用户对输出模式和规格的要求，保证图表输出美观、规范，并可以导出到CAD、BMP、Excel，实现项目信息的共享。

（4）灵活易用。提供用户自定义绘图及全方位的图形属性自定义功能，可在系统自动产生图形的基础上进行绘图操作，并与Word交互图形数据，极大地增强了软件的灵活性。

（5）接口标准。该软件提供对MS PROJECT数据接口，确保快捷、安全地从Microsoft Project中导入项目数据，可迅速生成国内普遍采用的进度控制管理图表、双代号时标网络图。

（6）专业实用。智能流水、定额挂接、冬歇期、进度跟踪等都是贴近实际绘图与管理需要的功能；可实现工料机计划与实际用量的比较，并自动生成资源消耗曲线。

2. 软件功能

（1）项目管理。以树型结构的层次关系组织实际项目并允许同时打开多个项目文件进行操作。

（2）数据录入。可方便的选择在网络图界面或任务表格中完成各类任务信息的录入工

作；可通过资源分配与手工绘制两种方式生成资源曲线图。

（3）视图切换。可随时选择在横道图、双代号、单代号、资源曲线等视图界面间进行切换，从不同角度观察、分析实际项目。同时在一个视图内进行数据操作时，其他视图动态适时改变。

（4）编辑处理。可随时插入、修改、删除、添加任务，实现或取消任务间的四类逻辑关系，进行升级或降级的子网操作，以及任务查找等功能。

（5）图形处理。能够对网络图、横道图进行放大、缩小、拉长、缩短、鹰眼、全图等显示，以及对网络图的各类属性进行编辑等操作。

（6）数据管理。可通过挂接多套定额库为任务分配定额、工料机资源，并同时记录任务的计划资源量与实际资源量，进行计划成本与实际成本的比较分析；提供项目数据的备份与恢复以及导入 Project 项目数据、各类定额数据库、工料机数据库数据等操作。

（7）图表打印。可方便地打印出施工横道图、单代号网络图、双代号网络图、资源需求曲线图、关键任务表、任务网络时间参数计算表等多种图表。

8.5 土木工程造价

工程造价贯穿于整个土木工程，从初期的概算、招投标期间的预算，到竣工决算，工程造价始终是土木工程专业的重点工作，下面就常用的几款造价类软件简要介绍。

8.5.1 斯维尔三维算量软件 3DA

三维算量软件 3DA 是国内首创基于 AutoCAD 平台的建设工程工程量计算软件，符合全国各地地方定额和《建设工程工程量清单计价规范》（GB 50500—2013）标准，其操作界面如图 8.31 所示。软件通过识别设计院电子文档和手工建模两种建模方式，建立面向工程量计算的三维图形模型，以真正面向对象的方法，辅以开放的计算规则设置，方便准确地解决了建设工程工程量计算中的各类问题，大幅度提高建设工程工程量计算的速度与精确度，把工程造价人员从繁重的工程量计算工作中解放出来，彻底地改变了工程造价人员工程量计算的操作方法。

1. 软件概述

三维算量 3DA2010 延续了 3DA2008 的设计理念，集专业化、人性化、智能化、参数化、可视化于一体；保留钢筋一体化这一引领国内算量发展方向的特点，实现图形和钢筋双向互动，独领行业风骚；加强国内首创的识别功能，突破提升复杂电子图识别成功率；提供专业性的工程量核查和变更审计方案，展现详细扣减表达式；完善自动挂接清单定额体系和增强本地化工具开发工作。应用范围：软件适用于房地产、施工企业、造价咨询、设计单位等的造价工程师、概预算人员以及建设工程高等院校老师学生。

2. 三维算量 2010 新亮点与新功能

（1）首创与安装工程共享模型的建筑工程算量软件。

（2）大幅度降低学习难度，与安装算量操作方式简化统一，知一会二。

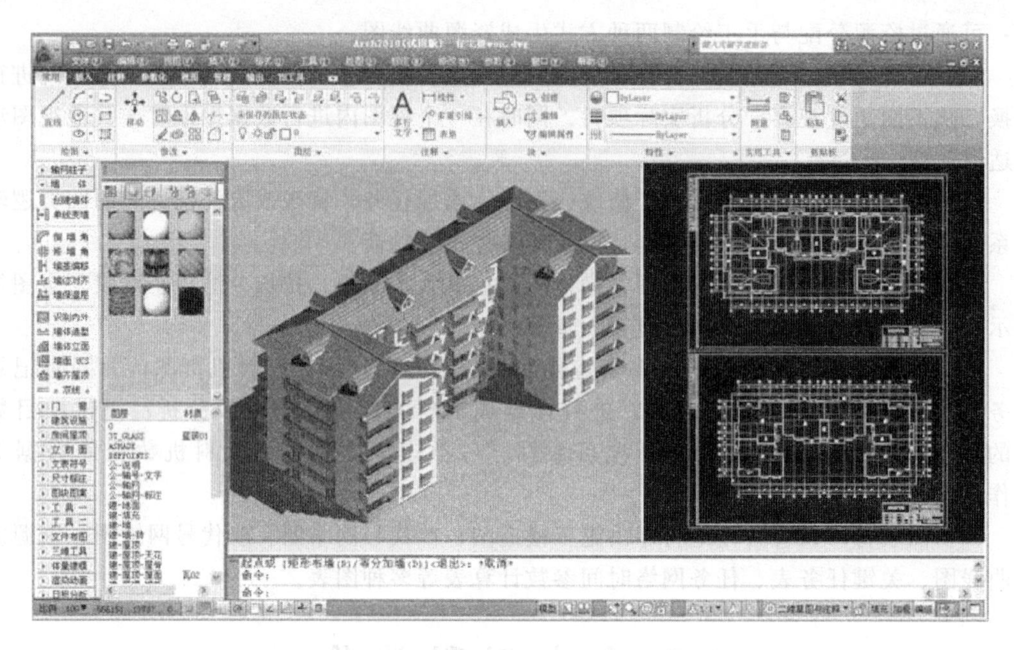

图 8.31　三维算量 3DA 操作界面

（3）构件增强：增加复杂构件（如车道、多跑楼梯等）、预埋铁件、各种拱形构件、斜体构件。

（4）钢筋增强：钢筋布置计算大幅增强、智能处理人防墙体钢筋、智能处理约束边缘构件钢筋等。

（5）智能性增强：自动识别各种条基、后浇带自动区分各种构件材料等。

3. 软件主要功能

（1）平台先进，稳定性强——支持 AutoCAD 2002 及以上多版本平台，完美结合 AutoCAD 强大的图形编辑功能，提供灵活强大的定制功能，满足各类用户的应用需求。

（2）自动识别，快速准确——通过导入设计院电子文档进行识别，快速生成三维图形工程量计算构件。直接识别基于 AutoCAD 平台的建筑、结构设计以及多种设计软件生成的电子文档。

（3）量筋一体，方便快捷—— 计算工程量与计算钢筋均在同一个软件中进行，构件尺寸出现变化时同时调整钢筋用量，同时出量，结果准确，真正简化了操作步骤，节约了经济成本和学习成本。

（4）复杂钢筋，完美处理——对各种构件的跨楼层位置关系进行分析，智能分析跃层、错层和跨层构件的扣减关系。

（5）组合布置，灵活调用——组合布置关联构件，如楼梯、条形构件，方便、快捷、准确地建立建筑模型并获得准确的计算结果，真正提高了工作效率。

（6）构件核对，专业可见——按传统手工模式输出计算明细，结合手工核算、视图展示和动态显示检查扣减明细。

（7）三维编辑，直观可靠——在三维状态下可视编辑构件，实时掌控模型的准确性和

完整性。

8.5.2 安装算量 3DM2008

安装算量 3DM2008 是运行在 AutoCAD 平台上，是国内首创基于 AutoCAD 平台的三维安装工程算量软件，符合 GB 50500—2003 标准。工作原理是：通过三维建模的形式，用构件建立一个能够反映工程实际的工程模型，构件有足够的属性来记录与工程量计算有关的工程信息。由于建立的工程模型与实际情况一致，并且各个构件具有了智能属性，可以自动进行扣减操作，所以，得到的工程量计算结果更加准确。再加上灵活的计算规则设置、强大的分析统计功能以及符合安装工程概算、预算、结算的报表，可以满足给排水专业、通风空调专业、电气设备专业、采暖专业的安装工程的算量需求。

1. 软件特点

安装算量 3DM2008 采用了自定义对象核心技术，代表安装算量软件的发展趋势。真实的三维建模功能可以反映真实的工程细节，使计算结果更为准确。多种新技术的应用使操作更加简单、统计功能更加强大。

（1）快速建模与设计流程一致。采用标准层的方式建模，各标准层可以单独成图，或统一放到一个文件上。建模操作流程容易操纵。

（2）三维可视。形象逼真的三维模型，平面显示和三维显示同步进行，两个视口实时对比，方便查看和检查各构件相互间的三维空间关系和计算结果。

（3）清单、定额、实物量，一图三用。用任何一种方式生成的模型图，都可按照清单规则和定额的计算规则来计算工程量，招标人可以计算清单工程量，并且在计算清单工程量的同时根据某种具体的定额来计算标底。而投标人在计算定额工程量的同时也可以审核清单工程量。

（4）灵活准确。完美结合 AutoCAD 强大的编辑功能，使构件的编辑更加灵活准确。

（5）数据开放。提供多种输出报表，自动的完成相关的换算关系，工程量的计算结果数据格式开放，可方便导入各类计价软件中。

（6）功能完备。软件注重算量细节问题，取长补短，功能上更加完善易用。

2. 软件功能

（1）构件布置。提供了设备专业的构件布置功能，构件采用三维实体的形式，可以更加准确地反映工程实际。构件的类型与【设备设计软件】生成的构件兼容。

（2）做法定义。提供了完备的做法定义功能。用户可以定义出各种做法并方便地进行修改，满足不同施工工艺的要求。

（3）构件编辑。主要是给构件挂接做法，使其与清单或定额相关联，使构件具有做法属性。构件的选择采用了过滤的方式，使选择更加方便快速。

（4）工程量统计。可对整个工程统计，也可对不同楼层、不同系统、不同构件、甚至没有任何规则的局部区域构件进行工程量的统计，并可以根据统计的结果返回检查。

（5）报表输出。提供多种类型的报表输出。并可以对报表的格式进行修改以满足实际需求。

（6）定义、布置、识别工具集成。在一个对话框中能完成所有建模工作，减少鼠标点击次数，简化操作。

（7）自动识别电气系统图。强大的系统图识别功能，系统图中的管线规格及回路编号软件自动提取。

（8）自动识别材料表。3DM2008不仅能识别风管、水管、线管、灯具、开关、插座等，还能识别所有材料表，寄生了手工定义材料时间。

（9）自动查找配电箱并定位。自动查找配电箱并准确定位，避免预算人员花费长时间计算配电箱之间电缆的工作量。

（10）自动调整线的根数。“根数识别”可根据图上标注，一次性调整所有电线根数。

（11）管线一次识别。3DM2008电气中管线一次即可识别，减少一道识别工序，从而提高一倍的工作效率。

8.5.3　斯维尔清单计价BQ2008

清单计价BQ2008主要适用于发包方、承包方、咨询方、监理方等单位建设工程造价管理，编制工程预、决算，以及招投标文件。通用性强，可实现多种计价方法，挂接多套定额，能满足不同地区及不同定额专业计价的特殊要求，操作方便，界面人性简洁，报表设计美观，输出灵活。

开发背景：清单计价BQ2008全面贯彻《建设工程工程量清单计价规范》（GB 50500—2013）规范，为全国广大用户接受；清单计价BQ2008软件结合清华斯维尔多年建设工程造价信息领域的技术研发和行业应用的先进经验，针对工程量清单计价的需求实现全面技术升级，以“实用、易用、通用”作为软件开发的指导思想，以CMMI3规范软件开发过程，保证软件质量。

1. 软件特点

（1）与现行预算定额有机结合，既包含国家标准工程量清单，又同时能挂接全国各地区、各专业的社会基础定额库和企业定额库。

（2）同时支持定额计价、综合计价、清单计价等多种计价方法，实现不同计价方法的快速转换。

（3）提供二次开发功能，可由全国各地服务分支机构或企业，定制取费程序，设计报表，使产品更符合当地实际需求，或满足个别项目的招投报价需要。

（4）支持多文档、多窗体、多页面操作，能同时操作多个项目文件，不同项目文件之间可通过拖拽或“块操作”的方式实现项目数据的交换。

（5）具有自动备份功能，打开项目文件前系统自动备份本项目文件，系统保留最后8次备份记录，即可恢复到项目文件打开倒数第8次操作前数据。

（6）提供清单做法库（清单套价经验库：包含清单套价历史中，某清单的项目特征、工作内容，套价定额，相关换算等信息），预算编制过程中，可保存或使用清单做法库。

（7）多种数据录入方式，可录入最少的字符，智能生成相应的清单或定额编码，并自动判定相关联定额，提示选择输入。也可以通过查询等操作，从清单库、定额库、清单做法库、工料机库录入数据。

(8) 提供多种换算操作，可视化的记录换算信息和换算标识，可追溯换算过程。

(9) 提供“工料机批量换算”功能，可批量替换或修改多个定额子目的工料机构成。

(10) 提供系统设置功能，可设置预算编制操作界面、操作习惯，功能选项和相关标识。

(11) 提供清单子目项目特征复制功能；可自定义三材分类，自动计算三材用量。

(12) 可快速调整工程造价，并且提供取消调价功能，恢复至调整前价格。

(13) 分部分项数据可按“章节顺序”和“录入顺序”切换显示方式；章节顺序：按“册、章、节、清单、定额”树型结构显示和输出分部分项数据；录入顺序：不显示“册、章、节”等数据按录入顺序显示和输出分部分项数据。

(14) 含简单构件工程量计算功能，可参照简单构件图形或借用系统函数，输入参数计算工程量。

(15) 采用口令授权的方式，可以对项目文件设置口令，加强文件的保密性。

(16) 用户补充的定额、清单、工料机子目可选择保存到补充库，修改后的取费文件、单价分析表、措施项目可另存为模板文件，供其他项目使用。

(17) 按目录树结构分类管理报表文件，提供 Word 文档编辑、报表设计、打印、输出到 Excel 格式文件等功能；可导入 Excel 格式工程量清单。

(18) 可直接导入清华斯维尔三维算量软件的工程量计算结果，形成招投标文件。

(19) 数据维护功能范围包括定额库、清单库、工料机库、清单作法库、取费程序等。

(20) 定额库、工料机库分章节、分类管理。章节说明以及计价说明完整，查询方便，使用户可以完全摆脱对定额书的依赖。

2. 软件功能

(1) 预算编制。该模块是系统的核心部分，主要功能有：新建预算书、设置工程属性、编制分部分项、措施项目、其他项目、进行相关换算和造价调整。

(2) 报表打印。提供报表文件分类管理，Word 文档编辑、报表设计、打印、输出到 Excel 格式文件等功能。

(3) 文件管理。包括工程文件的备份、恢复，导入、导出其他软件或电子辅助评标的接口数据。

(4) 建设项目编制。由“建设项目、单项工程、单位工程”构造的树型目录结构组织和管理预算文件。

(5) 系统设置。设置预算编制操作界面、操作习惯，功能选项和相关标识。

(6) 数据维护。提供系统数据的维护功能，包括定额库、清单库、工料机库、清单作法库、取费程序等数据的维护功能。

8.5.4 神机妙算-清单专家计价软件

“神机妙算-清单专家”计价软件，作为建设部贯彻实施《建设工程工程量清单计价规范》(GB 50500—2013) 指定配套之一的软件。清单专家软件设计先进、格式标准、数据权威，轻松实现各专业工程量清单与投标报价编制。同时，软件提供的 12 输入法和内置清单项目指引数据库，为工程量清单报价编制人员提供智能化组价指引，极大提高了用户

工作的质量和效率。它将快速帮助您准确领会《建设工程工程量清单计价规范》（GB 50500—2013）精神，正确运用其原则和方法编制出符合清单规范要求的高质量的工程量清单和投标报价。

（1）一套软件、两种模板，轻松面对各种计价。国内第一套将工程量清单报价与传统定额计价巧妙融合在一个窗口内的工程造价软件。完全轻松实现清单计价与定额计价的完美过度与组合。

（2）权威打造，配套研发，面对清单，我们更专业。

软件内置《建设工程工程量清单计价规范》（GB 50500—2013）清单报表格式和全费用清单格式。企业可以根据每个地区的情况做出适合该地区的招投标清单取费设置程序表。

（3）“组价”是清单计价的核心，快速、准确的组价功能是清单计价软件的核心技术。清单1、2输入法，不用输入清单项目的标准编码，只需分别输入a1，a2回车后再通过鼠标选择，就可以完成清单工程，比传统的输入方法提高数十倍，是迄今为止最简便的一种清单输入方式。“神机妙算清单计价1、2输入法”必将为《建设工程工程量清单计价规范》（GB 50500—2013）在全国的推广普及做出自己的贡献。

（4）国内首创，与投标系统无缝挂接。清单项目和传统计价的计算结果自动生成网络计划图，自动生成人力资源分部图，各种材料的使用分布情况，资源分布情况，实现了清单专家和招投标整体解决方案，提高企业的招投标竞争力。

（5）导入导出电子标书、Excel等通用格式。导入导出电子标书、Excel等通用格式时响应当前电子招投标模式的推广应用，在软件中设置了多种招投标软件接口，并且还可以导入Excel等主流软件制作的招标文件，最终的报表文件可以任意导出到Excel或是Word中，升级后的软件将比以往的软件更好使用、更方便。

参 考 文 献

[1] 罗福武．土木工程概论［M］．武汉：武汉理工大学出版社，2005.

[2] 江见鲸，叶克明．土木工程概论［M］．北京：高等教育出版社，2001.

[3] 曲恒绪．土木工程概论［M］．合肥：合肥工业大学出版社，2010.

[4] 满广生．桥梁工程概论［M］．北京：中国水利出版社，2007.

[5] 张新天．道路与桥梁工程概论［M］．北京：人民交通出版社，2007.

[6] 严煦世．给水工程［M］．4版．北京：中国建筑工业出版社，1999.

[7] 孙慧修．排水工程上册［M］．4版．北京：中国建筑工业出版社，1999.

[8] 张自杰．排水工程下册［M］．4版．北京：中国建筑工业出版社，2000.

[9] 陈送财．建筑给排水［M］．北京：机械工业出版社，2007.

[10] 王增长．建筑给水排水工程［M］．6版．北京：中国建筑工业出版社，2013.

[11] 何晓科．水利工程概论［M］．北京：中国水利出版社，2007.

[12] 杨革．水利工程概论［M］．北京：高等教育出版社，2009.

[13] 中华人民共和国铁道部．高速铁路隧道工程施工技术指南（铁建设〔2010〕241号）［S］．北京：中国铁道出版社，2010.

[14] 关宝树．隧道工程施工要点集［M］．北京：人民交通出版社，2011.

[15] 童林旭．地下空间与城市现代化发展［M］．北京：中国建筑工业出版社，2005.

[16] 侯林波，石健，白杨．地下工程施工方法与展望［J］．北方交通，2010（8）：62-64.

[17] 梁波，洪开荣，梁庆国．城市地下工程施工技术在我国的现状、分类和发展［J］．现代隧道技术，2008，S1：20-26.

[18] 丁文其，杨林德．隧道工程［M］．北京：人民交通出版社，2012.

[19] 郑少瑛，周东明，周少瀛．土木工程施工技术［M］．北京：中国电力出版社，2015.

[20] 中国建筑科学研究院．GB 50755—2012 钢结构工程施工规范［S］．北京：中国建筑工业出版社，2011.

[21] 建筑施工手册编写组．建筑施工手册［M］．4版．北京：中国建筑工业出版社，2012.

[22] 汪正荣，朱国梁．简明施工手册［M］．5版．北京：中国建筑工业出版社，2015.

[23] 中国建筑科学研究院．JGJ 79—2012 建筑地基处理技术规范［S］．北京：中国建筑工业出版社，2011.

[24] 中国建筑科学研究院．GB 50300—2014 建筑工程施工质量验收统一标准［S］．北京：中国建筑工业出版社，2011.

[25] 江见鲸．计算机在土木工程中的应用［M］．武汉：武汉理工大学出版社，2010.

[26] 王娜，袁帅，李晓红．PKPM软件应用［M］．北京：北京大学出版社，2009.

[27] 孔繁臣．CAD教程［M］．北京：中国建筑工业出版社，2010.